Jörg Böttcher

Kompendium Messdatenerfassung und -auswertung

Jörg Böttcher

Kompendium Messdatenerfassung und -auswertung

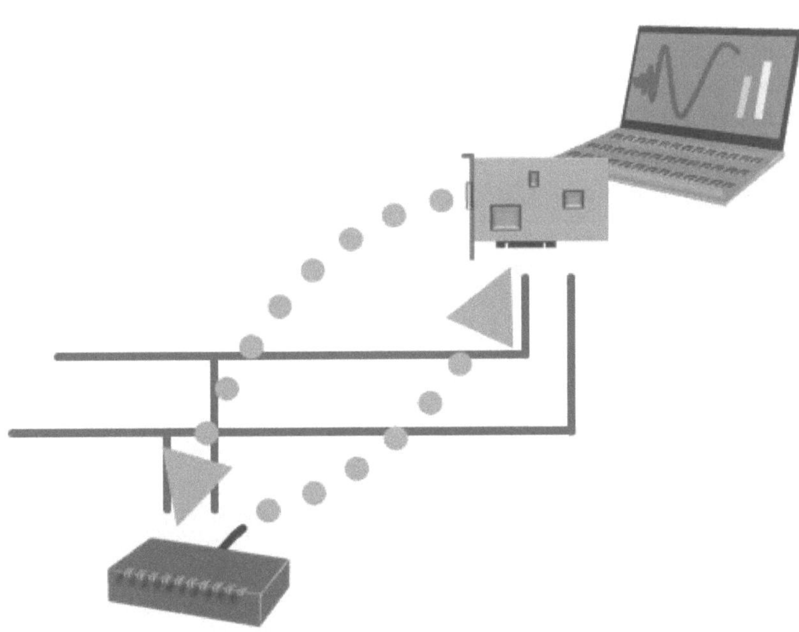

Ein Grundlagenüberblick für Studium und Beruf

Autor:
Professor Dr.-Ing. Jörg Böttcher
Universität der Bundeswehr München
www.prof-boettcher.de

Bibliografische Information der Deutschen Nationalbibliothek:
Die Deutsche Nationalbibliothek verzeichnet diese Publikation in der Deutschen Natio-
nalbibliografie; detaillierte bibliografische Daten sind im Internet über http://dnb.dnb.de
abrufbar.

© 2015 Jörg Böttcher

Herstellung und Verlag: BoD – Books on Demand, Norderstedt

ISBN: 978-3-7386-2255-3

Inhalt

Vorwort 9
Vom Messort zur Messdaten-Applikation 11
   Messgrößen, Messwerte und Messdaten 11
   Aufgaben bei der Messdatenerfassung 12
   Aufgaben auf Computerseite 14
   Systemlösung mit Einsteckkarte 15
   Systemlösung mit externem Modul 16
   Systemlösung mit externen Bussen 17
Messwerte digitalisieren 19
   Die Analog-Digital-Umsetzung 20
   Auflösung, Umsetzzeit und Aufwand 22
   Quantisierungsabweichung 23
   Quantisierungsrauschen 24
   Nullpunkt-, Verstärkungs- und Linearitätsabweichungen 27
   Digitalisierung dynamischer Signale 30
   Das Abtasttheorem 32
Messkomponenten 35
   PC-Einsteckkarten 35
   PC-Busse 38
   Externe Messmodule 40
   Typische Messgrößen bei PC-Einsteckkarten und externen Messmodulen ... 42
   Sensor mit Busanschluss 42
   Messgerät mit Busanschluss 44
Laborbus 47
   IEEE 488 und GPIB 48
   Systemaufbau 49
   Handshaking 50
   Schnittstellen-Nachrichten nach IEEE 488.1 50

Geräte-Nachrichten nach IEEE 488.2 52

Kommandosprache SCPI 53

USB 55

Topologie 55

Bussignale und Datenraten 57

Enumeration und Geräteklassen 59

USB-Transfers 61

Transfertypen 63

Feldbusse 65

Grundsätzliche Struktur von Feldbussen 65

Anwendungsklassen und verbreitete Feldbussysteme 67

Beispiel PROFIBUS 69

Die Busphysik von PROFIBUS 70

Die Kommunikationstechnologie von PROFIBUS 74

PROFIBUS-Profile 78

Beispiel CAN 80

Die Busphysik von CAN 81

Die Kommunikationstechnologie von CAN 84

CANopen und andere CAN-Erweiterungen 90

Ethernet 93

Die Topologie von Ethernet 94

Die Busphysik von Ethernet 97

Das Ethernet-Telegramm 103

Das Buszugriffsverfahren von Ethernet 107

Das Netzwerk-Protokoll IP 109

Routing bei IP 113

Das Transport-Protokoll TCP 116

UDP als Einfachst-Transport-Protokoll 120

Das Anwendungs-Protokoll HTTP 120

Weitere Anwendungs-Protokolle 123

Industrial Ethernet 124

Die Messdaten-Applikation 129

Bestandteile der Messdaten-Applikation 129

Beispiel LabVIEW 132

Inhalt

Statistische Messdatenauswertung 137
  Histogramme, Dichte- und Summenfunktion 137
  Stetige und quasi-stetige Verteilungen 139
  Statistische Kenngrößen 142
  Normalverteilung 143
Interpolationen und Regressionen 147
  Interpolationen 148
  Regression 152
Numerisches Differenzieren und Integrieren 157
  Differenzieren 157
  Integrieren 162
Digitale Filter 169
  Nichtrekursive Filter 169
  Rekursive Filter 173
Korrelationsfunktionen 177
  Korrelationskoeffizient 177
  Kreuzkorrelationsfunktion 181
  Korrelation verrauschter Signalfolgen 184
  Detektion gestörter Signalmuster 186
Spektralanalyse 189
  Spektren periodischer Signale 189
  Spektren nichtperiodischer Signale 192
  Diskrete Fourier-Transformation 194
  Beispiele für Amplitudenspektren 196
  Spektrumsfehler und Fensterfunktionen 200
  Leistungsdichtespektrum 202
Literaturverzeichnis 205
Bildverzeichnis 209
Abkürzungen 213
Sachwortverzeichnis 217

Vorwort

Ob in der Produktionsanlage, im Prüfstand oder im Labor - stets sind vor Ort zahlreiche Messdaten zu gewinnen und in Computer zu übertragen, wo sie weiterverarbeitet werden. Dieses Buch behandelt die hierbei grundsätzlich in Frage kommenden Systemstrukturen und die diesen zugrunde liegenden Funktionsmechanismen.

Unsere Betrachtungen beginnen mit der Messwerterfassung vor Ort, wozu unterschiedliche Messkomponenten wie PC-Einsteckkarten, externe bzw. busbasierte Messmodule, Sensoren mit Busanschluss oder vernetzbare Messgeräte dienen können. Wir werden hierbei auch einige für die praktische Anwendung bedeutsame Grundlagen der Digitalisierung von Messgrößen betrachten. Es geht weiter zu den unterschiedlichen Kommunikationsschnittstellen, die zur Messdatenübertragung benutzt werden können. Diese sind der Laborbus, USB, Feldbusse und Ethernet (LAN), wobei bei letzterem auch die höheren Protokolle (z.B. IP, TCP, UDP, HTTP) sowie Industrial Ethernet-Aspekte dargestellt werden. Schließlich geht es in die Messdaten-Applikation im Computer hinein, wo wir die üblichen Standardverfahren der Messdatenauswertung betrachten; darunter fallen statistische Auswertungen, Interpolationen und Regressionen, numerisches Differenzieren und Integrieren, digitale Filter, Korrelationsfunktionen und die Spektralanalyse.

Dieses Buch ist als Kompendium ausgelegt. Der Autor hat sich bemüht, die Zusammenhänge kompakt und verständlich darzustellen, ohne wichtige Details zu unterschlagen. Als Grundlagenüberblick ist das Buch zwischen rein akademischer Theorie und ausschließlich gerätebezogener Implementierungspraxis angesiedelt. Es möchte auf effiziente Art das notwendige Basis-Know-how vermitteln, um Lösungen für die Messdatenerfassung und -auswertung zu verstehen und selbst zu planen.

Das Buch wendet sich einerseits an Studierende und Lehrende in technischen Bachelor- und Masterstudiengängen, die mit diesbezüglichen Fragestellungen in Lehrveranstaltungen oder studentischen Arbeiten (Abschlussarbeiten, Praktika, Studienarbeiten) befasst sind. Gleichermaßen sind diejenigen adressiert, die in weiterführende technische Ausbildungen involviert sind z.B. an Techniker- und Meisterschulen. Andererseits werden im Beruf stehende Ingenieure, Informatiker und Techniker angesprochen, die mit Aufgaben der Messdatenerfassung und -verarbeitung zu tun haben, beispielsweise in Produktion, Prüffeld und Entwicklung.

Der Autor hat eine Professur für Regelungstechnik und Elektrische Messtechnik an der Universität der Bundeswehr München inne. Mit der in diesem Buch behandelten Thematik beschäftigt er sich außer in einer einschlägigen Lehrveranstaltung in vielen Projekten mit Studierenden. Parallel dazu führt er laufend industrielle Kooperationsvorhaben bevorzugt mit mittelständischen Unternehmen durch. Für weitere Informationen sei auf die Website des Autors www.prof-boettcher.de verwiesen.

Ich wünsche allen Lesern und Leserinnen viel Freude bei der Lektüre.

München/Neubiberg, im August 2015

Jörg Böttcher

Vom Messort zur Messdaten-Applikation

In den meisten automatisierten technischen Systemen werden mehr oder weniger viele Messdaten erfasst und verarbeitet. Ob in einer industriellen Produktionsanlage, einem Messaufbau im Labor oder im Automobil - Messdaten bilden die Grundlage für entsprechende Überwachungs- und Regelungsprozesse. Wir wollen uns in diesem einführenden Kapitel mit den grundlegenden Aufgaben und Lösungsstrukturen beim Umgang mit Messdaten beschäftigen.

Generell gehen wir dabei davon aus, dass Messdaten nach ihrer messtechnischen Erfassung und Übertragung durch einen Computer verarbeitet werden. Ein Computer kann hierbei ein konventioneller PC oder Laptop sein, ein mobiles Gerät (wie Tablet, Smartphone) oder eine beliebige andere programmierbare Elektronik. Zu letzterer gehören insbesondere die sog. Embedded Systems. Man versteht darunter von der Bauform her meist recht kompakt ausgeführte Computer ohne Tastatur und Bildschirm, die in technische Systeme eingebettet (engl. embedded) werden und entsprechende Steuer- und Regelungsvorgänge durchführen. Die im modernen Automobil vielfach vorhandenen Steuergeräte sind ein Beispiel hierfür.

Messgrößen, Messwerte und Messdaten

Die Gewinnung von Messdaten setzt zunächst die Messung entsprechender Messgrößen mittels unterschiedlichster Messkomponenten voraus. So erfolgt dies im Labor häufig mit entsprechenden Labormessgeräten wie Multimeter, Oszilloskop oder Spektralanalysator, denen elektrische Messgrößen wie Spannungen oder Ströme zugeführt werden. In der Produktionsmaschine oder im Automobil müssen dagegen oftmals nichtelektrische

Messgrößen (Temperaturen, Drücke, Positionen etc.) mit entsprechenden Sensoren aufgenommen werden.

Die Messgröße ist üblicherweise analoger (stetiger) Art, kann also zwischen einem Bauart-bedingten Minimal- und Maximalwert jeden beliebigen Zwischenwert annehmen. Eine Ausnahme bilden beispielsweise Schalter oder Lichtschranken, die in manchen Messdatenerfassungsanwendungen ebenfalls abgefragt werden müssen, was aufgrund ihrer nur zwei Zustände „Ein" und „Aus" jedoch aus messtechnischer Sicht trivial ist - man spricht hier von binären oder allgemein unstetigen Messgrößen.

Die Messkomponente gewinnt aus der Messgröße einen Messwert. Wie dies für einzelne Messgrößen physikalisch und schaltungstechnisch erfolgen kann, ist Thema des Fachgebiets Messtechnik und soll uns in diesem Kompendium nicht beschäftigen. Auch die dabei naturgemäß immer zu beobachtenden Abweichungen des ermittelten Messwerts vom exakt herrschenden - die hoffentlich auf ein Maß beschränkt bleiben, das für die konkret realisierte Anwendung noch ausreicht - sollen hier außen vor bleiben.

Um durch ein computerbasiertes Messdatenerfassungssystem verarbeitet zu werden, müssen die Messwerte in digitaler Form vorliegen. Sie müssen digitalisiert werden. Angelehnt an die Begrifflichkeiten in der Informationstechnologie sprechen wir nunmehr von Messdaten. Der Singular Messdatum wird aufgrund der Verwechslungsgefahr mit dem Kalenderdatum nicht verwendet; meist bleibt man dann auch hier beim Begriff Messwert.

Aufgaben bei der Messdatenerfassung

Jede für die Messdatenerfassung geeignete Messkomponente muss die Aufgaben nach Bild 1 durchführen, ggf. in Kombination mit Zusatzkomponenten. Wir werden unten noch auf verschiedene Lösungen hierfür eingehen. Wir setzen hierbei voraus, dass stets ein elektrisches Eingangssignal anliegt, das entweder direkt die elektrische Messgröße trägt oder im Falle einer nichtelektrischen Messgröße durch einen Sensor gewonnen wurde. Die Messkomponente befindet sich typischerweise nicht weit vom Messort, an dem die Messgröße abgegriffen wird.

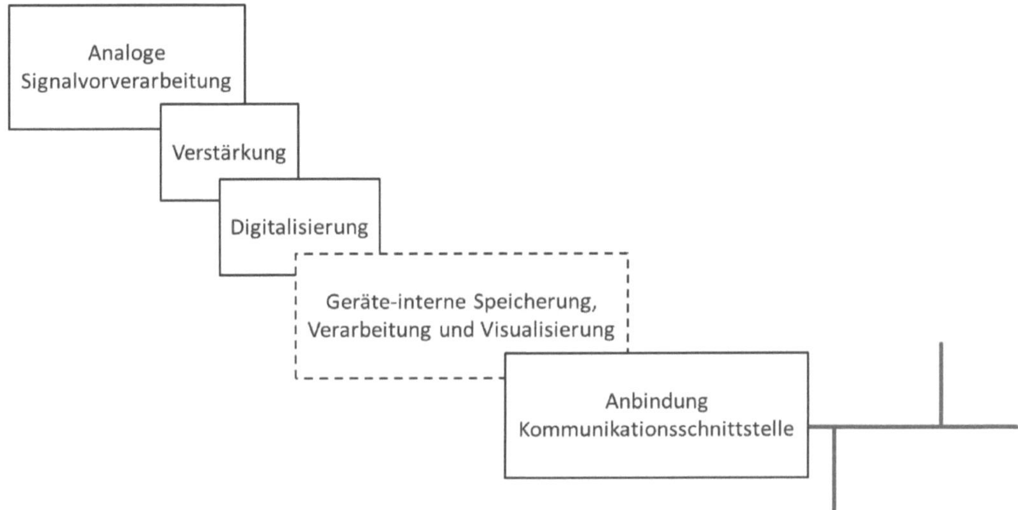

Bild 1: Aufgaben bei der Messdatenerfassung

Je nach Eigenschaften des elektrischen Eingangssignals wird oftmals zunächst eine gewisse analoge Signalvorverarbeitung durchgeführt. Hierbei kommen meist passive elektronische Schaltungen wie Filter, Brückenschaltungen oder Signalwandler zur Anwendung. In vielen Fällen ist das resultierende Signal in seinem Signalhub - definiert als der Unterschied zwischen dem größten und dem kleinsten Signalwert - für eine qualitativ hochwertige Weiterverarbeitung noch zu klein und muss verstärkt werden. Es folgt die Digitalisierung, auf die wir im nächsten Kapitel noch im Detail eingehen werden.

Je nach Art der Messkomponente erfolgt optional eine Zwischenspeicherung der dabei entstehenden Messdaten bzw. auch bereits eine Verarbeitung und Visualisierung, was im Bild durch einen gestrichelten Funktionsblock gekennzeichnet ist. Dies ist insbesondere bei Labormessgeräten der Fall, die oftmals autark eingesetzt werden, ohne in eine übergreifende Messdatenerfassungsanwendung integriert zu sein. Um von einem externen Computer auf die so gewonnenen (und ggf. vorverarbeiteten) Messdaten zugreifen zu können, muss die Messkomponente über eine entsprechende Kommunikationsschnittstelle verfügen. Auch diese wird im weiteren Verlauf dieses Kompendiums noch intensiver betrachtet. Die üblicherweise heute verwendeten Kommunikationsschnittstellen erlauben den Anschluss mehrerer Geräte an einem gemeinsamen Kommunikationsmedium.

Aufgaben auf Computerseite

Nach der Übertragung über die Kommunikationsschnittstelle werden die Messdaten aus allen an der jeweiligen Anwendung beteiligten Messkomponenten im Computer eingelesen und weiterverarbeitet. Dies erfolgt auf Computerseite wie in Bild 2 dargestellt.

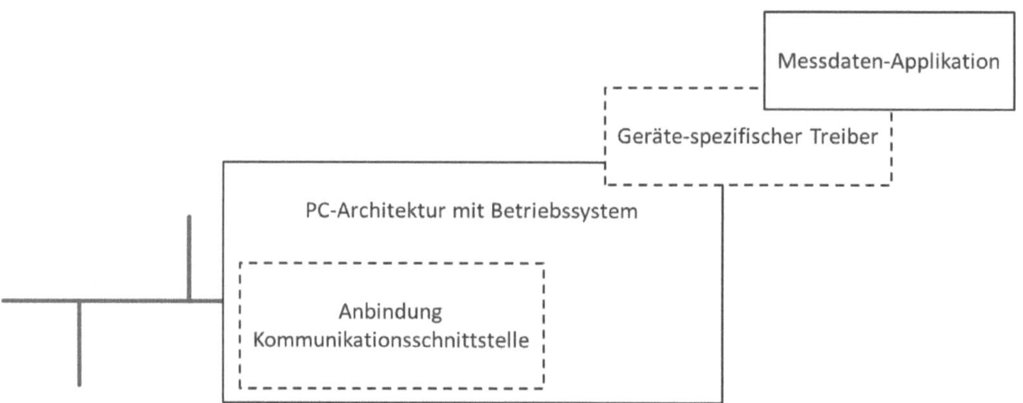

Bild 2: Aufgaben auf Computerseite

Im Bild wird wie auch im weiteren Verlauf dieses Kompendiums von einem Computer mit PC-Architektur ausgegangen. Insbesondere im Bereich der Embedded Systems besteht ein starker Trend zum Einsatz sog. Embedded PCs, so dass auch für diesen Bereich diese Annahme immer mehr zutrifft. Auf Computer mit anderer Hardwarebasis - so beispielsweise vielen Mikrocontrollersystemen - lassen sich die Überlegungen jedoch analog übertragen.

Heute übliche PC-Architekturen verwenden als Basis der installierten Softwareanwendungen ein Standardbetriebssystem wie Windows oder eines der vielen Linux-Derivate. Sofern die in der Messdatenerfassungsanwendung verwendete Kommunikationsschnittstelle nicht einer Standard-PC-Schnittstelle wie USB oder LAN bzw. WLAN entspricht, muss diese über eine separate Hardwarekomponente zuerst an den PC angebunden werden. Dies beinhaltet in aller Regel auch die Installation entsprechender Treibersoftware hierzu.

Die unterschiedlichen Kommunikationsschnittstellen sind in entsprechenden technischen Standards einheitlich spezifiziert. Manche Standards umfassen nur den Datentransport selbst, ohne die transportierten Daten in ihrer Bedeutung und Darstellung festzuschreiben. Andere dagegen legen - meist in Form sog. Geräteprofile - die Daten, die eine bestimmte Geräteart senden bzw. empfangen kann, bis ins Detail fest. In letzterem Fall erfolgt die Bekanntmachung der Datenstruktur eines bestimmten Geräts im Computer oftmals durch die Installation eines gerätespezifischen Treibers.

Ziel der Messdatenerfassung ist letztlich die Messdaten-Applikation, eine Softwareanwendung, welche die Messdaten verarbeitet, visualisiert und speichert. Sie kann mit einer beliebigen für den verwendeten Computer geeigneten Programmiersprache spezifisch für eine Anwendung entwickelt werden oder auf Basis eines Standardmessdatenerfassungstools arbeiten, welches hierfür konfiguriert wird. In einem späteren Kapitel werden wir uns kurz am Beispiel eines in der Messdatenerfassung/-verarbeitung weit verbreiteten grafischen Programmiertools ansehen, wie solche Applikationen erstellt werden. Wenden wir uns nun den verschiedenen Lösungsstrukturen zu.

Systemlösung mit Einsteckkarte

Es gibt verschiedene Varianten, die Messdatenerfassung vor Ort und die Übertragung der Messdaten in den Computer gerätetechnisch zu implementieren. Die vor allem für Systeme mit kleinerer räumlicher Ausdehnung geeignete klassische Variante zeigt Bild 3. Hier werden Einsteckkarten mit entsprechenden Messfunktionen in einem freien Steckplatz (Slot) des computerinternen Peripheriebussystems installiert. Dies ist nur im Bereich konventionell aufgebauter Desktop- bzw. Industrie-PCs möglich, da andere Computerbauformen wie Laptop, Tablet oder Smartphone über keine entsprechenden Steckplätze verfügen. Im PC-Bereich dominiert als Bus hierzu seit längerer Zeit der PCI-Bus. Dessen Leistungsfähigkeit wuchs im Laufe der Zeit durch Fortschreibung mit neueren Versionen. Auch existieren industrietaugliche Abwandlungen, die auf robustere Bauformen setzen, wie wir noch sehen werden.

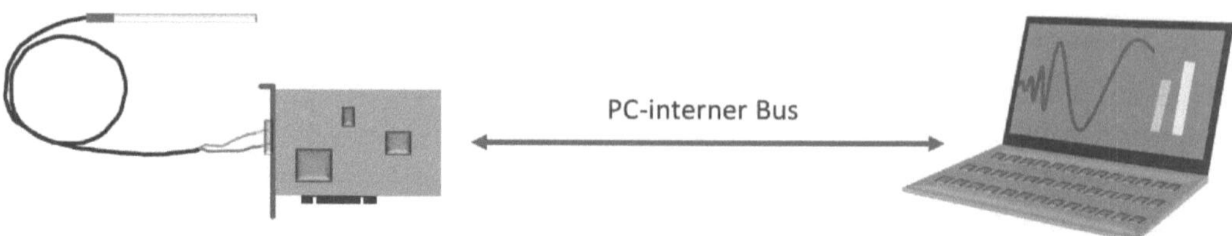

Bild 3: Systemlösung mit Einsteckkarte

Die Systemkomplexität ist bei dieser Systemvariante durch die Anzahl freier Steckplätze begrenzt. Ebenso dürfen die Kabellängen zwischen Messort bzw. Sensor und Einsteckkarte mit ihren analogen elektrischen Signalen nicht zu lange werden; ihre Maximallänge hängt jeweils vom Messverfahren, externen Störeinflüssen (elektrische, magnetische oder elektromagnetische Einstrahlungen auf das Kabel) und der durch die Anwendung vorgegebenen maximal erlaubten Messabweichung ab.

Systemlösung mit externem Modul

Was sich bei Messdatenerfassungssystemen auf Basis konventioneller PCs in letzter Zeit immer mehr beobachten lässt, ist bei Laptop-basierten Systemen schon seit langem Standard, wenn es um räumlich nicht zu weit verteilte Installationen geht: der Aufbau mit einem externen Modul (Bild 4), das den standardmäßig vorhandenen USB-Anschluss benutzt oder - derzeit eher noch nicht verbreitet - über Ethernet (LAN) bzw. WLAN mit dem Computer kommuniziert.

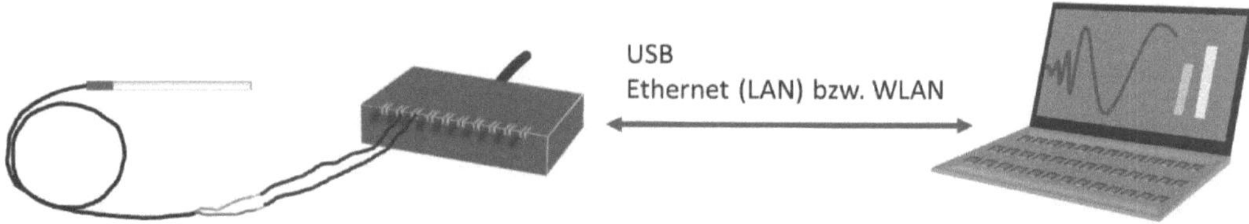

Bild 4: Systemlösung mit externem Modul

Der große Vorteil besteht in einem flexibleren Ausbau, da mehr Module angeschlossen werden können, als üblicherweise Steckplätze in einem konventionellen PC vorhanden sind. Auch müssen keine PC-Gehäuse geöffnet werden.

Systemlösung mit externen Bussen

Insbesondere im rauen Produktionsbereich, wo man häufig automatisierungstechnische Systeme über einen größeren räumlichen Bereich betreiben muss, setzt man auf eine Verkabelung auf Basis der hier eingeführten industriellen Bussysteme, wie wir sie unter den Begriffen Feldbus und Industrial Ethernet noch kennenlernen werden. Aber auch bei umfangreicheren Labortestaufbauten oder Prüfständen, die typische Labormessgeräte in Vernetzung mit einem Computer verwenden, werden entsprechend eingeführte Busse, die sog. Laborbusse, verwendet. Messdatenerfassungslösungen in diesen Umgebungen setzen typischerweise auf die hier jeweils verbreiteten externen Bussysteme als Transportmedium der Messdaten (Bild 5).

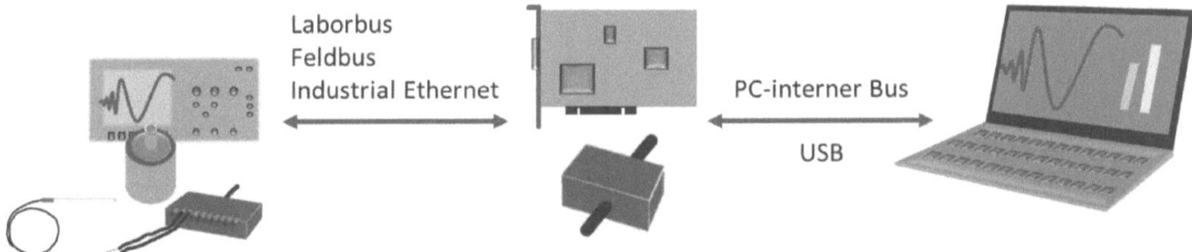

Bild 5: Systemlösung mit externen Bussen

Da Computer üblicherweise nicht über Anschlüsse für diese speziellen Bussysteme verfügen, müssen sie entweder über entsprechende Einsteckkarten oder externe Koppelmodule an die externen Busse angeschaltet werden. Die Anschaltung selbst weist so für sich die Struktur einer der beiden oben betrachteten Lösungsvarianten auf.

Insbesondere Sensoren werden in stark steigendem Maße mit Feldbus- und Industrial Ethernetanschlüssen angeboten, während nur vereinzelte Ausführungen mit USB- oder konventionellem LAN-Anschluss existieren. Messdatenerfassungslösungen, die insbesondere viele Sensoren beinhalten, bauen deshalb oftmals auf diese Systemlösung.

Messwerte digitalisieren

Wie in Bild 1 gezeigt wurde, ist eine Kernaufgabe bei der Messdatenerfassung die Digitalisierung der Messwerte. Hierzu verfügen die Elektroniken entsprechender Messkomponenten über sog. Analog-Digital-Umsetzer (ADU bzw. engl. Analog Digital Converter, ADC). Dies sind Chips, welche eine analoge Eingangsspannung in ein digitales Datenwort abbilden, dessen Wert als Zahl gelesen die Eingangsspannung repräsentiert. Über die digital arbeitende Kommunikationsschnittstelle werden diese, in entsprechende Datenstrukturen „eingepackt", an den Computer übertragen (Bild 6). Zur Messung anderer elektrischer Signale (wie Strom, Widerstand, Kapazität, Induktivität etc.) verfügen entsprechende Messkomponenten über Umformelektroniken, die das betreffende Eingangssignal in eine durch den ADU verarbeitbare Spannung wandeln - in Bild 1 findet dies im Block „Analoge Signalvorverarbeitung" statt.

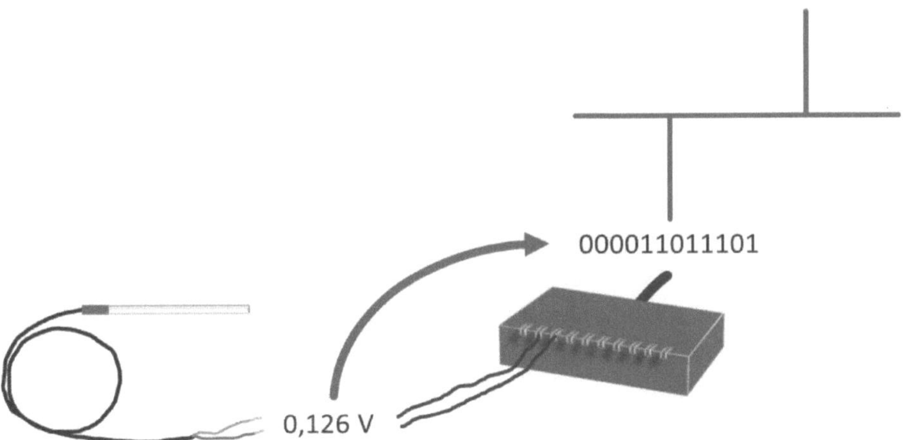

Bild 6: Analog-Digital-Umsetzung bei der Messkomponente

Die Analog-Digital-Umsetzung

Das Grundprinzip eines ADUs zeigt Bild 7 am Beispiel eines durchaus typischen Eingangsspannungsbereichs von 0 bis 10 V und einer sog. ADU-Auflösung von 10 Bits.

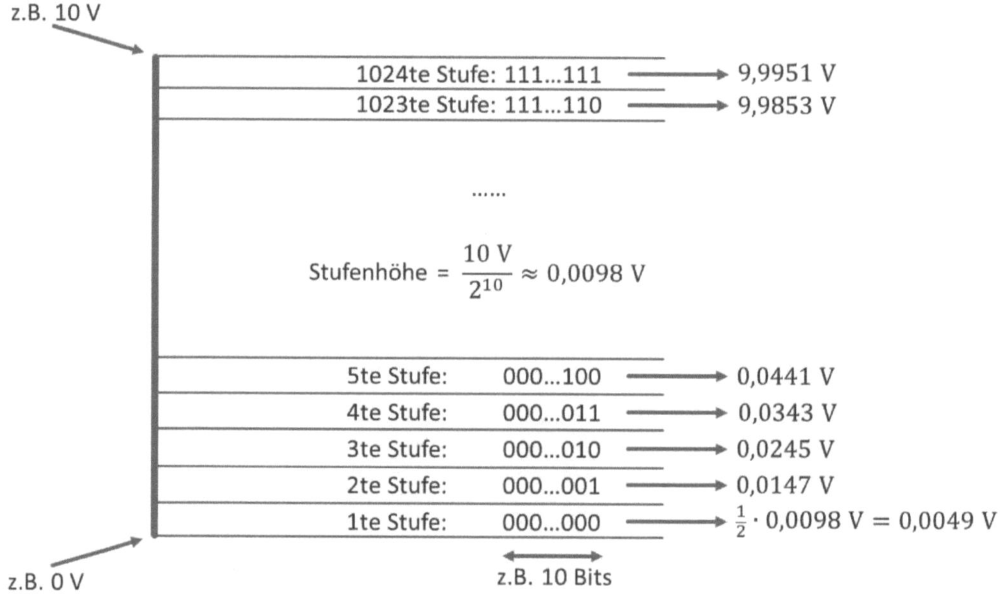

Bild 7: Grundprinzip eines ADUs

Der ADU teilt den gesamten Eingangsspannungsbereich in viele gleich hohe Stufen ein, die mit einem aufsteigenden Zahlenwert nummeriert sind. Der Zahlenwert wird durch eine Binärzahl repräsentiert, die eine der Auflösung entsprechende Anzahl von Bits umfasst. Mit n Bits lassen sich 2^n Stufen darstellen. Im dargestellten Beispiel sind $2^{10} = 1.024$ Stufen möglich, was eine Stufenhöhe von ca. 9,8 mV ergibt.

Diese vom ADU ausgegebene Binärzahl wird von einigen Messkomponenten direkt so über die Kommunikationsschnittstelle übertragen und muss auf Computerseite in eine entsprechende Spannung wieder zurück gerechnet werden. Dies kann in einem gerätespezifischen Treiber erfolgen oder muss durch den Entwickler der Messdaten-

Applikation selbst implementiert werden. Entgegen einer weit verbreiteten Praxis sollte hierbei der kleinsten Binärzahl 000...000, welche die unterste Stufe repräsentiert, nicht der Spannungswert 0 V zugeordnet werden, sondern vielmehr die Hälfte der Stufenhöhe - im Beispiel also ca. 4,9 mV. In analoger Weise werden auch allen weiteren Binärzahlen die der Mitte ihrer jeweiligen Stufe entsprechenden Spannungen zugeordnet. Der Grund hierfür liegt in der Minimierung der sog. Quantisierungsabweichung, wie wir unten noch analysieren werden.

Viele Messkomponenten nehmen diese Rückrechnung bereits selbst vor und übertragen den ermittelten Spannungswert. Unabhängig davon, ob der Spannungswert in der Messkomponente selbst oder erst im Computer ermittelt wird, ist auch er bei genauerer Betrachtung stets quantisiert, da digitale Systeme bekanntermaßen nur mit begrenzter Auflösung Zahlen - in diesem Falle Gleitpunktzahlen - codieren können. Jedoch ist diese Auflösung im Vergleich zur Auflösung bei der Analog-Digital-Umsetzung mit ADUs um viele Größenordnungen höher, so dass dieser Effekt absolut vernachlässigbar ist.

Die sich aus dieser Funktion eines ADUs ergebende Kennlinie ist in Bild 8 dargestellt.

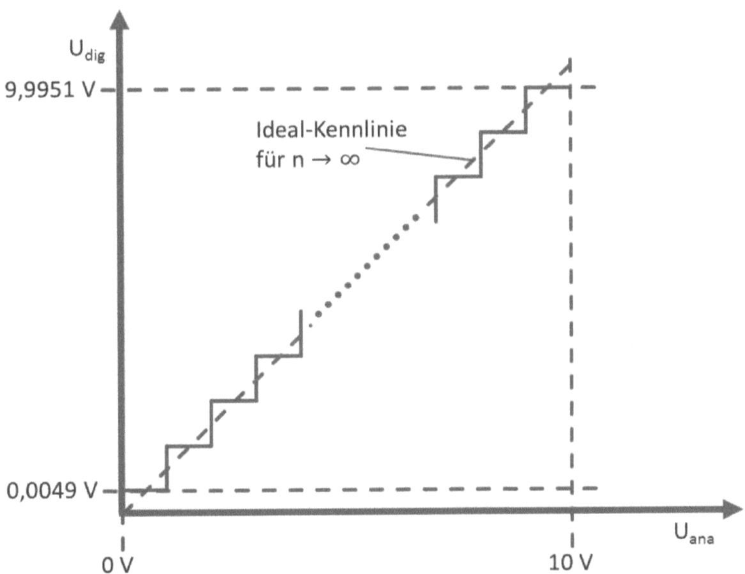

Bild 8: ADU-Kennlinie

Sie ist, von noch zu besprechenden weiteren Umsetzabweichungen abgesehen, eine Treppenkurve, welche sich mit steigender Auflösung n immer mehr der idealen (stetigen) Gerade annähert.

Auflösung, Umsetzzeit und Aufwand

Wir gehen nicht näher auf die interne Elektronik eines ADUs ein. Jedoch sollten wir uns bewusst sein, dass es unterschiedlichste schaltungstechnische Verfahren gibt, diese Analog-Digital-Umsetzung durchzuführen (Bild 9).

	Auflösung	Umsetzzeit	Aufwand
Direktvergleichende Verfahren:	niedrig	fest, niedrig	hoch
Zählende Verfahren:	hoch	vom Messwert abhängig, im Durchschnitt hoch	niedrig
Sukzessive Approximation:	mittel	fest, niedrig	niedrig
Delta-Sigma:	hoch	vom Messwert abhängig, im Durchschnitt mittel	mittel

Bild 9: ADU-Verfahren

Im Bild sind lediglich vier sehr wichtige Grundverfahren aufgeführt, die wiederum sehr unterschiedlich im Detail ausgeführt sein können. Auch gibt es zahlreiche Kombinationen dieser sowie auch weitere Methoden.

Die Verfahren unterscheiden sich stark in der Auflösung (typ. 8...24 Bits), der Umsetzzeit (typ. 1 ns...100 ms) und dem Aufwand. Unter letzterem ist die Anzahl der schaltungstechnischen Basiselemente auf dem Chip und damit die benötigte Chipfläche zu verstehen, was sich direkt auf die Herstellkosten auswirkt. Insbesondere Verfahren, die eine geringere Chipfläche benötigen, sind häufig in Mikrocontrollerchips mit integriert. Einfachere Messdatenerfassungshardware verwendet intern häufig diese kostengünstige

Variante, während höherwertige Komponenten in aller Regel mit eigenen ADU-Chips höherer Umsetz-Qualität arbeiten.

Quantisierungsabweichung

Mit einer endlichen Auflösung eines ADUs kann die analoge Eingangsspannung stets nur in eine endliche Anzahl von Stufen übergeführt werden. Die Information über den genauen Eingangsspannungswert geht dabei prinzipbedingt verloren. Oder anders formuliert: die zurück gerechnete Spannung ist quantisiert - jede Analog-Digital-Umsetzung geht mit einer gewissen Quantisierungsabweichung einher. Diese entspricht im ungünstigsten Fall betragsmäßig der halben Stufenhöhe, wenn man bei der Rückrechnung wie oben dargestellt jeweils den Spannungswert der Stufenmitte heranzieht. Im Beispiel aus Bild 7 würde jede Eingangsspannung im Bereich 0 V bis knapp unter 9,8 mV zu einer nach Analog-Digital-Umsetzung zurückgerechneten Spannung von stets ca. 4,9 mV führen - die maximal auftretende Abweichung wäre ebenso 4,9 mV. Würden wir bei der Rückrechnung bei einer Zuordnung von 0 V für die unterste Stufe beginnen, so wäre die maximale Abweichung betragsmäßig doppelt so groß, also ca. 9,8 mV.

Allgemein formuliert weist ein ADU mit einem Eingangsspannungsbereich ΔU und einer Auflösung n (in Bits) eine betragsmäßig maximale Quantisierungsabweichung F_{max} von

$$F_{\mathrm{max}} = \frac{1}{2} \cdot \frac{\Delta U}{2^n} \tag{1}$$

auf.

Kommen wir noch einmal auf obigen Beispiel-ADU mit $F_{max} \approx 4,9$ mV zurück. Digitalisieren wir damit eine Eingangsspannung von etwa 4,9 V - also etwa in der Mitte des Eingangsspannungsbereichs - so entspricht dies einer betragsmäßig maximalen relativen Abweichung von 0,1 %, was für viele Anwendungen der Messdatenerfassung vermutlich ausreicht. Anders sieht es aus, wenn wir sehr kleine Spannungen, wie sie beispielsweise viele Sensoren liefern, digitalisieren wollen. So müssen wir bei einer Eingangsspannung von 49 mV bereits mit 10 % rechnen und bei 4,9 mV werden es satte 100 %, was sicherlich für keine Anwendung mehr Sinn ergibt.

Daraus ergibt sich eine grundlegende Regel bei der Digitalisierung: sollen bezogen auf den Eingangsspannungsbereich des ADUs kleine Spannungen verarbeitet werden, so verhindert man das Abtauchen in zu große relative Abweichungen, indem man die Eingangsspannung zunächst entsprechend verstärkt. Höherwertigere Messkomponenten für die Messdatenerfassung haben entsprechende Verstärker bereits integriert; ihr Verstärkungsfaktor kann üblicherweise softwaregesteuert eingestellt werden - oftmals in bestimmten Abstufungen z.B. 1-10-100. Mitunter wird statt des Verstärkungsfaktors der mit diesem korrelierende Eingangsspannungsbereich formal umgeschaltet, z.B. 0-100 mV, 0-1 V, etc. Ist die Größenordnung der zu erwartenden Eingangsspannung während einer durch die Messdaten-Applikation gesteuerten Messung nicht bekannt, so empfiehlt es sich, eine erste Messung mit dem kleinsten Verstärkungsfaktor - entsprechend dem größten Eingangsspannungsbereich - durchzuführen und je nach Größenordnung des Ergebnisses die Messung mit einem passenden kleineren Verstärkungsfaktor zu wiederholen, ggf. auch schrittweise immer passgenauer werdend.

Quantisierungsrauschen

Es gibt etliche Anwendungen in der Messdatenerfassung, bei denen sich die zu digitalisierenden Eingangsspannungen relativ schnell ändern. Denken wir nur an Motorprüfstände, bei denen sich die typischen Messgrößen wie Kompressionsdruck, Brennraumtemperatur, Drehzahl, Zündstrom etc. im schnellen Takt der Kolbenbewegung ändern. Hier wirkt sich die Quantisierungsabweichung eines ADUs als eine Art Rauschsignal aus, das dem ideal ermittelten Nutzsignal überlagert erscheint. Wir wollen hierbei annehmen, dass ein sich änderndes Spannungssignal durch eine dem ADU vorgeschaltete Speicherkomponente in bestimmten Zeitabständen genügend schnell eingelesen und während seiner Analog-Digital-Umsetzung gespeichert wird. Auf damit zusammenhängende Fragestellungen gehen wir unten noch ein.

Konkret hörbar wird dies in akustischen Anwendungen. So könnten wir versuchsweise das mit einem Mikrofon (als Sensor) aufgenommene Akustiksignal direkt oder mit nur geringer Verstärkung digitalisieren, wobei wir bewusst eine niedrige Auflösung (z.B. 8 Bits oder noch niedriger) wählen. Als Akustiksignal möge uns das finale Duett "C'est toi, C'est moi" Carmens mit Don Jose aus der weltberühmten Oper dienen, zum Beispiel in einer Darbietung von Jonas Kaufmann (Tenor) und Kate Aldrich (Sopran), wie sie diese in unvergleichlicher Weise beim Opernfestival Chorégies d'Orange 2015 gegeben haben. Insbesondere bei den leisen Passagen mit sehr kleinen Spannungssignalen des Mikrofons werden wir dieses Quantisierungsrauschen zwar leise, aber doch kontinuierlich wahrnehmen.

Das mittlere Verhältnis zwischen eigentlichem Nutzsignal und diesem Quantisierungsrauschen kann hierbei als sog. Signal/Rausch-Verhältnis (Signal to Noise Ratio, *SNR*) angegeben werden. Wie in der Analyse höherfrequenter Signale - insbesondere auch in der Akustik - üblich, verrechnet man hierzu jedoch nicht Spannungen, sondern Leistungen. Genauer gesagt die mittleren Signalleistungen, die umgesetzt würden, wenn man die Spannungen auf einen ohmschen Widerstand wirken ließe - welcher in der Messtechnik derartiger Signale häufig 50 Ω aufweist.

Um verschiedene ADUs bezüglich ihres *SNR* vergleichbar zu machen, verwenden die Hersteller der ADU-Chips als Nutzsignal nun nicht etwa obiges Opernduett, sondern ein Sinussignal, das über den gesamten Eingangsspannungsbereich schwingt mit einer Nulllinie genau in der Mitte. Dessen Effektivwert U_N ist in Abhängigkeit der Amplitude $\hat{u}$ bekanntermaßen

$$U_N = \frac{\hat{u}}{\sqrt{2}} \cdot \tag{2}$$

Die Amplitude $\hat{u}$ umfasst genau die Hälfte des Eingangsspannungsbereichs. Sie ist das Produkt aus der halben durch die Auflösung n gegebenen Stufenanzahl 2^n und der Stufenhöhe Δu - nicht zu verwechseln mit dem großen „U" des ΔU in (1):

$$\hat{u} = \tfrac{1}{2} 2^n \Delta u \tag{3}$$

Die Quantisierungsabweichung F wird je nach zufällig gerade umzusetzender Eingangsspannung einen Wert im Bereich

$$F : -\frac{\Delta u}{2} \dots + \frac{\Delta u}{2} \tag{4}$$

einnehmen. Über viele Quantisierungen hinweg wird F in diesem Bereich statistisch gleichverteilt sein. Der Mathematiker spricht von einem gleichverteiltem Rauschen, für das er den Effektivwert U_R mit

$$U_R = \frac{\Delta u}{\sqrt{12}} \tag{5}$$

angibt.

Nun können wir SNR als Verhältnis der Nutzsignalleistung P_N und der Rauschsignalleistung P_R angeben. Wir berücksichtigen dabei, dass sich Leistungen immer aus dem auf einen Widerstand R bezogenen Quadrat der Spannungs-Effektivwerte berechnen - bei der Ermittlung eines Leistungsverhältnisses dieser Widerstand R folglich herausfällt. Weiterhin berücksichtigen wir die bei der Angabe des SNR übliche Angabe in Dezibel (dB). Wir schreiben also:

$$SNR\,[dB] = 10 \cdot \log \frac{P_N}{P_R} = 10 \cdot \log \frac{U_N^{\,2}}{U_R^{\,2}} \tag{6}$$

Nach Einsetzen von (2) mit (3) und (5) erhalten wir abschließend:

$$SNR\,[dB] = 20 \cdot \log 2 \cdot n + 20 \cdot \log \sqrt{1{,}5} \approx 6{,}02 \cdot n + 1{,}76 \tag{7}$$

Ein ADU mit einer „mittleren" Auflösung von 12 Bits verfügt also über ein Signal/Rausch-Verhältnis von ca. 74 dB. Wir wollen uns jedoch nochmals daran erinnern, dass sich dieser Zusammenhang auf ein Nutzsignal bezieht, welches den gesamten Eingangsspannungsbereich umfasst. Für kleinere Nutzsignale schrumpft dieses Verhältnis.

Nullpunkt-, Verstärkungs- und Linearitätsabweichungen

Außer der Quantisierungsabweichung besitzen ADUs in der Praxis weitere Abweichungen von der in Bild 8 gezeigten idealen Kennlinie. So kann der sog. Nullpunkt (Offset) nach oben oder unten verschoben sein, was sich in einer vertikalen Parallelverschiebung der Kennlinie äußert (Bild 10).

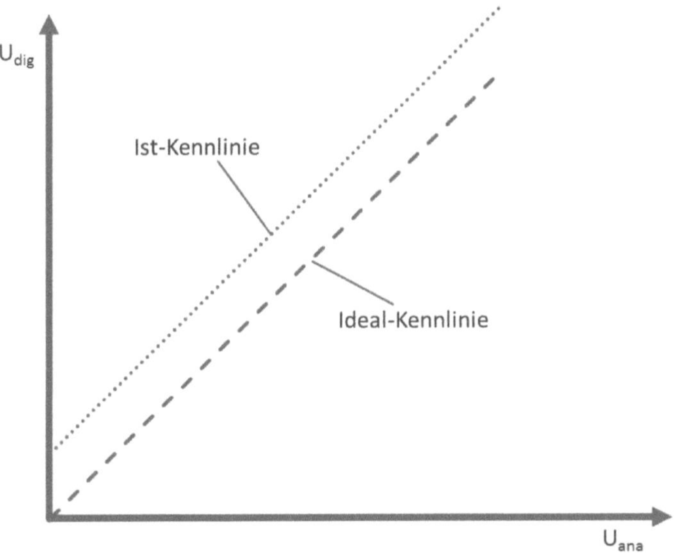

Bild 10: Nullpunktabweichung bei ADUs

Dieser Effekt ist durch eine Kalibriermessung gut zu kompensieren. Diese wird meist bei 0 V Eingangsspannung durchgeführt, da diese einfach durch z.B. Kurzschluss der beiden Eingangsanschlüsse zu erzeugen ist. Durch Temperaturänderungen verändert sich die Nullpunktabweichung jedoch während des Betriebs - die sog. Nullpunkt-Drift -, was nur durch wiederholtes Kalibrieren ausgeglichen werden kann. Die Kalibrierung ist häufig im ADU-Chip intern oder in der Messkomponente bereits vorgesehen. Dennoch kann die Nullpunktabweichung dadurch nie zu 100 % kompensiert werden, so dass der Hersteller i.d.R. eine verbleibende Restabweichung für den „worst case" spezifiziert.

Hinzukommend weicht oftmals die Steigung der Ist-Kennlinie eines ADUs von der Ideal-Kennlinie ab, die sog. Verstärkungs- bzw. Steigungsabweichung (Bild 11).

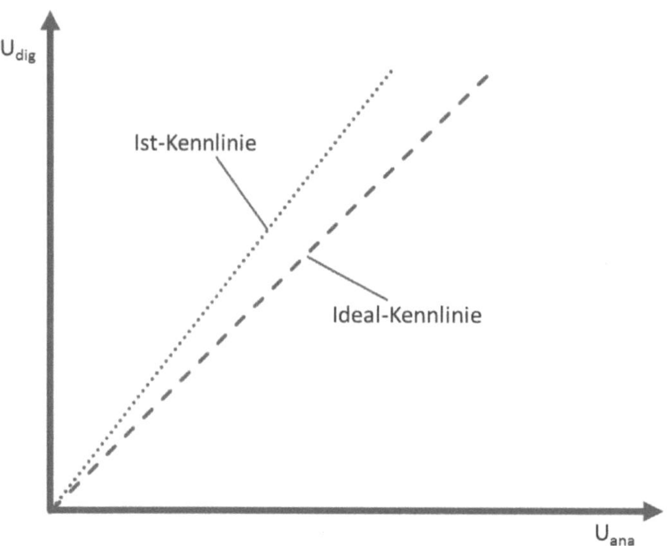

Bild 11: Verstärkungsabweichung bei ADUs

Um diesen Effekt zu kompensieren, müsste man an zwei Stellen der Kennlinie jeweils eine Kalibriermessung durchführen - auch dies aufgrund der temperaturbedingten Driften regelmäßig. Über die zwei so ermittelten Geradenpunkte könnte man die Steigung der konkret vorliegenden Ist-Kennlinie ermitteln und entsprechend korrigieren. In der Praxis hat man jedoch das Problem, dass die Ist-Kennlinie aufgrund eines weiteren Effekts, zu dem wir gleich kommen, nie exakt linear ist. Die der Verstärkungsabweichung zugrunde liegende Ist-Gerade versteckt sich gewissermaßen dahinter.

So begnügt man sich in aller Regel, Verstärkungs- und Linearitätsabweichung zusammen in einem gewissen Maße durch zwei Kalibriermessungen zu reduzieren. Und zwar am Nullpunkt - was zur Nullpunkt-Kompensation aber i.d.R. eh bereits erfolgte - und an einem weiteren Kennlinienpunkt - oftmals bei der Hälfte oder am Ende des Eingangsspannungsbereichs. Insbesondere die exakte Erzeugung der zweiten Kalibrierspannung ist in sich wiederum schaltungstechnisch nie exakt möglich, so dass auch daraus eine gewisse

Begrenzung der Korrekturmaßnahmen ersichtlich wird. Die verbleibende Abweichung - ob hardwareseitig bereits vorkompensiert oder nicht - gibt der Hersteller in den Datenblättern zusätzlich zur Nullpunktabweichung typischerweise an.

Die Linearitätsabweichung ist nun in Bild 12 dargestellt. Sie entsteht, in dem die Breite einzelner Stufen von der Idealbreite fertigungstechnisch abweicht. So führt die im Bild gezeigte Verbreiterung einer Stufe zu einem Abflachen des weiteren Kennlinienverlaufs. Je nach schaltungstechnisch implementiertem Umsetzverfahren umspannen derartige Stufenbreitevariationen alle Stufen eines ADUs, weisen in sich jedoch oftmals eine gewisse Stetigkeit auf, so dass die Ist-Kennlinie selbst - gedacht als Linie durch die Treppenstufenmitten - nicht wild hin und her ausschlägt, sondern einer gewissen Basisform folgt.

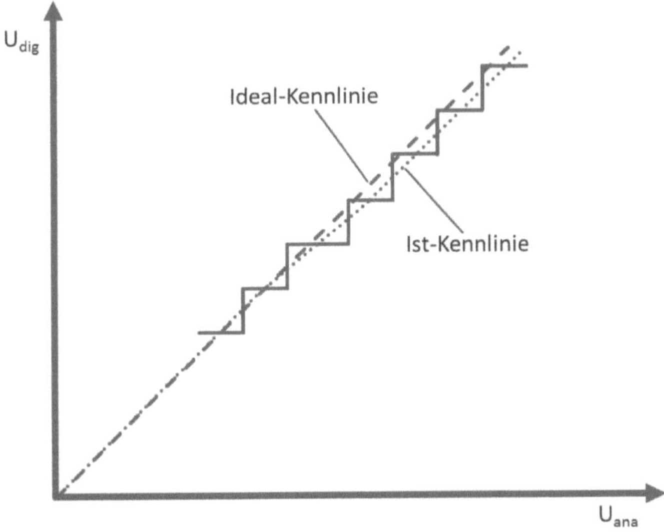

Bild 12: Linearitätsabweichung bei ADUs

Möchte man z.B. für ein konkretes ADU-Exemplar die Linearitätsabweichung für jede Stufe im Detail angeben, so haben sich hierfür folgende zwei Fachbegriffe herausgebildet: DNL und INL. Die Differentielle Nichtlinearität *DNL (i)* gibt für jede Stufe *i* die positive bzw. negative Abweichung von der Idealbreite an in Einheiten von LSB (engl. Least

Significant Bit); 1 LSB entspricht der Idealbreite. Durch Aufsummieren der *DNL (i)* über alle Stufen bis zur Stufe k erhält man die Integrale Nichtlinearität *INL (k)*:

$$INL(k) = \sum_{i=1}^{k} DNL(i) \tag{8}$$

Digitalisierung dynamischer Signale

Unter einem dynamischen Signal wollen wir eine vom ADU zu digitalisierende Eingangsspannung verstehen, die sich kontinuierlich ändert. Als Beispiel hatten wir schon das von einem Mikrofon generierte Signal aufgeführt. Da ein ADU stets eine gewisse Umsetzzeit benötigt, um ein analoges Signal in einen digitalen Wert abzubilden, können wir ein solches Signal nur in bestimmten minimalen Zeitabständen T_A digitalisieren - man spricht vom „Abtasten". T_A heißt entsprechend auch Abtastzeit.

Aufwendigere Hardwareimplementierungen schalten hierzu vor den eigentlichen ADU ein sog. Sample-and-Hold-Glied. Dies ist eine Analogschaltung, die mit einem Triggerimpuls zum gewünschten Abtastzeitpunkt den Spannungswert des Analogsignals für die Dauer der Analog-Digital-Umsetzung speichert. Für Elektrotechniker: Das speichernde Element ist schlichtweg ein Kondensator, der im Sample Mode dem Signal aufgeschaltet ist, während er im Hold Mode durch einen Umschalter von diesem getrennt und auf den ADU-Eingang gelegt ist. Von Restabweichungen abgesehen, die reale Sample-and-Hold-Glieder mit sich bringen wie leichter Spannungsverlust während des Hold-Prozesses oder eine minimalen Triggerungenauigkeit (sog. Jitter), können wir damit dynamische Signale ideal abtasten. Selbstredend kann T_A nie kleiner werden, als es der Umsetzzeit des ADUs zuzüglich der gewöhnlich dazu eher recht kleinen Umschaltzeiten des Sample-and-Hold-Gliedes entspricht. Wie klein T_A vom Signalverlauf her werden sollte, besprechen wir gleich.

Zuvor wollen wir noch abschätzen, welche zusätzliche Abweichung bei der Digitalisierung wir erhalten, wenn wir eine einfachere Hardwareimplementierung benutzen, die über kein Sample-and-Hold-Glied verfügt. Insbesondere sehr preisgünstige externe kleine Messdatenerfassungsmodule mit USB-Anschluss sind hier gemeint. Dazu stellen wir uns exemplarisch ein Sinussignal vor, das an seiner steilsten Stelle, dem Nulldurchgang, digitalisiert wird (Bild 13).

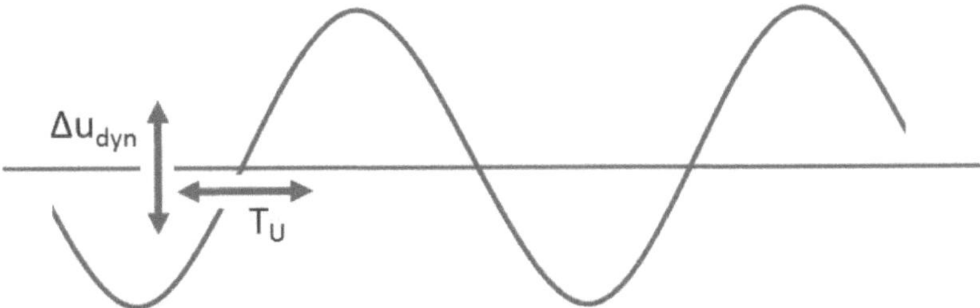

Bild 13: Dynamische Abweichung bei ADUs

Während der durch den jeweiligen ADU-Typ bedingten Umsetzzeit T_U, die wir als deutlich kleiner als die Hälfte der Periodendauer annehmen, ändert sich das Signal näherungsweise proportional zu T_U und der Steigung des Sinussignals im Nulldurchgang:

$$\Delta u_{dyn} \approx T_U \cdot \frac{d(\hat{u}\sin\omega t)}{dt}\bigg|_{t=0} = T_U \hat{u}\omega \tag{9}$$

Nehmen wir beispielsweise ein Sinussignal der Frequenz f = 1 kHz, was einer Kreisfrequenz ω von $2000\pi s^{-1}$ entspricht, mit einer Amplitude von $\hat{u}$ = 1 V an. Bei einer Umsetzzeit von T_U = 100 µs - dies immerhin nicht mehr als ein Zehntel der Periodendauer des Signals - ergibt sich bereits ein Δu_{dyn} von $0{,}2\pi$ V, was etwa 0,63 V entspricht.

Es hängt jetzt sehr vom schaltungstechnischen Umsetzverfahren im ADU ab, wie sich diese Änderung Δu_{dyn} während der Umsetzzeit auf den ermittelten, digital repräsentierten Spannungswert auswirkt. Auch hängt es von der Interpretation des Abtastzeitpunktes ab, ob diese Abweichung im Mittel etwas größer oder kleiner ausfällt. Bei vielen Umsetzverfahren - aber nicht allen! - werden erst gegen Ende der Umsetzzeit die niederwertigen Bits des Spannungswertes bestimmt, so dass es vor allem auf die dann anliegenden Momentanwerte der Eingangsspannung ankommt. Hier macht es Sinn, als Abtastzeitpunkt in der Software nicht den Beginn der Umsetzung heranzuziehen - also den Zeitpunkt, zu dem die Umsetzung aktiv z.B. seitens der Messdaten-Applikation angestoßen wird -, sondern rechnerisch T_U hinzu zu addieren. Die zu diesem korrigierten Abtastzeitpunkt gehörende Abweichung ist bei diesen Verfahren dann im Mittel deutlich geringer.

Will oder kann man sich mit dem genaueren Verfahren „seines" ADUs nicht beschäftigen, so muss man davon ausgehen, dass die obige dynamische Abweichung zu einem großen Anteil durchschlägt. Die einzige sinnvolle Konsequenz daraus ist, nur solche Signale damit zu digitalisieren, die sich innerhalb der Umsetzzeit nur sehr wenig ändern. Oder anders formuliert: bei denen die maximale Signalfrequenz so ist, dass während der zugehörigen gedachten Periodendauer eine genügend hohe Anzahl von Abtastungen erfolgen kann. In der Praxis gelangt man recht schnell in Größenordnungen von mehreren hundert pro Periode. Wie gesagt, gilt dies jedoch nur für preisgünstige Hardware ohne Sample-and-Hold-Glied.

Das Abtasttheorem

Viel zitiert, aber oftmals in seiner Bedeutung für die praktische Messdatenerfassung falsch interpretiert: das Abtasttheorem - mitunter nach deren Mitbegründern auch Nyquist-Shannon-Abtasttheorem oder WKS-Abtasttheorem (für Whittaker, Kotelnikow und Shannon) genannt. Abseits der mathematisch exakten Herleitung wollen wir uns dies anhand der beiden Abtastsignale in Bild 14 plausibel machen.

Das obere Sinussignal im Bild wird offensichtlich im Mittel mit knapp unter vier Abtastungen pro Periode digitalisiert. Wir gehen hierbei von einer idealen Abtastung unter Verwendung eines Sample-and-Hold-Gliedes aus. Zur Rekonstruktion des Signals zum Beispiel innerhalb der Messdaten-Applikation im Computer soll nun eine Kurve gefunden werden, die durch alle Abtastpunkte geht und dazwischen möglichst gutmütig ohne große Ausreißer verläuft. In einem späteren Kapitel werden wir derartige sog. Interpolationsverfahren noch näher betrachten. Wie ersichtlich, erhält man hierbei ein Signal, das dem ursprünglichen Sinus sehr ähnlich bzw. bei optimaler Durchführung des Rekonstruktionsverfahrens absolut gleich ist.

Anders verhält es sich, wenn wir wie beim unteren Sinussignal deutlich zu wenig abtasten: hier mit etwas über einer Abtastung pro Periode. Bei der Rekonstruktion entsteht ein Sinussignal mit deutlich niedrigerer Frequenz als beim Originalsignal, sozusagen ein virtuell anderes Signal.

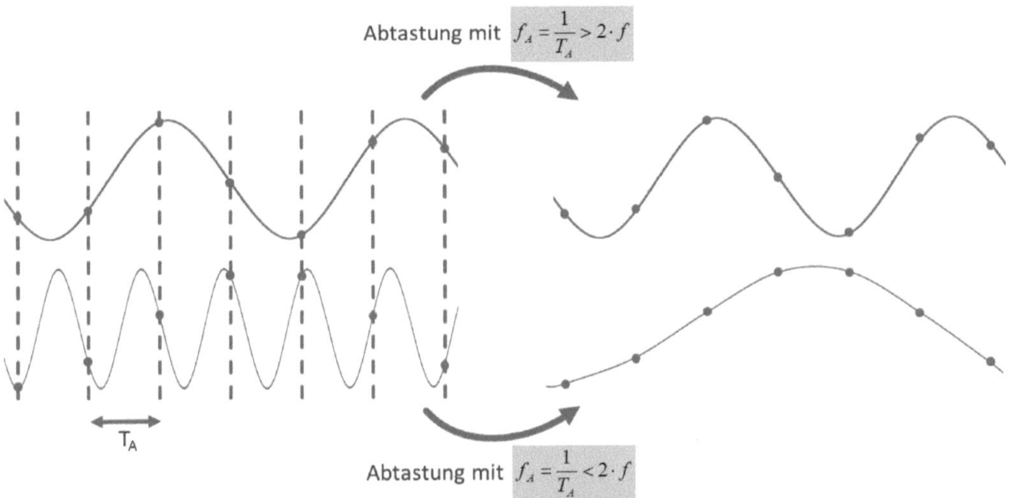

Bild 14: Abtastung mit unterschiedlichen Abtastraten

Die Grenze scheint bei zwei Abtastungen pro Signalperiode zu liegen oder anders ausgedrückt: bei einer Abtastfrequenz des Zweifachen der Signalfrequenz.

Genau so, nur etwas abstrakter, formuliert dies das Abtasttheorem. Demnach muss ein sog. bandbegrenztes Signal mit einer Frequenz, die mehr als das Doppelte der maximal im Signal auftretenden Frequenz beträgt, abgetastet werden, damit es theoretisch vollständig rekonstruiert werden kann. Bandbegrenzt bedeutet, dass sichergestellt ist, dass im zunächst einen beliebigen zeitlichen Verlauf nehmenden Signal keine höhere Signalfrequenz enthalten ist, als die der Kalkulation zugrunde liegende.

Im Kapitel zur Spektralanalyse werden wir Signale in ihre Frequenzanteile zerlegen und sehen, dass sich jedes Signal letztlich als unendliche Summe überlagerter Sinusfunktionen mit über die gesamte Frequenzachse verteilten Frequenzen darstellen lässt. In der Praxis erzeugte technische Signale weisen dabei prinzipbedingt immer eine gewisse Bandbegrenzung auf, da kein technisches System beliebig hohe Frequenzen generieren kann. Oder man beschränkt sich aus Anwendungsgründen auf eine bestimmte Grenzfrequenz, wie dies bei akustischen Systemen - siehe unser Einstiegsbeispiel zum Quantisierungsrauschen - sinnvoll ist, bei denen der Mensch in seinem Hörvermögen höhere Frequenzen nicht mehr wahrnehmen kann. Diese bewusste Beschränkung kann durch entsprechende Filterschaltungen realisiert werden, die bei höherwertigen Messkomponenten bereits integriert sind und durch entsprechende Softwaretreiber konfiguriert werden können. Bezüglich der Kalkulation einer notwendigen Abtastfrequenz aus dem Abtasttheorem ist es egal, woher die Bandbegrenzung kommt: ob bei der Signalerzeugung implizit enthalten oder künstlich durch einen Filter erzwungen.

Das in der Praxis häufig anzutreffende Missverständnis bezieht sich nun darauf, dass bei den meisten Anwendungen eine Rekonstruktion des Originalsignals in der Messdaten-Applikation - z.B. durch die angedeuteten Interpolationsverfahren - gar nicht durchgeführt wird. Sämtliche dort enthaltenen Verarbeitungs- wie auch Visualisierfunktionen basieren ausschließlich auf den Abtastwerten selbst. Um für diesen Fall halbwegs sinnvolle Ergebnisse zu erhalten, muss das Signal deutlich höher abgetastet werden, als es nach dem Abtasttheorem notwendig ist. Die dem Originalsignal einigermaßen entsprechende Pixel-genaue Darstellung auf einem Computer-Bildschirm rein unter Verwendung der Abtastwerte ergibt hierzu eine gute Abschätzung: soll beispielsweise bei einer Auflösung von 1.920 × 1.080 Pixeln - der sog. HD-Auflösung („High Definition") - eine Periode eines periodischen Signals über ein Drittel der Bildschirmbreite lückenlos dargestellt werden, so sind hierzu 640 Abtastungen pro Periode notwendig. Dies ist offensichtlich deutlich mehr als die Untergrenze von zwei Abtastungen gemäß Abtasttheorem.

Messkomponenten

Wir haben zu Beginn dieses Kompendiums bereits die in der Messdatenerfassung heute angewandten Systemlösungen im Überblick betrachtet. Dabei wurden unterschiedliche Messkomponenten genannt, welche vor Ort die Messgrößen aufnehmen, digitalisieren und über eine Kommunikationsschnittstelle in den Computer übertragen. Diese wollen wir uns nun in ihrem groben inneren Aufbau ansehen. Wir werden feststellen, dass die grundsätzlichen Funktionsblöcke bei allen Varianten sehr ähnlich sind.

PC-Einsteckkarten

Diese stellen die klassische Lösung dar und sind wie schon besprochen auf entsprechende Steckplätze in einem herkömmlich aufgebauten PC angewiesen. Bild 15 zeigt den typischen Aufbau.

Die meisten Einsteckkarten verfügen über mehrere Analogeingänge - die sog. Kanäle (engl. Channels) -, von denen jeweils einer über einen Analog-Multiplexer an den weiteren Signalpfad geschaltet wird. Analog-Multiplexer sind in Halbleitertechnologie realisierte Umschalter für elektrische Signale. Fast alle Karten verfügen über in ihrem Verstärkungsfaktor einstellbare Verstärker, deren Bedeutung hinsichtlich einer hochwertigen Digitalisierung im letzten Kapitel bereits deutlich geworden ist. Höherwertige Karten bieten anschließend parametrierbare Filter, die unterschiedlichen Zwecken dienen können: von der für eine Signalrekonstruktion notwendigen Bandbegrenzung über eine allgemeine Signalglättung bis zu einer Unterdrückung höherfrequenter Störsignale.

Es folgt der Analog-Digital-Umsetzer (ADU), dessen generierte Messdaten schließlich über eine PC-Busanbindung von der Software ausgelesen werden können. Vor diesem oder in ihn integriert befindet sich bei qualitativ gehobenen Einsteckkarten ein Sample-and-Hold-Glied. Auch ein Kennzeichen „besserer" Einsteckkarten ist eine meist auf Digitalseite implementierte galvanische Trennung. Hierunter versteht man eine elektrische Trennung der zu übertragenden Signale durch eine integrierte optische Übertragungsstrecke. Dadurch können Störungen auf dem von vielen anderen PC-Komponenten angesprochenen PC-Bus vom analogen Teil der Einsteckkarte weitgehend fern gehalten werden. Umgekehrt werden damit beispielsweise etwaige Überspannungen auf den Kabeln zu den analogen Eingängen der Einsteckkarte vom empfindlichen Computer-Inneren abgeblockt.

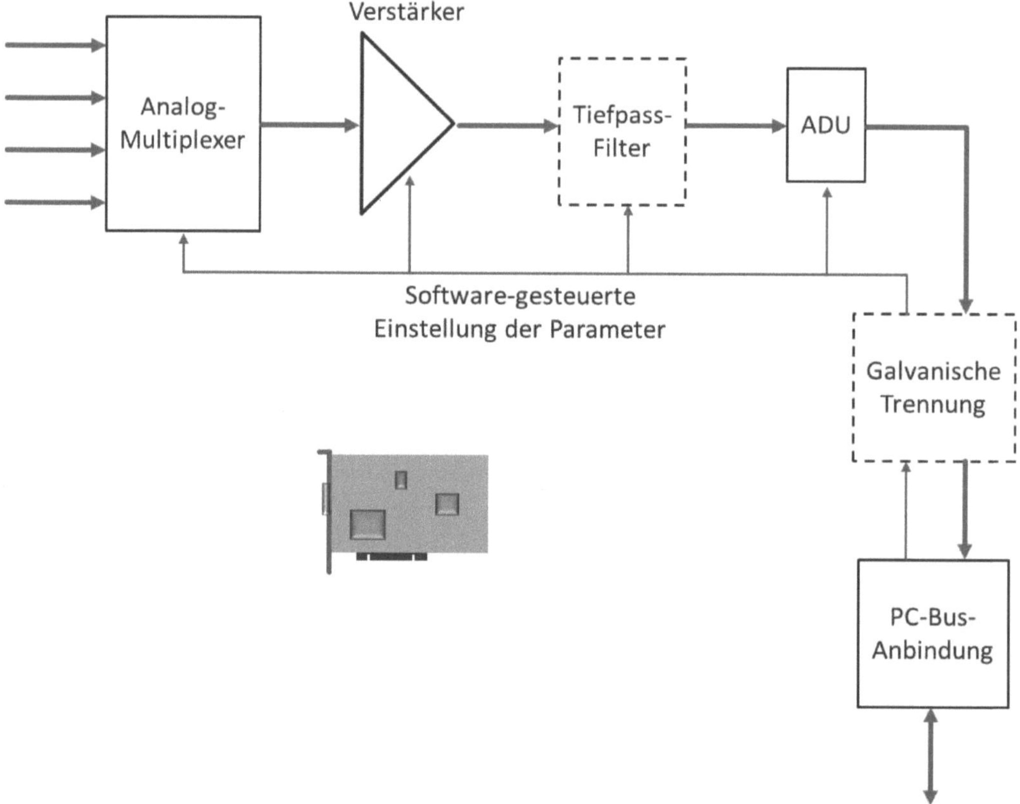

Bild 15: Typischer Aufbau einer PC-Einsteckkarte zur Messdatenerfassung

Eine galvanische Trennung kann alternativ auch auf analoger Seite erfolgen: entweder gemeinsam für alle Kanäle nach dem Analog-Multiplexer oder für jeden einzelnen Kanal direkt davor. Dies ist jedoch deutlich aufwendiger, da die optische Übertragung eines Analogsignals inkl. der Umwandlungen aus bzw. in ein elektrisches Signal mit entsprechend geringen Abweichungen schaltungstechnisch einigermaßen anspruchsvoll ist. Jede galvanische Trennung - egal ob auf Digital- oder Analog-Seite - erfordert zudem eine entsprechende ebenfalls galvanisch getrennte Übertragung der Spannungsversorgung vom PC-Bus aus, um die weitere Elektronik der Einsteckkarte zu versorgen. Dies erfolgt über sog. Gleichspannungswandler (auch DC/DC-Wandler, DC: „Direct Current"), die intern mit einem gepulsten Wechselsignal arbeiten, welches über einen Transformator übertragen wird.

Bei den Eingangssignalen sind wir bisher stillschweigend von elektrischen Spannungen ausgegangen. Es gibt jedoch auch für zahlreiche andere Messgrößen Einsteckkarten mit direkt dazu kompatiblen Eingängen. Da dies auch für die Eingänge externer Messmodule gilt, betrachten wir diese später gemeinsam.

Die wesentlichen Parameter der Funktionsblöcke - wie zu selektierender Kanal, Verstärkungsfaktor, Filterfrequenz/en, ADU-Auflösung (sofern bei diesem umschaltbar) - lassen sich von der Software konfigurieren; ebenso erfolgt die Aktivierung eines Digitalisiervorganges (Abtastung) durch Software.

Bild 15 zeigt nur die für die Erfassung analoger Signale vorhandenen Funktionsblöcke von Messdatenerfassungskarten. Mitunter enthalten solche Karten auch digitale Eingänge zum Anschluss binärer Signalquellen wie Schalter etc. Außerdem sind häufig auch digitale Ausgänge verfügbar, z.B. als Schaltausgänge für externe elektrische Verbraucher. Oder auch analoge Ausgänge, meist mit einem Standardspannungsbereich wie 0...10 V. Einsteckkarten mit weitgehend universell nutzbaren analogen und digitalen Ein- und Ausgängen werden häufig als Multifunktionskarten bezeichnet. Sie weisen meist auch in funktionellem Zusammenhang mit den Digital-Kanälen softwarekonfigurierbare Zähler- und Timer-Funktionen auf.

Noch komplexere Messdatenerfassungskarten können rechenintensive Funktionen der Messdatenverarbeitung, wie wir sie in diesem Kompendium noch kennenlernen werden, selbständig durchführen. Dies entlastet die Messdaten-Applikation bzw. den eigentlichen Computer-Prozessor von diesen Aufgaben. Bestes Beispiel sind sog. FFT-Karten („Fast

Fourier Transformation"), die eine Spektralanalyse in sehr kurzer Zeit selbständig durchführen.

PC-Busse

Auch wenn wir uns nicht mit PC-Internas beschäftigen wollen, so lohnt sich ein kurzer Blick auf die uns seitens der Industrie angebotenen Varianten der PC-Busse, die für Messdatenerfassungssysteme mit Einsteckkarten nutzbar sind.

Verwenden wir einen Standard-PC in konventioneller oder industrieller Bauweise, dann haben wir es stets mit dem bekannten PCI-Bus ("Peripheral Component Interconnect") zu tun bzw. dessen schnellerer Version - dem PCI Express. Der PCI-Bus ist seit langer Zeit der Standardperipheriebus innerhalb des PC-Gehäuses. Die Daten werden über ihn bitparallel mit einer Datenbreite von 32 Bits bei einem Bustakt von 33,33 MHz übertragen. Ab Version 2.1 sind auch Datenbreiten von 64 Bits sowie ein Bustakt von 66,66 MHz möglich. Damit sind also maximal ca. 533 MBytes/s übertragbar. Allerdings muss berücksichtigt werden, dass sich bei PCI alle angeschlossenen Karten - ob Messdatenerfassungskarten oder andere wie z.B. Netzwerkkarten etc. - den Bus teilen, was die effektiv nutzbare Übertragungsrate für eine Messdatenerfassungskarte in der Praxis gegenüber diesem Idealwert deutlich verringert. Auch sind die eigentlichen Messdaten in ein gewisses herstellerspezifisches Datenprotokoll zum Softwaretreiber hin eingepackt, so dass die auf die reine Messdatenübertragung bezogene Netto-Datenrate nochmals etwas absinkt. Unter den heute von einer sehr großen Anzahl von Herstellern angebotenen Messdatenerfassungskarten sind solche mit PCI-Anschluss deutlich in der Mehrheit.

Aktuelle PCs verfügen außer über PCI-Steckplätze (Slots) auch über solche nach dem schnelleren PCI Express-Standard. Im Gegensatz zum älteren PCI existiert hier computerseitig ein sog. Switch, der zur Kommunikation mit einer Einsteckkarte eine Punkt-zu-Punkt-Verbindung, eine sog. Lane, schaltet. Eine Lane ist eine sehr schnelle bitserielle Verbindung mit je einem Adernpaar für jede Senderichtung, so dass in beiden Richtungen gleichzeitig übertragen werden kann - man spricht von einer Voll-Duplex-Kommunikation. Die Lanes werden jeder Einsteckkarte individuell zugewiesen, wobei diese je nach Bauart auch mehrere Lanes gleichzeitig benutzen kann. Hierzu gibt es unterschiedlich große Steckplatzformate, welche im Minimalfall eine Lane („x1-Slot"), im Maximalfall jedoch 16 (x16-Slot) bzw. speziell bei Servern und Workstations auch 32 Lanes (x32-Slot) für die Einsteckkarte bereit stellen. In der PCI Express-Version 3.0 wird mit einer Taktrate von 4,0 GHz auf jeder der beiden Adernpaare gearbeitet. Pro Lane können damit also 8 GBits/s insgesamt übertragen werden, was 1 GByte/s entspricht. Da vor jeweils 128 Nutzdatenbits immer zwei Synchronisationsbits vorangestellt werden, sind es effektiv um den Faktor 128/130 weniger, also knapp 985 MBytes/s. In steigendem Maße sind am Markt PCI Express-kompatible Messdatenerfassungskarten verfügbar, jedoch noch deutlich weniger als solche mit herkömmlichem PCI-Anschluss.

Speziell für Anwendungen im industriellen Bereich, wo es auf hohe Robustheit ankommt, sind PC-Systeme auf Basis CompactPCI verbreitet. Hierbei handelt es sich um ein backplanebasiertes Aufbausystem, bei dem der Kerncomputer („CPU", Central Processing Unit) und sämtliche Erweiterungskarten in standardisierten 19-Zoll-Gehäusen installiert werden. Diese Größenangabe bezieht sich auf die Gehäusebreite; es gibt hierzu zwei unterschiedlich große Bauformen für die Einsteckkarten, die dem sog. Eurocard-Formfaktor folgen. Über die Backplane werden die normalen PCI-Bussignale geführt, für anwendungsspezifische Zwecke stehen zusätzlich freie Nutzer-Signale zur Verfügung. Alternativ gibt es auch hier die lanebasierte Express-Variante (CompactPCI Express). CompactPCI stellt somit an sich eine alternative Bauform für PC-Systeme dar. Messdatenerfassungskarten gibt es in deutlich kleinerer Zahl und von weniger Herstellern. Meist sind diese Karten sehr leistungsfähig und für High Performance-Applikationen vorgesehen.

Im Gegensatz zu CompactPCI wurde PXI („PCI eXtensions for Instrumentation") speziell für die Belange der Mess- und Automatisierungstechnik in anspruchsvollen Industrie-Applikationen definiert. Auch hierbei handelt es sich um einen robusten, backplanebasierten Aufbau eines PC-Systems in standardisierten Chassis. Der Backplanebus umfasst sämtliche Standard-PCI-Signale, wobei es ebenfalls eine Express-Variante (PXI Express) gibt. Zusätzlich sind beim PXI-Standard spezielle Trigger- und Taktsignale definiert, welche insbesondere bei Echtzeitanwendungen vorteilhaft genutzt werden können, beispielsweise um an verschiedenen Einsteckkarten anliegende Messsignale absolut gleichzeitig zu erfassen. PXI-basierte Messdatenerfassungssysteme haben inzwischen eine weite Verbreitung gefunden. Wenn in der Messdatenerfassung eine besondere Robustheit und/oder eine erhöhte Echtzeitfähigkeit gefragt sind, macht der deutlich höhere Preis von PXI-Systemen häufig Sinn. PXI-Komponenten sind von mehreren, vor allem auch großen Herstellern gut verfügbar.

Zu ergänzen ist noch, dass sich die Variante des zugrundeliegenden PC-Busses - was, wie wir gesehen haben, immer auch mit einer bestimmten Bauform verbunden ist - nicht auf das Betriebssystem sowie die Programmierwerkzeuge der Messdaten-Applikation auswirken. Diese sind zunächst auf allen Plattformen identisch anwendbar. Jedoch gibt es durchaus Hersteller, die aufbauend auf dem an sich offenen PXI-Standard geschlossene Systeme anbieten, welche nur mit speziellen Entwicklungstools programmiert werden können.

Externe Messmodule

Aufgrund ihrer einfacheren Handhabbarkeit ohne mechanische Installationsarbeiten im PC nehmen externe Messmodule insbesondere mit USB-Anschluss herkömmlichen Einsteckkarten zur Messdatenerfassung immer mehr Marktanteile ab. Ihr grundsätzlicher Aufbau ist dem von Einsteckkarten sehr ähnlich und in Bild 16 aufgeführt.

Im Signalpfad bis zum ADU unterscheidet sich ein typisches externes Messmodul nicht von einer Messdatenerfassungskarte für den PC. Es verfügt jedoch immer über ein eigenes Gehirn in Form eines je nach Komplexität des Moduls mehr oder weniger leistungsfähigen Mikrocontrollers. Dieser steuert auf der einen Seite sämtliche Funktionsblöcke im Signalpfad, während er auf der anderen Seite im Verbund mit der Busanbindung die Kommunikation zum PC durchführt.

Wie schon im einleitenden Kapitel ausgeführt, dominiert hier der USB-Bus. Seltener, jedoch mit deutlich steigendem Trend sind derzeit noch externe Messmodule mit Ethernet (LAN)- bzw. WLAN-Anschluss verbreitet. USB und LAN bzw. WLAN sind standardmäßig im PC vorhanden und werden von den Betriebssystemen direkt unterstützt. Deshalb sind externe Messmodule mit diesen Standard-PC-Bussen die erste Wahl, wenn es um räumlich nicht allzu große Ausbreitungen des Gesamtsystems geht. Wir werden in jeweils eigenen Kapitel auf USB und Ethernet noch eingehen.

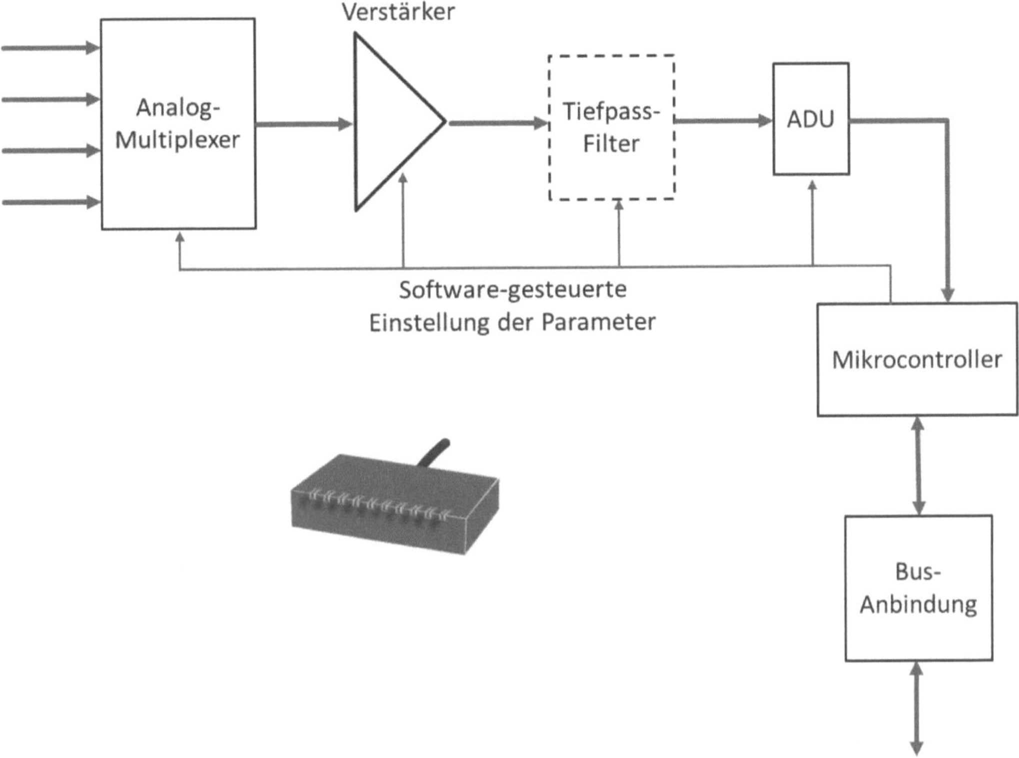

Bild 16: Typischer Aufbau eines externen Messmoduls

Bei Messmodulen, die in komplexere industrielle Automatisierungsumgebungen integriert werden, sollte als Bus sinnvollerweise einer der dort bereits verbreiteten verwendet werden. Hierunter fallen die schon angesprochenen Feldbusse, Laborbusse bzw. die in jüngster Zeit sich stark ausbreitenden Industrial Ethernet-Varianten. Auch diesen Bustypen werden wir eigene Kapitel widmen, wobei wir die Industrial Ethernet-Systeme aufgrund ihrer Ähnlichkeit innerhalb des Ethernet-Kapitels behandeln.

Wir wollen abschließend noch bemerken, dass es auch bei den externen Messmodulen Module mit und ohne Sample-and-Hold-Glied gibt. Und dass auch galvanische Trennungen auf Digital- oder Analog-Seite mitunter verbaut werden. Bei einigen Feldbussen und Industrial Ethernet-Systemen ist eine galvanische Trennung in der Busanbindung selbst vorgeschrieben.

Typische Messgrößen bei PC-Einsteckkarten und externen Messmodulen

Auch wenn die elektrische Spannung die häufigste Messgröße ist, so ist am Markt dennoch eine unübersehbar große Vielfalt an Messkomponenten auch für andere Messgrößen verfügbar. Die häufigsten standardmäßig von PC-Einsteckkarten wie auch externen Messmodulen direkt messbaren Größen sind:

– elektrische Spannung
– elektrischer Strom
– ohmscher Widerstand
– Temperatur über externen Sensor (häufig Pt100 oder Thermoelement)
– mechanische Größen wie Kraft, Druck, Beschleunigung oder Drehmoment über externen Piezo-Sensor (häufig mit Sensoranschluss gemäß IEPE-Standard, „Integrated Electronics Piezo-Electric")
– ebensolche mechanische Größen über externen Sensor mit integrierter Brückenschaltung
– Winkel über externen Drehgeber (sog. Quadratur-Encoder)
– digitale Messgrößen (v.a. Frequenz, Zählerstand, Zeit)

Sensor mit Busanschluss

In den schon angesprochenen industriellen Automatisierungsumgebungen sind Sensoren mit integriertem Busanschluss weit verbreitet. Wobei hier in größerem Maße als Busse nur Feldbusse und Industrial Ethernet-Versionen verwendet werden. Sensoren mit USB-, einem klassischen Ethernet- oder einem Laborbusanschluss sind selten erhältlich. Bild 17 gibt den internen Aufbau solcher Sensoren wieder.

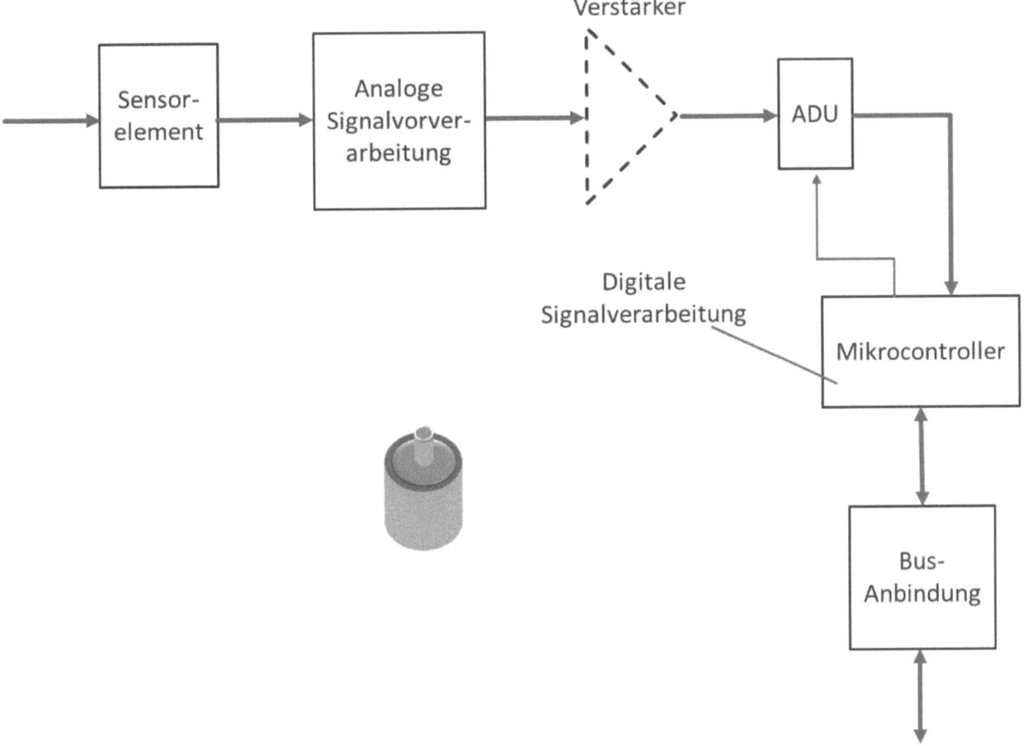

Bild 17: Sensor mir Busanschluss

Aufgrund der eng auf das jeweilige Sensorelement fokussierten Funktion, des meist sehr kleinen Bauvolumens und der Preissensibilität wird nur die minimal erforderliche Elektronik in das Sensorgehäuse integriert. Diese beinhaltet eine auf das jeweilige Sensorelement zugeschnittene analoge Signalvorverarbeitung. Bei einem resistiven Sensorelement, dessen ohmscher Widerstand sich in Abhängigkeit der Messgröße ändert, könnte beispielsweise eine Brückenschaltung verbaut sein, die eine elektrische Spannung zur weiteren Signalauswertung generiert. Je nach Signalgröße muss diese Spannung eventuell noch verstärkt werden, was jedoch in aller Regel mit einem festen Verstärkungsfaktor geschieht. Bis hierher sind also typischerweise auch keine Parameter softwareseitig einstellbar, was die jeweilige Hardware der Funktionsblöcke einfach hält.

Ähnlich den externen Messmodulen arbeitet zwischen ADU und Busanbindung ein Mikrocontroller. Dessen Programmierung ist ebenso ausschließlich auf die spezifische Sensorfunktion ausgelegt, so dass sie im Minimalfall lediglich den digitalisierten Messwert an der Busanbindung zur Übertragung bereitstellt. Mitunter wird das Rechenvermögen des Mikrocontrollers jedoch auch dazu benutzt, Algorithmen der digitalen Signalverarbeitung ablaufen zu lassen, die das Messergebnis verbessern. So können nichtlineare Sensorkennlinien sehr einfach linearisiert werden oder Umrechnungen zu einer anderen Größe - z.B. Ermittlung der Kraft aus einer in einem Kraftmesssensor intern gemessenen Dehnung - durchgeführt werden. Auch Kalibriermessungen inkl. des damit zusammenhängenden Einschreibens von Korrekturparametern können von entsprechenden Programmmodulen im Mikrocontroller unterstützt werden. In steigendem Maße werden auch relativ mächtige Signalverarbeitungsfunktionen in Sensoren mit Mikrocontrollern integriert. Als Beispiel seien Diagnosesensoren genannt, die aus einem primär gemessenen Vibrationssignal über Algorithmen der Spektralanalyse auf schadhafte Maschinenkomponenten schließen.

Messgerät mit Busanschluss

Im Gegensatz zu den Sensoren mit Busanschluss spielt bei Messgeräten, wie wir sie im Labor vorfinden, das Bauvolumen keine so große Rolle. Beispiele sind: Multimeter, Oszilloskop, Spektralanalysator etc. Auch müssen sie meist deutlich mehr und komplexere Funktionen ausführen als ein einfacher Sensor. Insofern ist ihr Innenleben etwas aufwendiger, auch wenn wir an sich dieselben Grundfunktionen, wie wir sie bereits bei den bisherigen Messkomponenten besprochen haben, wiederfinden (Bild 18).

Messgeräte im Labor verarbeiten i.d.R. ausschließlich elektrische Signale, primär Spannungen und Ströme. Messtechnisch werden Ströme hierbei im einfachsten Fall über einen kleinen ohmschen Widerstand, dem sog. Shunt-Widerstand, oder hochwertiger über entsprechende Strom/Spannungs-Wandler in Spannungen umgewandelt (was im Bild nicht eingezeichnet ist). Das elektrische Signal wird meist über parametrierbare Verstärker und optional auch Filter an den ADU geführt. Im Unterschied zu typischen Einsteckkarten und externen Messmodulen wird jedoch abgesehen von einfachen Multimetern jedem Eingangskanal ein eigener analoger Signalpfad inkl. ADU zugewiesen.

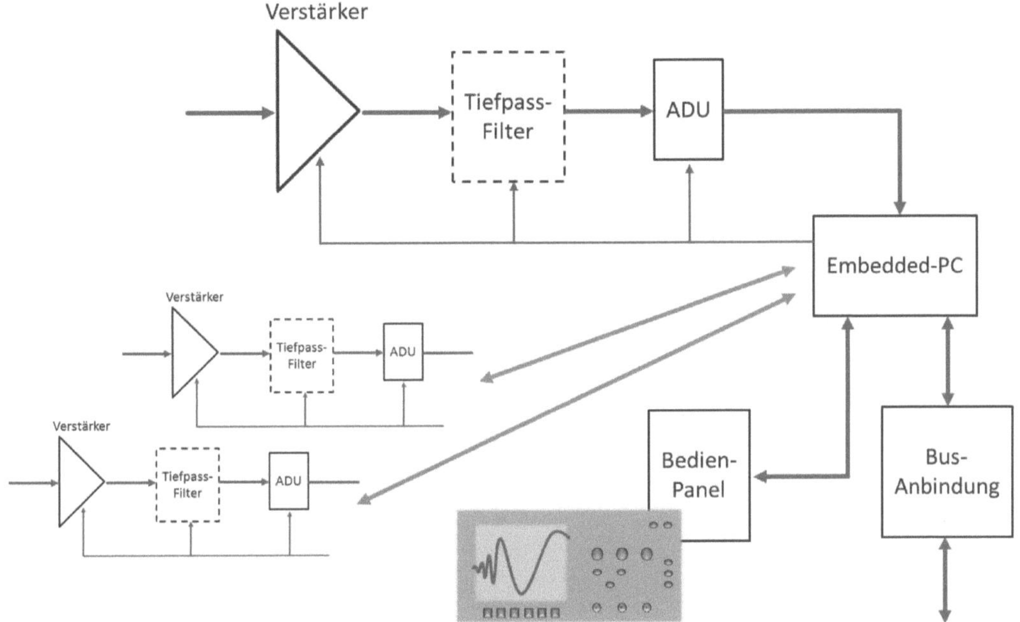

Bild 18: Messgerät mit Busanschluss

Bei Messgeräten sind häufig höhere Abtastraten verfügbar, so dass die anfallenden Messdaten entsprechend schnell weiterverarbeitet werden müssen. Und dies parallel von allen Kanälen. Weiterhin ist dabei auch das Bedien-Panel mit der integrierten Messdatenanzeige anzusteuern. Dies erfordert einen messgeräteinternen Rechner mit entsprechender Performance. Hier reichen i.d.R. keine Mikrocontrollersysteme, es werden vielmehr Embedded PC-Plattformen eingesetzt - also PC-kompatible Prozessorbaugruppen. Trotz ihrer funktionellen Kompatibilität mit gängigen PC-Systemen, sind sie nach außen nicht als solche erkennbar oder durch den Benutzer programmierbar.

Seit langer Zeit bereits sind Messgeräte mit einem standardisierten Laborbusanschluss verfügbar, auf den wir in einem separaten Kapitel eingehen. In jüngster Zeit werden verstärkt auch Messgeräte mit USB-Anschluss angeboten. Ethernet ist eher - noch? - nicht verbreitet. Im Rahmen einer Messdatenerfassungsanwendung mit einem zentralen Computer steuern wir Messgeräte über den Laborbus fern. Viele Messgeräte müssen dazu in eine spezielle Remote-Betriebsart geschaltet werden, in der dann die Bedienfunktionen am Bedien-Panel deaktiviert sind. Wir werden noch sehen, dass über den Laborbus sämtliche Einstellvorgänge, die ansonsten am Gerät selbst getätigt werden, vom über den Laborbus abgewickelten Protokoll übernommen werden. Dies betrifft insbesondere auch die Einstellung einzelner Messbereiche. Einlesen werden wir neben einzelnen Messwerten - wie das z.B. bei einem Multimeter häufig der Fall sein wird - durchaus auch größere Datenstrukturen, beispielsweise sämtliche Wertepaare eines auf dem Bildschirm eines Oszilloskops oder Spektralanalysators dargestellten Bildes.

Laborbus

Unter einem Laborbus wollen wir eine Kommunikationsschnittstelle zur Vernetzung von typischen Labormessgeräten mit einem Computer verstehen. Hierunter fallen insbesondere die schon genannten Multimeter, das Oszilloskop und der Spektralanalysator. Jedoch auch andere im Labor verwendete elektrische Geräte wie Netzteile oder Signalgeneratoren werden an Laborbusse angeschaltet. Dabei kommt es nicht auf die Einsatzumgebung Labor an sich an, sondern vielmehr auf die spezielle Geräteklasse. Außer in Entwicklungs- und Testlaboren werden Laborbusse oft auch in produktionsbegleitenden Prüffeldern verwendet. Wo auch immer sie zum Einsatz kommen - stets werden mit ihnen Mess- und Prüfabläufe computergesteuert automatisiert (Bild 19).

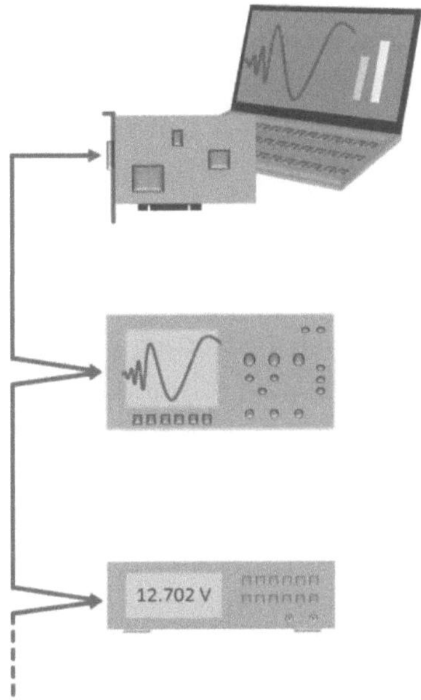

Bild 19: Vernetzung von Messgeräten mit einem Computer über einen Laborbus

Im Unterschied zu beispielsweise Feldbussen wird als Laborbus seit langer Zeit nur ein System benutzt, das wir im Folgenden genauer betrachten werden. Einiges daran mag aus heutiger Sicht etwas antiquiert wirken, was auch bei einigen der bei diesem System verwendeten Fachbegriffe gilt. Es ist jedoch nach wie vor das einzige seitens der Hersteller flächendeckend angebotene Vernetzungsmedium für Labormessgeräte. Erst in jüngster Zeit statten die Hersteller eine steigende Anzahl von Messgeräten alternativ oder zusätzlich mit USB aus, so dass diese aus Computer-Sicht einfachere und fortgeschrittenere Schnittstelle den klassischen Laborbus in Zukunft durchaus auch verdrängen könnte.

IEEE 488 und GPIB

Bereits 1975 wurde der Laborbus vom IEEE - dem „Institute of Electrical and Electronics Engineers", einem für seine internationalen Konferenzen, Periodika und technischen Standards bekannter Verband - als Standard 488.1 veröffentlicht. Dabei wurde die sog. Busphysik festgelegt, welche u.a. die zu verwendenden Signale, die Anschlüsse und Kabel sowie die Signalpegel und deren Bitraten festschreibt. Auf Basis der Signale wurde ein einfaches Kommunikationsschema zwischen Computer und beteiligten Geräten definiert. Es wurden jedoch keinerlei Festlegungen getroffen, was die zu übertragenden Daten bedeuten. Jeder Messgerätehersteller veröffentlicht seitdem im Handbuch zu seinem IEEE 488.1-fähigen Messgerät, welche Kommandodaten ein spezielles Messgerät genau erwartet und in welcher Datenstruktur dieses antwortet.

1987 wurde unter einem weiteren Standard IEEE 488.2 der ursprüngliche Standard dahingehend erweitert, dass einige verpflichtende Kommandos mit Bedeutung und Datenstruktur spezifiziert wurden. Auch die Antworten der Geräte hierauf folgen einer vorgeschriebenen Struktur. Darin enthalten sind auch Festlegungen zum sog. Status-Reporting der Messgeräte. In der ursprünglichen Version deckte IEEE 488.2 jedoch nur einen kleinen Teilbereich der üblicherweise bei der Vernetzung typischer Messgeräte mit einem Computer benötigten Funktionalität ab. Deshalb wurde IEEE 488.2 im Jahr 1990 um die standardisierte Kommandosprache SCPI („Standard Commands for Programmable Instrumentation") erweitert, mit welcher - abgesehen von weiterhin möglichen messgerätespezifischen Kommandos - jedes Messgerät angesprochen werden kann.

Auch heute noch existieren zahlreiche IEEE 488.1-fähige Messgeräte, die IEEE 488.2 nicht unterstützen. Glücklicherweise ist die Struktur der von den Herstellern üblicherweise verwendeten individuellen Kommandosprache jedoch meist einfach verständlich, so dass auch solche Geräte mit noch überschaubarem Aufwand programmiertechnisch angesprochen werden können. Das durch das IEEE standardisierte Laborbussystem wird herstellerseitig mitunter auch als GPIB („General Purpose Instruction Bus") bezeichnet.

Systemaufbau

IEEE 488.1 erlaubt den Anschluss von max. 15 Geräten - eines davon ist der Computer. Von Gerät zu Gerät wird dabei ein gemeinsames Kabel durchgeschleift. Als Geräteanschluss dient ein heute ansonsten nicht mehr benutzter 24-poliger sog. Centronics-Stecker. Es sind sowohl entsprechend dicke Rundkabel wie auch Flachbandkabel im Einsatz. Die Gesamtkabellänge darf 20 Meter nicht überschreiten.

Innerhalb des Kabels werden folgende Leitungen benutzt:

- 8 Datenleitungen
- 3 Handshakeleitungen
- 5 Steuerleitungen
- 7 Masse-Leitungen
- 1 Schirmung

Sämtliche Binärsignale beziehen sich auf die Masse und werden in sog. negativer TTL-Logik übertragen; eine Spannung bis zu 0,8 V stellt ein logisches TRUE dar, das logische FALSE wird durch eine Spannung über 2,0 V codiert. Über die acht Datenleitungen wird jeweils ein Byte übertragen, wobei die Datenrate maximal 1,5 MBytes/s beträgt. Bei einer nicht von allen Herstellern unterstützten sog. HS488-Variante (HS für „High Speed") liegt die Höchstgrenze bei 8,0 MBytes/s.

Die Geräte besitzen meist kleine Schalter - sog. DIP-Switches („Dual In-line Package") -, über die jeweils eine individuelle Geräteadresse eingestellt werden muss. Alternativ ist mitunter auch die Einstellung über ein entsprechendes Bedienmenü am Gerät möglich.

Handshaking

Die drei Handshakeleitungen werden zur Aussteuerung der Übertragungsgeschwindig-keit benutzt. Wie wir später sehen werden, gibt es bei jedem Datentransfer einen Sender und einen oder bisweilen auch mehrere Empfänger. Mit der gemeinsam angesprochenen Handshakeleitung NRFD („Not Ready for Data") melden die Empfänger dabei zurück, dass sie z.B. wegen der Bearbeitung eines vorangegangenen Datenbytes noch nicht bereit zur Aufnahme eines weiteren sind.

Ist NRFD zurück genommen, legt der Sender ein Datenbyte auf die acht Datenleitungen und zeigt dies durch Setzen der Steuerleitung DAV („Data Valid") an. Solange das Da-tenbyte noch nicht von allen Empfängern eingelesen wurde, melden diese dies auf der ebenfalls gemeinsamen Handshakeleitung NDAC („Not Data Accepted") dem Sender zurück. Zur Bedeutung der Steuerleitungen kommen wir gleich noch. Durch diesen Handshakemechanismus bestimmt das langsamste Gerät am Bus die effektive Datenrate. Die oben genannten maximalen Datenraten stellen also theoretische Höchstgrenzen dar, welche in der Praxis so nicht erreicht werden.

Schnittstellen-Nachrichten nach IEEE 488.1

Grundlegende Nachrichten - um im Jargon von IEEE 488.1 zu bleiben - werden über die fünf Steuerleitungen übermittelt, weshalb man diese auch Eindrahtnachrichten nennt. Diese sind:

ATN (Attention):	zeigt an, dass eine sog. Mehrdrahtnachricht auf den Datenleitungen anliegt.
EOI (End or Identify):	zeigt Ende einer i.d.R. aus mehreren Datenbytes bestehen-den Nachricht an.
IFC (Interface Clear):	hiermit setzt der Computer den Bus zurück.
REN (Remote Enable):	hiermit schaltet der Computer alle Geräte in den Remote-Modus.
SRQ (Service Request):	hierüber zeigen Geräte dem Computer an, dass sie bedient werden wollen.

Setzt der Computer ATN auf TRUE, so zeigt er damit an, dass er auf den acht Datenleitungen eine sog. Mehrdrahtnachricht übertragen möchte. Diese sind in IEEE 488.1 ebenfalls standardisiert. Das höchstwertige Datenbit wird nicht benutzt, es verbleibt auf „0". Für jede Bitkombination der verbleibenden sieben Bits ist eine entsprechende Nachricht spezifiziert. Die Aussendung wird per Handshaking gesteuert. Oft werden auch mehrere Nachrichten hintereinander versendet. So im folgenden Beispiel mit drei Nachrichten, bei dem pro Nachricht das Datenbyte in binärer und hexadezimaler Schreibweise sowie der Nachrichtenname mit offizieller Abkürzung aufgeführt sind:

```
0 0 1 1 1 1 1 1   3F   UNL (Unlisten)
0 1 0 0 0 0 0 0   40   MTA0 (My Talk Address 0)
0 0 1 0 0 1 0 1   25   MLA5 (My Listen Address 5)
```

Mit dieser Nachrichtenfolge legt der Computer fest, dass ab sofort das Gerät mit der Adresse 0 - i.d.R. hat er selbst übrigens diese Adresse - senden darf, während das Gerät mit der Adresse 5 dessen Daten - zum Beispiel könnte es sich um Kommandodaten handeln - empfangen darf. Sobald der Computer seine ATN-Steuerleitung wieder auf FALSE zurückgesetzt hat, darf der so vorbereitete Datentransfer zwischen den beiden adressierten Geräten stattfinden - Datenbyte für Datenbyte inklusive Handshaking.

Hierin ist ein grundlegender Kommunikationsmechanismus der IEEE 488.1 zu erkennen. Der Computer ist quasi der Chef im System - in der Sprache des Standards ist er der sog. Controller. Er bestimmt, welche Geräte zu welchen Zeitpunkten Talker sein dürfen, wobei dies immer nur ein Gerät zu einem bestimmten Zeitpunkt sein darf. Letzteres trifft - abgesehen von ganz speziellen Situationen - verständlicherweise auf alle Kommunikationsschnittstellen zu - also insbesondere auch die weiteren in diesem Kompendium noch behandelten. Würden mehrere Geräte gleichzeitig auf gemeinsame Leitungen senden, so würden in aller Regel undefinierbare Signalpegel mit entsprechenden Übertragungsfehlern die Folge sein. Ähnlich der Sprachkommunikation unter Menschen gilt auch hier: es kann nur einer sprechen. Weiterhin bestimmt der Controller auch, welche Geräte jeweils Listener sein dürfen; hiervon darf es zeitgleich auch mehrere geben.

Der Controller selbst darf sich ebenfalls als Talker oder Listener am Bus bekannt geben. In den meisten Fällen werden Messdaten-Applikationen, die über den Laborbus Messgeräte ansteuern, so programmiert, dass ein an entsprechender Programmstelle abzufragendes Messgerät zunächst als Listener deklariert wird, während der Computer (Controller) sich selbst zum Talker erklärt. Nun werden über die Datenleitungen mehrere Datenbytes an das Gerät gesendet, die eine gerätespezifische Messdatenabfrage initiieren. Daraufhin werden die Rollen von Talker und Listener vertauscht, so dass das Messgerät die angefragten Messdaten auch wieder in Form mehrerer Datenbytes an den Computer übermitteln kann. Die Struktur der Daten wird bei reinen IEEE 488.1-Anschlüssen - wie bereits aufgeführt - durch den Hersteller selbst definiert. Üblich sind hier im Klartext lesbare Datenblöcke aus ASCII-codierten Textzeichen („American Standard Code for Information Interchange"). Insbesondere umfangreichere Messdatenstrukturen - wie z.B. komplette Screenshots von Oszilloskopen - werden auch binärcodiert übertragen.

Geräte-Nachrichten nach IEEE 488.2

Während die zuletzt angesprochenen sog. Schnittstellen-Nachrichten - welche sich in Eindraht- und Mehrdrahtnachrichten aufteilten - gemäß IEEE 488.1 von jedem Gerät mit einem solchen Laborbusanschluss unterstützt werden, sind die in IEEE 488.2 standardisierten sog. Geräte-Nachrichten nicht verpflichtend. Sie werden zwar von vielen, bei weitem aber nicht allen Geräten unterstützt.

Unter einer Geräte-Nachricht versteht man mit der grundsätzlichen Bedienung eines Geräts zusammenhängende Kommandos und Antwortstrukturen. Typischerweise sind dazu aus ASCII-codierten Textzeichen bestehende Schlüsselwörter definiert. Als Beispiele seien genannt:

*IDN ?	Identification Query	fragt die Identität eines Geräts ab
*RST	Reset Command	führt Geräte-Reset durch
*TRG	Trigger Command	startet eine Messung im Gerät

Darüber hinaus präzisiert IEEE 488.2 aber auch die genaue Anwendung der in IEEE 488.1 definierten Schnittstellen-Nachrichten und Handshakeleitungen. Es hatte sich nämlich gezeigt, dass jeder Hersteller diese teilweise unterschiedlich interpretiert. Insbesondere wenn mehrere solcher Nachrichten in funktionalem Zusammenhang stehen, gibt es oftmals unterschiedliche Reihenfolgen, die einzelne Geräte hierzu erwarten. Um diesen „Wildwuchs" zu entwirren, spezifiziert IEEE 488.2 sog. Steuersequenzen (Control Sequences), die vorschreiben, wie und in welcher Reihenfolge die Schnittstellen-Nachrichten inkl. Handshakeleitungen in bestimmten Situationen zu verwenden sind. Oberhalb der Steuersequenzen wurden noch sog. Protokolle (Protocols) definiert, die aus mehreren Steuersequenzen bestehen - allerdings wurde dies nur rudimentär vollendet, da es neben etlichen freiwilligen (optional) lediglich zwei fest vorgeschriebene (mandatory) Sequenzen gibt. Als Steuersequenz ist beispielsweise standardisiert „SEND DATA BYTES" und als einer der beiden verpflichtenden Protokolle „RESET" - wobei es sich hier um die jeweiligen Bezeichnungen im Standard handelt und nicht um Textzeichen, die über den Bus gesendet werden.

Kommandosprache SCPI

Noch etwas weiter geht die erst in einer späteren Version des IEEE 488.2-Standards dort aufgenommene Kommandosprache SCPI. Hier wurden nun endlich die von einem Gerät angebotenen Bedienfunktionen selbst einheitlich in über den Bus übertragbare Klartextnachrichten abgebildet. Damit dies herstellerunabhängig erfolgen kann, hat man zunächst für SCPI-fähige Geräte ein allgemeines Gerätemodell spezifiziert, das der Bedienphilosophie über den Bus zugrunde liegt (Bild 20).

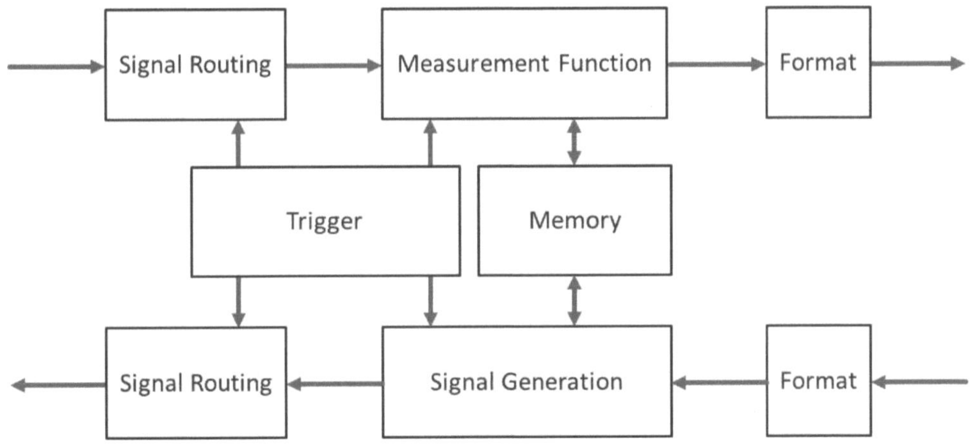

Bild 20: Das SCPI-Gerätemodell

Ein Gerät am Laborbus wird in seiner Funktionalität nach diesem Modell abstrakt in verschiedene Funktionsblöcke aufgeteilt, denen entsprechende SCPI-Kommandos zugeordnet sind. Im Funktionsblock „Signal Routing" existieren z.B. Kommandos zur Kanalauswahl; der Funktionsblock „Measurement Function" erlaubt u.a. die Auswahl von Messbereichen etc. Während der obere Signalpfad im Bild für messende Funktionen - also alle Messgeräte - gilt, richten sich signalerzeugende Geräte wie Signalgeneratoren oder Netzteile nach dem unteren Signalpfad. Beispiele für SCPI-Kommandos sind:

:MEASure:VOLTage:AC? 20, 0.001	messe eine Wechselspannung („Alternate Current", AC) im Bereich 0...20 V und zeige mit drei Nachkommastellen an.
:UNIT:TEMPerature:CEL	verwende als Einheit für Temperaturmessungen Grad Celsius.
:FREQuency:CW 4000000	gebe eine Wechselspannung („Continous Wave", CW) von 4 MHz aus.

Die zur Unterscheidung klein geschriebenen Wortteile können weggelassen werden. Generell wird Groß- und Kleinschreibung vom Gerät hierbei nicht unterschieden. Von vielen Schlüsselwörtern gibt es eine datenbytessparende Kurz- und eine besser lesbare Langversion. Sofern die Art des Kommandos eine Geräteantwort erfordert, erfolgt diese meist auch im Klartext. So wird beim MEASure-Kommando z.B. zurück gesendet:

12.385

Dies entspricht der gemessenen Spannung in der gewünschten Darstellung. Die Einheit selbst wird i.d.R. nicht zurück gesendet. Wird keine Formatierung angegeben bzw. unterstützt ein Gerät Formatierungen nicht, so wird das Messergebnis meist in Exponentialdarstellung übertragen:

1.2385E+01

SCPI wurde zwar für den IEEE 488-Laborbus entwickelt, ist formal jedoch vom konkreten Bus unabhängig und wird deshalb seitens der Hersteller auch zur Messgeräteansprache über andere Kommunikationsschnittstellen wie USB teilweise benutzt.

USB

In der Welt der PCs ist USB („Universal Bus System") seit langem der Standarderweiterungsbus an sich. Eine kontinuierliche Weiterentwicklung in Form neuer Versionen trug dazu bei, dass USB den wachsenden Anforderungen bzgl. Datenvolumina und Datenraten folgen konnte. Zum Vorteil der Anwender waren neue Versionen stets abwärtskompatibel, externe Komponenten mit einem USB-Anschluss älterer Version können also auch an neueren Anschlüssen am PC stets weiter betrieben werden.

USB wird bekanntermaßen nicht nur von PC-Peripheriekomponenten wie Computermäusen, Tastaturen und externen Festplatten benutzt, sondern auch von Consumergeräten wie Kameras und Smartphones. Konkurrenz ist USB als drahtgebundenem Bus hierbei erwachsen durch Funktechnologien, wobei insbesondere das auf den Nahbereich fokussierte Bluetooth durchgängig verbreitet ist. Speziell im harten industriellen Bereich wird Bluetooth - zumindest bei der Übertragung von für die Automatisierung relevanten Daten - jedoch praktisch nicht angewandt.

Im Zusammenhang mit der Messdatenerfassung finden wir USB bei vielen externen Messmodulen sowie einer steigenden Anzahl von Labormessgeräten, wo es den veralteten IEEE 488-Laborbus zunehmend ersetzt. Wir werden sehen, dass USB als moderne Kommunikationsschnittstelle insbesondere auf Protokollebene bereits deutlich komplexer als der Laborbus arbeitet. Dies trifft auch auf alle weiteren Busse dieses Kompendiums zu. Wir müssen uns deshalb zwangsläufig auf einen Überblick über die wichtigsten technologischen Eigenschaften konzentrieren.

Topologie

Unter Topologie versteht man bei Bussystemen die physikalische Anordnung der am Bus angeschlossenen Komponenten. Während wir beim Laborbus ein einzelnes Kabel verwenden, das von Gerät zu Gerät durchgeschleift wird - eine sog. Linien-Topologie -, weist USB eine sog. Baum-Topologie auf (Bild 21).

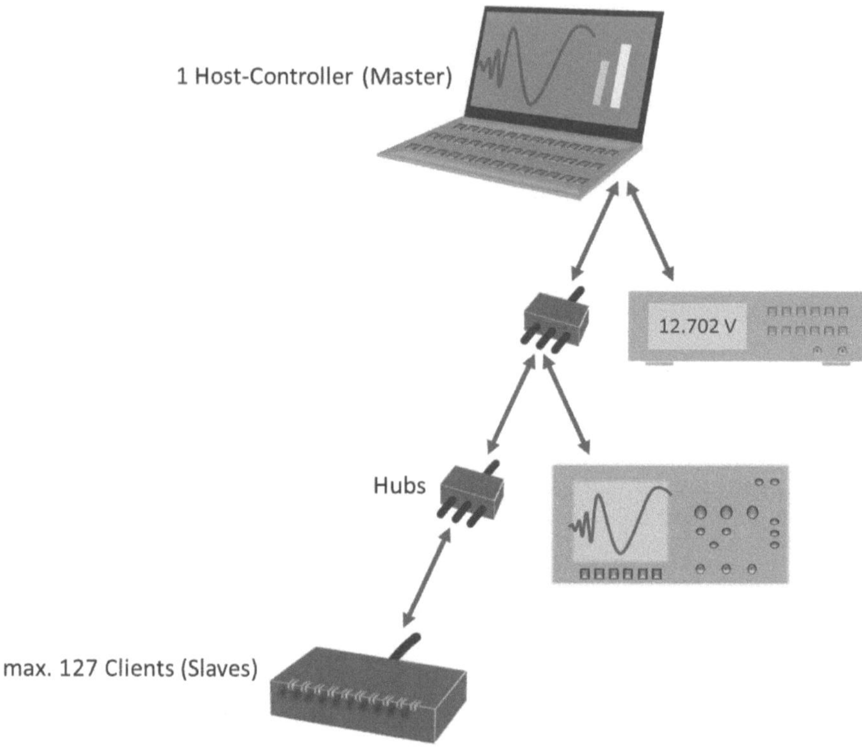

Bild 21: Topologie von USB

Von einem sog. Host-Controller aus - auch Master genannt und stets der Computer - wachsen wie bei einem, im Bild auf dem Kopf stehenden Baum einzelne Linien, an deren Ende ein Gerät - auch Client oder Slave genannt - oder eine Verzweigung sitzt. Die Verzweigung wird durch einen sog. Hub realisiert. Auch der Host-Controller besitzt intern bereits einen Hub, den sog. Root Hub. Unterhalb des Host-Controllers dürfen sich aufgrund der immer länger werdenden Signallaufzeiten maximal fünf Ebenen befinden; beim Beispiel im Bild sind es drei. Eine Linie wird durch ein maximal drei (ab USB 3.0) bzw. fünf Meter (bis USB 2.0) langes USB-Kabel gebildet, das wir gleich noch näher betrachten werden.

Der Host-Controller ist für die Initialisierung aller neu angeschlossenen Geräte und die Zuweisung je einer individuellen Busadresse zuständig. Weiterhin betreut er das Energiemanagement, indem er - ggf. im Zusammenspiel mit den Hubs - einzelnen Geräten maximal mögliche Stromverbräuche über die im USB-Kabel mitgeführte Spannungsversorgung zuweist. Ein Hub - der als eigenständiges Gerät eine eigene Adresse besitzt und somit zusätzlich eine Clientfunktion wahrnimmt - ist für die korrekte Einstellung der Übertragungsgeschwindigkeit zum angeschlossenen Gerät zuständig und arbeitet eng mit dem Host-Controller bei der Erkennung neuer Geräte am Bus zusammen. Man nennt den nach oben in Richtung Host-Controller abgehenden Anschluss (Port) eines Hubs auch Upstream Port, während die anderen Downstream Ports heißen. Typische Hubs besitzen einen Upstream Port und 2...10 Downstream Ports.

Bussignale und Datenraten

Bis USB 2.0 wird ein vieradriges Kabel mit folgenden Signalen benutzt:

D+
D-
VCC
GND

D+ und D- bilden ein Adernpaar zur Übertragung der Datenbits als Differenzspannungssignal. Über VCC werden dem angeschlossenen Gerät vom Host-Controller bzw. Hub generierte 5 V Spannungsversorgung, bezogen auf GND, zur Verfügung gestellt. Über D+ und D+ werden die drei in Bild 22 aufgeführten Geschwindigkeitsklassen Low Speed, Full Speed und Hi-Speed gefahren. Für beide Datenrichtungen wird also ein gemeinsames Adernpaar benutzt, so dass zu einem Zeitpunkt immer nur in eine Richtung übertragen werden kann - ein sog. Halb-Duplex-Verfahren.

Bei USB 3.0 sind zwei zusätzliche Adernpaare enthalten, die für die Voll-Duplex-fähige, schnelle Datenübertragung der in dieser Version neu eingeführten Geschwindigkeitsklasse SuperSpeed sorgen. Die zusätzlichen Adern sind:

SSTX+

SSTX-

SSRX+

SSRX-

„TX" und „RX" stehen hierbei für die beiden Übertragungsrichtungen Transmit (Senden) und Receive (Empfangen). „SS" ist die Abkürzung für SuperSpeed. Bei USB 3.1 wurde mit SuperSpeed+ nochmals draufgesattelt, was u.a. durch weitere zwei Adernpaare für eine zusätzliche Voll-Duplex-Verbindung erreicht wird.

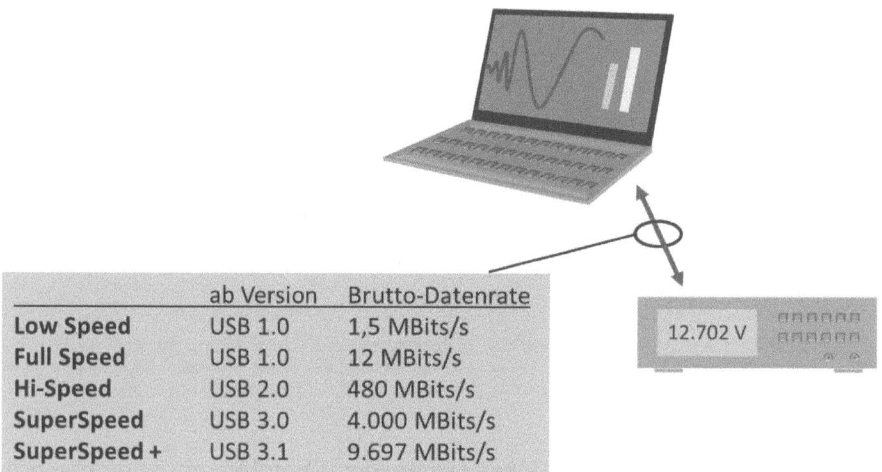

	ab Version	Brutto-Datenrate
Low Speed	USB 1.0	1,5 MBits/s
Full Speed	USB 1.0	12 MBits/s
Hi-Speed	USB 2.0	480 MBits/s
SuperSpeed	USB 3.0	4.000 MBits/s
SuperSpeed +	USB 3.1	9.697 MBits/s

Bild 22: Geschwindigkeitsklassen bei USB

Wie bei allen Bussen sind bei den im Bild aufgeführten Brutto-Datenraten noch größere Abzüge für den Protokolloverhead zu berücksichtigen, so dass die letztlich z.B. für eine Messdatenübertragung nutzbare Netto-Datenrate um bis zum Faktor ca. zwei darunter liegen kann.

Übrigens unterscheiden sich bei den verschiedenen Geschwindigkeitsklassen auch die Spannungspegel auf den Datenleitungen. So arbeiten Low Speed und Full Speed mit 3,3 V, während Hi-Speed 0,4 V verwendet - gemessen als Differenzspannung zwischen D+ und D-, wobei die beiden logischen Zustände durch entgegen gesetzte Polungen dargestellt werden. Die beiden SuperSpeed-Varianten benutzen auf den hierfür reservierten, zusätzlichen Adernpaaren 1,0 V.

Noch ein Hinweis zur Spannungsversorgung über das USB-Kabel: es hängt hier vom Hubanschluss ab, wieviel Strom maximal entnommen werden darf - was bei der Initialisierung eines neu angeschlossenen Geräts zwischen Host-Controller bzw. Hub und diesem „ausgehandelt" wird. Die Entnahme von mehr als 100 mA bedarf hierbei stets der Freigabe durch den Host-Controller. Bis USB 2.0 unterscheidet man zwischen einem Low Powered Port, dem maximal 100 mA entnommen werden dürfen, und einem High Powered Port für bis zu 500 mA. USB 3.0 hat schließlich - schlichtweg USB 3.0 Port genannte - Anschlüsse mit maximal 900 mA Stromentnahme definiert. Bei USB 3.1 wurde dann eine komplett neue Steckverbindung - genannt Typ C - eingeführt, die eine erweiterte Spannungsversorgung ermöglicht; so können Geräte bei der herkömmlichen Spannung von 5 V bis zu 2,0 A entnehmen; weiterhin sind auch Spannungen von 12 V und 20 V möglich mit einer maximalen Leistungsentnahme von 100 W. Dieser Typ C ergänzt die bei USB bis dahin bereits eingeführten und weit verbreiteten Steckverbindungen der Typen Standard, Mini und Micro.

Enumeration und Geräteklassen

USB ist Hot Plug & Play-fähig, wie man sagt. Während des Betriebs und ohne dass der Computer, Hubs oder einzelne Clientgeräte abgeschaltet werden müssen, können neue Geräte angeschaltet werden. Der hier angewandte Mechanismus nennt sich Enumeration und ist in Bild 23 skizziert.

Ein neu an einen Hub - was auch den Root Hub beinhaltet - angeschlossenes Gerät macht sich über seine beiden Datenleitungen D+ und D- beim Hub bekannt, indem es diese schlichtweg unter Spannung setzt. In Koordination mit dem Host Controller - was über eigene Datenprotokolle abgewickelt wird - erhält das Gerät nun vom Hub über die für 10 ms auf Masse gesetzten Datenleitungen den Befehl, einen Reset durchzuführen; ab jetzt sind zunächst max. 100 mA Stromentnahme auf den Spannungsversorgungsleitungen freigegeben. Beim Reset gibt sich das Gerät die für diesen Zweck reservierte Adresse 0. Der Host-Controller liest nun vom unter dieser Adresse ansprechbaren Gerät den sog.

Device-Deskriptor ein, in dem u.a. festgelegt ist, welche Länge die Datenpakete des Geräts haben dürfen. Nun weist der Host-Controller dem Gerät eine noch freie Adresse endgültig zu, ab der es ab sofort erreichbar ist und lädt einen passenden Gerätetreiber. Bereits unter dieser neuen Adresse liest der Host-Controller daraufhin weitere gerätespezifische Informationen in Form weiterer bei USB standardisierter Deskriptoren ein, auf deren Basis u.a. der endgültige maximale Stromverbrauch zugewiesen wird.

Bild 23: USB-Enumeration

Vergeben vom Host werden Adressen im Bereich 1...127, womit 127 Clientgeräte - inklusive der ebenfalls adressierbaren Hubs - angesprochen werden können. Hierzu sind in den Protokollen sieben Adressbits jeweils vorgesehen. Tauscht ein Host-Controller mit einem Client Daten aus, so spricht er nicht diesen an sich, sondern vielmehr einen sog. Endpunkt (engl. Endpoint) in diesem an. Hierfür werden bei der Adressierung vier weitere Bits verwendet, so dass ein Gerät maximal 16 Endpunkte aufweisen darf. Der Endpunkt 0 ist fest reserviert für die Deskriptoren. Die Bedeutung und Struktur der weiteren Deskriptoren hängt von der Art des Geräts ab.

Für einige der weit verbreiteten Geräte mit USB-Anschluss sind Geräteklassen standardisiert, welche die Endpunkte spezifizieren. Im Rahmen der Enumeration teilt das Gerät dem Host-Controller mit, welcher Geräteklasse es angehört. U.a. sind folgende Geräteklassen - jeweils aufgeführt mit ihrem Klassenbezeichner in Hexadezimalschreibweise und ihrem Anwendungsgebiet - definiert:

01   Audio (z.B. Lautsprecher, Mikrofon, Soundkarte, MIDI)
03   Human Interface Device (z.B. Tastatur, Maus, Joystick)
05   Physical Interface Device (z.B. Force-Feedback-Joystick)
06   Bilder (z.B. Digitalkamera)
07   Drucker
08   Massenspeicher (z.B. USB-Stick, Festplatte)
0B   Chipkarte
0E   Video, Webcam
0F   Personal Healthcare (z.B. Pulsuhr)

Der Klassenbezeichner findet sich bei Geräten, die einer Klasse angehören, im Device-Deskriptor bzw. bei Geräten, die mehrere Klassen unterstützen, im jeweiligen Interface-Deskriptor. In letzterem Fall enthält der Device-Deskriptor den Klassenbezeichner „00". „FF" als Klassenbezeichner weist den Host-Controller an, einen herstellerspezifischen Treiber zu laden. Für standardisierte Klassen finden sich dagegen in den jeweiligen Betriebssystemen bereits sog. generische Treiber.

USB-Transfers

Die Datenübertragung nach der Enumeration erfolgt bei USB auf unterster Ebene in sog. Paketen (Bild 24). Jedes Paket beginnt nach einem Synchronisationsfeld (SYNC) mit einem 8 Bits umfassenden sog. Packet Identifier (PID), der pakettypspezifische Daten beinhaltet. Bis auf das unten noch näher erläuterte Handshakepaket enden alle Pakettypen mit einem Prüffeld auf Basis eines sog. Cyclic Redundancy Checks (CRC) und einem abschließenden Begrenzerfeld (End of Packet, EOP). Beim CRC-Feld handelt es sich um ein Datenwort, das auf Basis der zuvor im Paket enthaltenen Bitfolge nach einer bestimmten Vorschrift berechnet wird. Der Empfänger des Pakets kann damit kontrollieren, ob es bei der Datenübertragung Bitfehler gegeben hat. Das bei sehr vielen Kommunikationssystemen verwendete CRC-Verfahren basiert dabei auf der Division der als binäres Polynom interpretierten Sendebitfolge durch ein sog. Generatorpolynom, wobei der Divionsrest sendeseitig in das CRC-Feld geschrieben wird. Die genaueren mathematischen Details wollen wir uns hier ersparen - für die Praxis reicht es, davon auszugehen, dass damit so gut wie alle denkbaren Übertragungsfehler erkannt werden können.

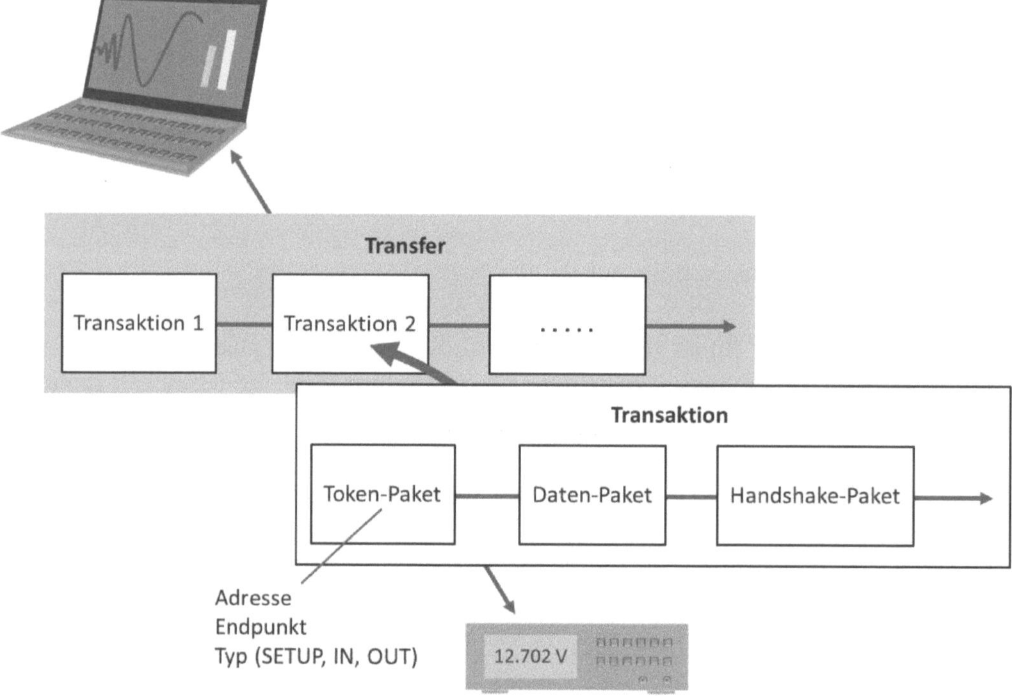

Bild 24: USB-Transfer

Es werden nun bei USB immer einige wenige Pakettypen in stets derselben Reihenfolge zwischen Host-Controller und Clientgerät ausgetauscht. Man spricht von einer Transaktion. Die Initiative geht dabei stets vom Host-Controller aus, indem er nach einem - im Bild nicht gezeigten - Start-of-Frame-Paket ein Token-Paket sendet. Dieses enthält die

Adresse und den Endpunkt des anzusprechenden Geräts sowie eine Angabe, ob darauf lesend (IN) oder schreibend (OUT) zugegriffen werden soll bzw. ob es sich um den speziellen Fall eines Zugriffs auf den Endpunkt 0 (SETUP) handelt. Bei einem schreibenden Zugriff wird der Host-Controller nun mit einem Daten-Paket fortfahren. Umgekehrt wird im Falle eines lesenden Zugriffs das Gerät mit einem Daten-Paket antworten. Ein Daten-Paket kann max. 1.023 Nutzdatenbytes beinhalten. Den Abschluss bildet das vom jeweiligen Empfänger des Daten-Pakets zu sendende Handshakepaket, das ausschließlich aus einem PID mit entsprechenden Rückmeldecodes besteht und als Empfangsbestätigung dient.

Mit einer Transaktion können also immer bis zu 1.023 Nutzdatenbytes in den Endpunkt eines USB-Clients übertragen oder aus diesem gelesen werden. Der Host-Controller muss natürlich alle am Bus gerade angeschlossenen Clientgeräte gleichermaßen bedienen. Haben wir beispielsweise neben unserer USB-Computermaus auch ein externes Messmodul über USB angeschlossen, so werden diese vom selben Root Hub im Computer bedient. Wir wollen weder Mausklicks noch wichtige Messdaten versäumen. Dies ist der Grund, dass eine einzelne Transaktion auf dieses Nutzdatenvolumen beschränkt ist. Der Host-Controller wird der Reihe nach alle Geräte immer wieder mit je einer Transaktion versehen. Die somit zyklisch wiederholten Transaktionen zu einem Endpunkt in einem bestimmten Gerät ergeben über die Zeitachse betrachtet einen Kommunikationskanal, der bei USB mit dem Begriff „Transfer" bezeichnet wird. Bis auf den Endpunkt 0 sind alle Endpunkte eines Geräts jeweils nur lesbar (IN) oder beschreibbar (OUT). Ein Transfer stellt also einen unidirektionalen Kommunikationskanal dar.

Transfertypen

Um den unterschiedlichen Anforderungen der Endgeräte an die zu übertragenden Datenmengen pro Zeit und die Echtzeitfähigkeit entgegen zu kommen, werden nicht alle Transaktionen exakt gleichberechtigt durchgeführt. Sie richten sich vielmehr nach dem sog. Transfertyp, der jedem Endpunkt fest zugeordnet ist, und zwar in einem der bei der Enumeration ausgelesenen Deskriptoren - dem Endpoint-Deskriptor. Wir wollen diese vier Transfertypen nur im Überblick charakterisieren und uns aufgrund der Komplexität der Materie nicht mit weiteren Details beschäftigen:

Isochroner Transfer: garantierte Datenrate über die Zeitachse durch feste Zeitschlitze in periodischen Abständen; keine Wiederholung im Fehlerfall; nicht für Low Speed-Geräte; z.B. bei Geräteklasse Audio; für IN- und OUT-Zugriffe

Interrupt-Transfer: für gelegentliche kleinere Daten des Clients; Client wird unregelmäßig in max. Zeitabständen abgefragt; max. dreimalige Wiederholung im Fehlerfall; z.B. bei Computermäusen; nur für IN-Zugriffe

Bulk-Transfer: für größere und nicht-zeitkritische Daten; werden nach obigen Transfers nachrangig durchgeführt; max. dreimalige Wiederholung im Fehlerfall; nicht für Low Speed-Geräte; z.B. bei Druckern; für IN- und OUT-Zugriffe

Control-Transfer: speziell für Zugriff auf Endpunkt 0 bei der Enumeration; beidseitig abgesichert

Für externe Messmodule mit USB-Anschluss existiert keine standardisierte USB-Geräteklasse. Die Hersteller definieren vielmehr eigene Datenstrukturen mit entsprechenden Endpunkten. Etliche benutzen formal die Geräteklasse 03 für Human Interface Devices (HID). Diese sieht neben dem verpflichtenden Endpunkt 0 für die Deskriptoren Endpunkte vor, die jeweils per Interrupt-Transfer als freie sog. Streaming-Kanäle definiert werden können. Sieht man als Hersteller einen für das Versenden von z.B. Kommandodaten an das Messmodul vor (OUT-Zugriff) und einen anderen für z.B. auszulesende Messdaten (IN-Zugriff), so lässt sich darüber ein beliebiges Protokoll abwickeln. Meist ist dieses herstellerspezifisch, es kann sich jedoch auch an Standards wie der SCPI-Kommandosprache im letzten Kapitel orientieren.

Feldbusse

Der im Deutschen eingeführte Begriff Feldbus ist die etwas unglückliche Übersetzung des englischen Fieldbus, bei dem „Field" das Process Field, also den Prozessbereich im industriellen Sinn bezeichnet. Feldbusse waren ursprünglich primär zur Vernetzung der automatisierungstechnischen Komponenten auf der untersten Ebene - wie Ein-/Ausgabemodule für Prozesssignale, Sensoren, Aktoren, Regler, Prozessdisplays etc. - gedacht. Und dies vor allem für Anwendungen in der Produktion, der Verfahrens- oder Fertigungstechnik. Von Anfang an gab es leider unterschiedliche Systeme, die in diesem Umfeld spezifiziert wurden - zuerst meist von einzelnen Unternehmen, später dann oftmals von entsprechenden Nutzerorganisationen.

Die ersten heute noch weit verbreiteten Systeme wurden in den 1980er-Jahren am Markt eingeführt. Im Laufe der Zeit breiteten sich Feldbusse in immer mehr Anwendungen außerhalb der Produktion aus und sind heute die Kommunikationsschnittstelle schlechthin, wenn es um die Vernetzung innerhalb automatisierter Systeme geht. Es gibt darunter die Platzhirsche, die seit längerer Zeit schon existieren und in großen Komponentenstückzahlen weltweit im Einsatz sind. Auf der anderen Seite sind auch in jüngster Zeit sehr ambitionierte Neuspezifikationen zu verzeichnen vor allem in Erweiterung vorhandener Systeme, um ausgewählte technologische Merkmale wie z.B. die Echtzeitfähigkeit zu optimieren.

Grundsätzliche Struktur von Feldbussen

Allen mit einem Feldbus aufgebauten Systemen ist gemeinsam, dass sämtliche Komponenten - wir wollen im Folgenden von Busknoten (engl. Bus Node) sprechen - über ein gemeinsames Kabel miteinander verbunden sind (Bild 25). Wobei die Wortwahl „Kabel" nicht ganz korrekt ist. Auch wenn die überwiegende Mehrzahl aller Feldbusinstallationen mit Kabeln als Vernetzungsmedium arbeitet, so sind doch bei einigen Feldbussen auch alternative Varianten per Funk spezifiziert. Diese führen jedoch im industriellen Einsatz ein ziemliches Schattendasein. Beim Kabel dominieren einfach und kostengünstig aufgebaute Kupferkabel - vereinzelt existieren auch Systeme bzw. Systemvarianten auf Basis Lichtwellenleiter.

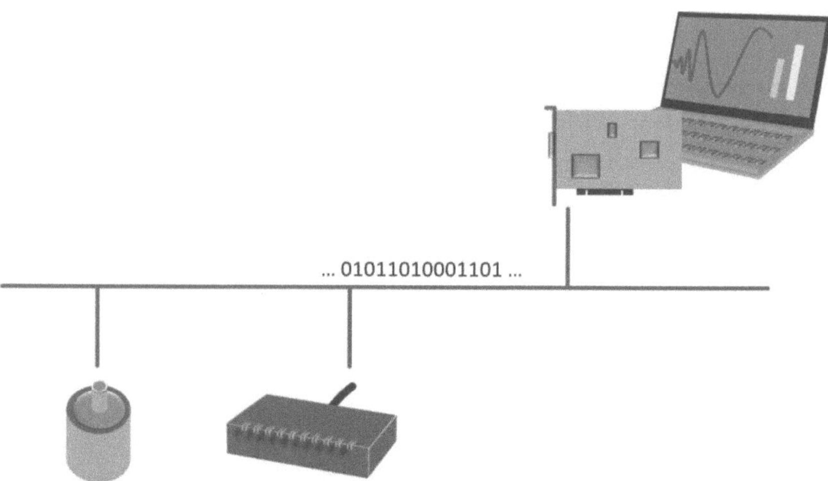

Bild 25: Struktur eines Feldbussystems

Alle Feldbusse übertragen die Daten bitseriell, darunter die überwiegende Mehrzahl mittels eines zweiadrigen Kabels. Dies erlaubt zu einem Zeitpunkt nur das Senden in einer Richtung, was wir früher schon als Halb-Duplex-Verfahren bezeichnet haben. Der Aufbau folgt meist - wie im Bild auch dargestellt - einer sog. Linien-Topologie mit einem Kabel, an das die einzelnen Busknoten direkt oder mit kurzen Stichleitungen angeschlossen sind. Vereinzelt sind jedoch auch andere Topologien im Einsatz.

Technisch gesehen unterscheiden sich die diversen Feldbussysteme vor allem in drei Eigenschaften:

- der Busphysik, also der genauen Ausprägung des Übertragungsmediums (z.B. Kabel) und dessen Anschlüssen (Stecker, Buchsen) sowie den elementaren elektrischen und signaltechnischen Spezifikationen (z.B. Signalpegel, Codierung/Modulation, Bitraten etc.),

— dem Zugriffsverfahren, also dem Mechanismus, der regelt, wann welcher Busknoten auf das gemeinsame Übertragungsmedium senden darf,

— den Profilen, worunter man zusätzliche Festlegungen für bestimmte Klassen von Busknoten (z.B. Sensoren, elektrische Antriebe, I/O-Module etc.) bzw. für bestimmte Anwendungen (z.B. sicherheitskritische) versteht.

Früher wurden in entsprechenden Fachveröffentlichungen Feldbusse oftmals rein auf Basis ihrer technischen Eigenschaften miteinander verglichen. In der Anfangszeit der Feldbusspezifikationen gab es sogar regelrechte Feldbuswettbewerbe, bei denen das technisch beste System gefunden werden sollte. Eben dieses kann es natürlich nicht geben, da jede Anwendung ihre eigenen, sehr individuellen Anforderungen aufweist. Heute wird die Auswahl eines bestimmten Feldbusses oftmals durch den Markt vorgegeben. Wer als Sensorhersteller einen busfähigen Sensor zur Integration in Gebäudeautomatisierungssysteme liefert, muss andere Feldbusse unterstützen, als das Unternehmen, das die Automobilindustrie beliefert. Womit wir bei den Anwendungsklassen wären.

Anwendungsklassen und verbreitete Feldbussysteme

Es gibt heute kaum Anwendungsbereiche, in denen Feldbusse nicht eingesetzt werden. Die drei wichtigsten Anwendungsklassen mit den größten Stückzahlen installierter Busknoten sind in Bild 26 aufgeführt.

Feldbusse entstammen ursprünglich - wir sagten es bereits - dem Produktionsbereich. Das die Automatisierung innerhalb einer Produktionsmaschine dominierende Gerät ist die Speicherprogrammierbare Steuerung (SPS, engl. Programmable Logic Controller, PLC). Feldbusse im Bereich dieser Maschinen-Steuerungen werden zur Anbindung der sog. Steuerungsperipherie an die SPS benutzt. Hierunter fallen primär Module mit digitalen oder analogen Prozessein- und -ausgängen. Typische Messgrößen sind auch hier die bereits im Kapitel „Messkomponenten" zu PC-Einsteckkarten und externen Messmodulen genannten (Seite 42). Im Bild sind in Klammern Hersteller genannt - bis auf Phoenix

Contact alle u.a. weltweit agierende SPS-Hersteller -, welche die entsprechenden Feldbusse ursprünglich wesentlich in den Maschinen-Märkten platzierten.

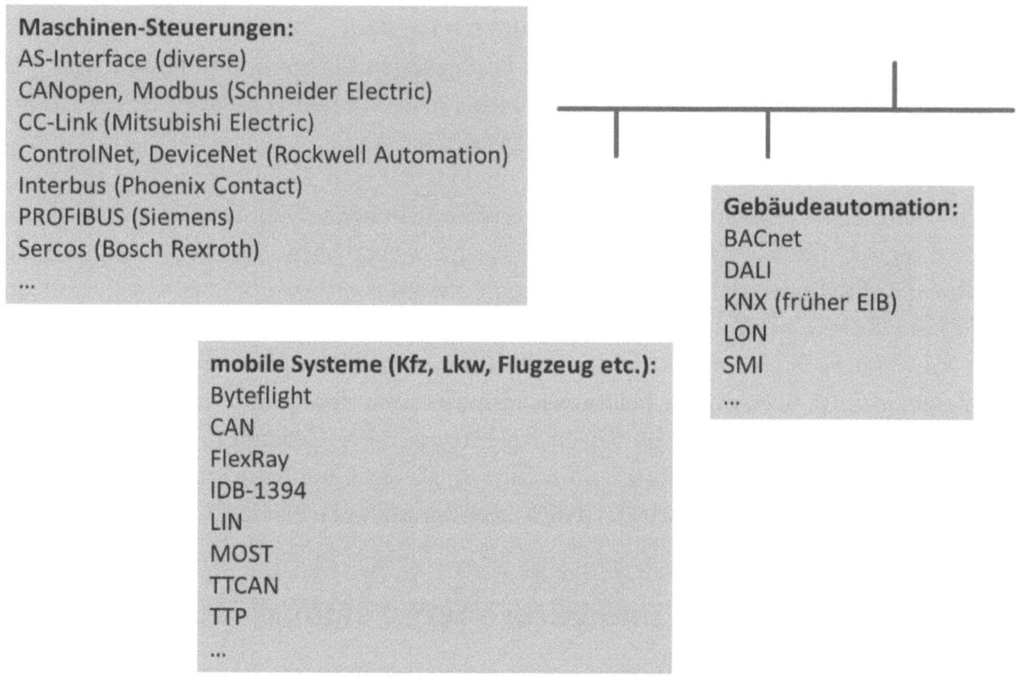

Bild 26: Feldbussysteme in wichtigen Anwendungsklassen

Eine zweite, sehr wichtige Anwendungsklasse stellen die mobilen Systeme dar, worunter stückzahlmäßig Anwendungen im Automobil - dem sog. Automotive-Bereich - deutlich dominieren. Hier werden Feldbusse zur Vernetzung der diversen Steuergeräte (engl. Electronic Control Unit, ECU oder Electronic Control Module, ECM) untereinander benutzt, die es im Zeitalter diverser Fahrerassistenzsysteme in steigender Anzahl in einem Fahrzeug gibt. Aber auch für die Anbindung der Sensoren und Aktoren sowie für die Übertragung von Multimediadaten (Audio, Video) sind darauf spezialisierte Automotive-Feldbusse eingeführt.

Als dritte - und wie gesagt nicht abschließende - Anwendungsklasse ist im Bild die Gebäudeautomation genannt. Hier vernetzen Feldbusse beispielsweise Sensoren (z.B. Temperaturfühler, Windmesser, Sonnendetektoren), Aktoren (z.B. Leuchtmittel, Stellmotoren für Jalousien), Displays und zentrale Steuerelektroniken. Ergänzt um entsprechende Regelungs- und Fernzugriffsfunktionalitäten ist der Feldbus hier die wesentliche Infrastrukturkomponente. Bei größeren gewerblichen Bauten ist der Feldbuseinsatz seit langem Stand der Technik. Die Automatisierung kleinerer privater Gebäude - was unter den Schlagworten Home Automation und Smart Home bekannt ist - ist dagegen ein eher jüngerer Trend mit aktuell sehr hohen Wachstumszahlen.

Um zu zeigen, wie Feldbusse arbeiten, wollen wir den im Bereich der Maschinen-Steuerungen wichtigsten Feldbus, PROFIBUS, sowie sein Pendant im Automotive-Bereich, CAN, etwas genauer betrachten. Ähnlich USB können wir auch hier nur einige wichtige technische Aspekte genauer betrachten, da diese Bussysteme wie alle heute weit verbreiteten Feldbusse insbesondere im Bereich ihrer Profile doch sehr komplex sind. Interessant ist dabei übrigens, dass der ursprünglich rein für Automotive-Anwendungen konzipierte CAN mit einem speziellen sog. Higher Level-Protokoll, CANopen, auch im Bereich der Maschinen-Steuerungen eingesetzt wird. Doch dazu später.

Beispiel PROFIBUS

PROFIBUS wurde ursprünglich von einem größeren Konsortium deutscher Unternehmen und Forschungseinrichtungen definiert und standardisiert, wobei Siemens eine starke Rolle gespielt hat. Er war - abgesehen von heute nicht mehr verbreiteten Systemen aus der Anfangszeit der Feldbusspezifikationen wie z.B. dem Bitbus - der erste konsequent herstellerübergreifend auf den Produktionsbereich fokussierte Feldbus, der durch entsprechende Marketingaufwendungen der beteiligten Unternehmen rasch auch international eine große Verbreitung fand. Nichtsdestotrotz hängt die Auswahl eines Feldbusses für Maschinen-Steuerungen sehr stark vom jeweils benutzten SPS-Typ ab. International wichtige andere SPS-Hersteller setzen hier auf jeweils andere Feldbusse aus ihrem Dunstkreis, wie wir bereits gesehen haben. Heute wird PROFIBUS von der PNO - der PROFIBUS Nutzerorganisation e.V. - herstellerübergreifend betreut.

Will man die PROFIBUS-Welt näher verstehen, so bietet sich eine grobe Strukturierung in verschiedene Funktionsebenen gemäß Bild 27 an. Beginnend mit dem Busmedium wollen wir uns diese Ebenen etwas näher ansehen, wobei wir die doch eher abstrakten und recht komplexen höheren Profile nur allgemein streifen können.

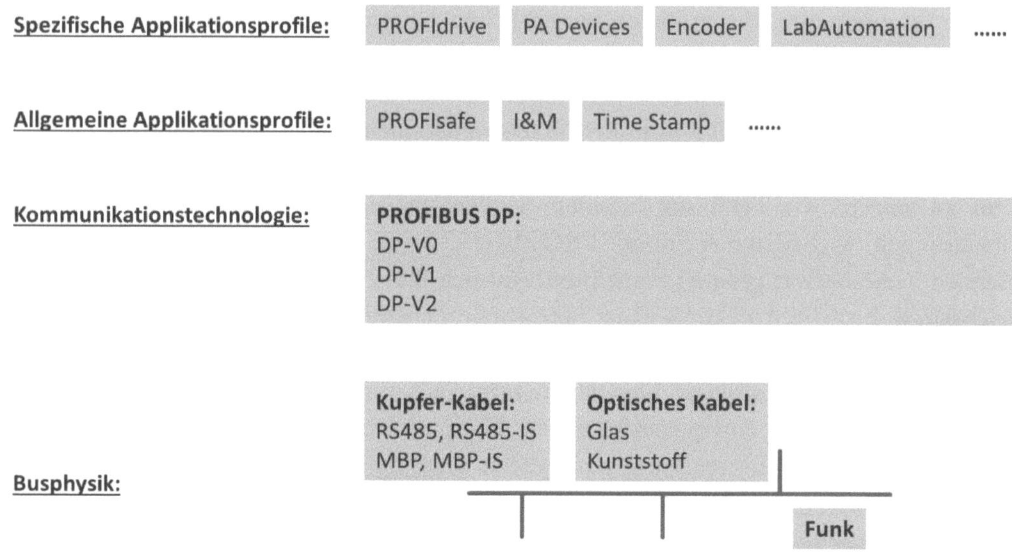

Bild 27: Grundstruktur der PROFIBUS-Welt

Die Busphysik von PROFIBUS

Die in den mit Abstand meisten PROFIBUS-Installationen benutzte Busphysik richtet sich nach dem sog. RS485-Standard der EIA (Electronic Industries Alliance), einem im Bereich der elektronischen Standardisierungen früher wichtigem US-Verband, der sich 2010 jedoch auflöste. „RS" steht übrigens für „Radio Sector", der Bezeichnung, unter der die EIA früher ihre Standards veröffentlichte. Später wurde dies oftmals als „Recommended Standard" gelesen. RS485 ist eine Weiterentwicklung der RS232-Punkt-zu-Punkt-Schnittstelle, wie sie auch frühere PCs als Vorläufer des USB noch hatten. Leser in der Altersgruppe des Autors kennen vielleicht noch Maus- und Tastaturanschlusskabel mit RS232-Stecker. RS485 wird nicht nur bei PROFIBUS verwendet, sondern auch bei einigen anderen Feldbussen.

Bei einem gemäß RS485 wie in Bild 28 installiertem Feldbus wird ein einfaches, zweiadriges Kupferkabel verwendet, an das max. 32 Busknoten angeschlossen werden können. Das Kabel darf bis zu 1.200 Meter lang sein - mit Zwischenverstärkern, sog. Repeatern, noch länger -, wenngleich die meisten Anwendungen deutlich kürzere Ausdehnungen umfassen. Insbesondere im SPS-Bereich finden sich auch viele Installationen, die auf einen Schaltschrank beschränkt sind.

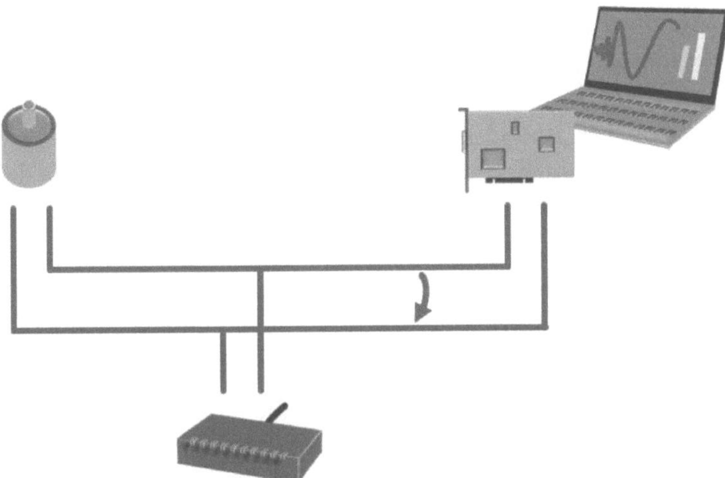

Bild 28: Busphysik nach RS485

Die zu übertragenden Bits werden als Differenzspannung in inverser Logik übertragen. Eine logische „0" wird durch eine positive Differenz dargestellt, eine logische „1" durch eine negative Differenz. Der Betrag der Differenzspannung ist bei RS485 senderseitig meist mindestens ca. 2 V und darf beim Empfänger 0,2 V nicht unterschreiten. In Abhängigkeit der Kabellänge sind unterschiedliche Bitraten im Bereich 9,6 kBits/s bis 12 MBits/s möglich.

Am jeweils ersten und letzten Busknoten - also an den beiden Kabelenden - sind geräteseitig hierzu meist bereits vorgesehene Abschlusswiderstände anzuschalten. Dies ist nicht nur bei Feldbussen auf RS485-Basis notwendig, sondern wird auch bei anderen Feldbussen bzw. ganz allgemein kabelgebundenen Kommunikationssystemen gefordert. Der Grund liegt darin, dass ein in seinen zwei Adern offenes Kabelende bereits auf leicht höherfrequente elektrische Signale wie eine Mauer wirkt, an der ein auf sie eintreffender

Ball zurückprallt, quasi reflektiert wird. Auch die Bussignale würden reflektiert werden und mit nachfolgenden Signalen interferieren, was zu undefinierten Signalpegeln und damit mehr oder weniger kontinuierlichen Kommunikationsfehlern führen würde. Man kann zeigen, dass derartige Reflexionen vermieden werden, wenn ein offenes Kabelende mit einem ohmschen Widerstand abgeschlossen wird, dessen Wert dem sog. Wellenwiderstand des Kabels entspricht. Dieser hängt nur vom Material und Aufbau des Kabels ab, nicht jedoch seiner Länge. In der Praxis geht man beim Abschlusswiderstand mitunter leicht darüber, was Reflexionen immer noch ausreichend dämpft, jedoch zu etwas kleineren Stromverbräuchen und damit auch Spannungsabfällen auf den Adern führt.

PROFIBUS wandelt nun die originäre RS485-Busphysik etwas ab, indem an den beiden Kabelenden das Adernpaar auf +5 V Differenzspannung - also eine logische „0", die damit auch dem Ruhezustand des Busverkehrs entspricht - vorgespannt wird. Dazu werden beide Adern über jeweils einen 390 Ω-Widerstand an eine entsprechende Spannungsversorgung im Busknoten gelegt. Zusätzlich werden die beiden Adern mit einem 220 Ω-Widerstand überbrückt. Da wechselstrommäßig die Spannungsversorgung wie ein Kurzschluss gesehen werden kann, haben wir es also als Busabschluss mit der Parallelschaltung zweier in Reihe geschalteter 390 Ω-Widerstände mit einem 220 Ω-Widerstand zu tun. Dies resultiert in einem Busabschluss von

$$R = \frac{(390\,\Omega + 390\,\Omega) \cdot 220\,\Omega}{(390\,\Omega + 390\,\Omega) + 220\,\Omega} = 171{,}6\,\Omega \qquad (10)$$

Zum Vergleich: der Wellenwiderstand der bei PROFIBUS meist verwendeten Kabel liegt etwa in der Größenordnung von 150 Ω.

Eine vor allem im Bereich explosionsgefährdeter Umgebungen wie Raffinerien, chemischen Anlagen etc. bei PROFIBUS zum Einsatz kommende alternative Busphysik nennt sich RS485-IS. IS steht hierbei für „Intrinsic Safety" oder auf Deutsch „Eigensicherheit". Damit bezeichnet man Elektroniken, die so ausgelegt sind, dass beispielsweise bei Drahtbruch kein ein explosives Gemisch entzündender Funken entstehen kann. Dies wird u.a. dadurch erreicht, dass diese Elektroniken sehr stromsparend ausgelegt sind, so dass in ihnen schlichtweg nicht genug elektrische Energie für die Erzeugung eines Funkens vorhanden ist. RS485-IS bedingt in aller Regel auch, dass der Busknoten insgesamt eigensicher ausgelegt ist, so dass es hier ganz eigene PROFIBUS-Module, Sensoren, Aktoren etc. gibt.

Eine weitere alternative Busphysik stellt MBP dar, die Abkürzung für „Manchester Coded Bus Powered". Aus Anwendersicht zunächst wichtiger ist dabei das Detail „Bus Powered". Bei der MBP-Busphysik erfolgt über das Adernpaar im Kabel nicht nur die Datenübertragung, sondern auch die Stromversorgung der angeschlossenen Busknoten mit bis zu 15 mA pro Busknoten. Damit hierbei die Daten in „Überlagerung" noch zuverlässig übertragen werden können, ist man auf eine spezielle Codierung der Daten übergegangen. Diese nennt sich Manchester-Codierung und wird auch bei anderen Kommunikationssystemen öfters eingesetzt. Bei dieser Codierung wird ein logischer Bitzustand nicht durch einen festen Spannungspegel wie bei PROFIBUS mit RS485-Busphysik dargestellt, sondern durch einen in der Bitmitte vorgenommenen Pegelwechsel. Eine fallende Flanke bezeichnet dabei die logische „1", während eine steigende Flanke die logische „0" darstellt. Diese Variante des Manchester Codes nennt sich übrigens Biphase-L oder auch Manchester-II. Es wäre nämlich auch umgekehrt denkbar, was beispielsweise bei Ethernet der Fall ist - hierauf kommen wir im nächsten Kapitel zu sprechen. Ein Vorteil der Manchester-Codierung liegt darin, dass der Empfänger jederzeit den Sendetakt erkennen kann, da sich dieser ja in jedem Bit mit seinem erzwungenen Flankenwechsel wiederfindet. Nur der Vollständigkeit halber: auch die Tatsache, dass beim PROFIBUS mit RS485 der Signalpegel statisch den Bitzustand darstellt, hat einen Namen - man spricht hier von einer NRZ-Codierung („Non-Return-to-Zero"). Bei theoretisch denkbaren sehr langen Folgen identischer Bitzustände bleibt der Signalpegel hier allerdings auf einem festen Wert.

Schließlich können Busknoten mit MBP-Anschluss zusätzlich noch eigensicher ausgeführt sein, was dann zu einer Busphysik namens MBP-IS führt.

Alle drei genannten alternativen Busphysiken arbeiten mit niedrigeren Bitraten, meist mit 31,25 kBits/s. Ergänzend sei erwähnt, dass es in der PROFIBUS-Welt auch Spezifikationen für die Übertragung mit Lichtwellenleitern und per Funk gibt. Beides wird jedoch eher selten verwendet.

Die Kommunikationstechnologie von PROFIBUS

Wir wollen uns nun dem bei PROFIBUS implementiertem Zugriffsverfahren sowie den dabei benutzten Datenstrukturen beschäftigen. Diese Kommunikationstechnologie läuft bei PROFIBUS unter der Bezeichnung PROFIBUS-DP, wobei „DP" für „Dezentrale Peripherie" steht. Dieser Begriff ist historisch entstanden. PROFIBUS wurde ursprünglich primär als Ersatz für die in Form von Einsteckmodulen realisierte zentrale SPS-Peripherie entwickelt. Als andere Anwendungen mit eigenen Zusatzspezifikationen hinzu kamen - z.B. in der Verfahrenstechnik - wählte man den Zusatz „DP" zur deutlichen Abgrenzung. Heute steht PROFIBUS-DP schlicht für das bei allen PROFIBUS-Anwendungen einheitliche Kommunikationsverfahren. Unterschiedliche Zusatzspezifikationen für einzelne Anwendungen finden sich in den darüber angesiedelten Profilen.

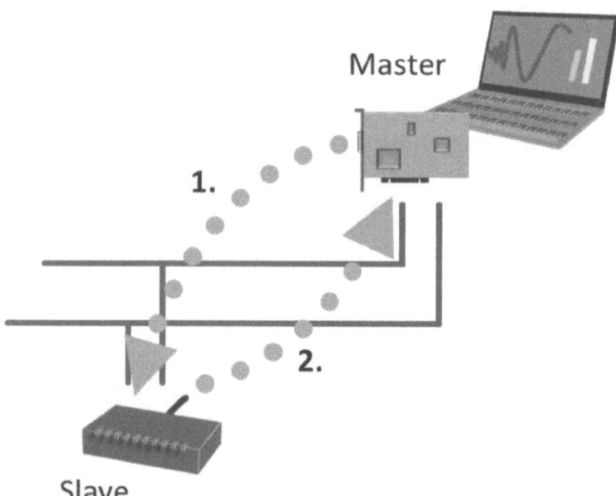

Bild 29: Master-Slave-Zugriffsverfahren bei PROFIBUS

Bei PROFIBUS wird das Master-Slave-Zugriffsverfahren verwendet, das wir bereits vom Laborbus und von USB kennen (Bild 29. Ein Busknoten ist der Master - in der klassischen PROFIBUS-Anwendung mit Maschinen-Steuerungen ist dies die SPS, bei unseren Anwendungen zur Messdatenerfassung i.d.R. ein Computer. Alle andere Busknoten - also z.B. Messmodule und Sensoren mit PROFIBUS-Anschluss - sind Slaves. Während die Slaves bereits mit einem entsprechenden PROFIBUS-Anschluss ausgestattet sind, müssen wir unseren Computer über eine entsprechende Einsteckkarte oder ein externes Ankoppelmodul mit entsprechender Treibersoftware erst PROFIBUS-fähig machen. Es ist übrigens durchaus möglich, den Computer auch als PROFIBUS-Slave zu betreiben, sofern die betreffende PROFIBUS-Anbindung diesen Modus unterstützt. Dies ist dann sinnvoll, wenn beispielsweise die Messdatenerfassung einem bereits bestehenden PRO-FIBUS-System mit vorhandenem Master überlagert werden soll.

Sowohl der Master wie auch die Slaves werden vor Inbetriebnahme mit individuellen Busadressen konfiguriert. Der Master darf nun zu beliebigen Zeitpunkten einem Slave ein entsprechendes Datentelegramm senden. Genauer gesagt: alle Slaves hören am Bus mit, jedoch nur der Slave, der seine eigene Adresse erkennt, bearbeitet die Anfrage und antwortet mit einem entsprechenden Antwort-Telegramm. Bei PROFIBUS sind ein paar wenige Telegrammarten hierzu definiert. Bild 30 zeigt exemplarisch einen Telegramm-typ, der sowohl für die Anfrage des Masters wie auch die Slaveantwort verwendet werden kann.

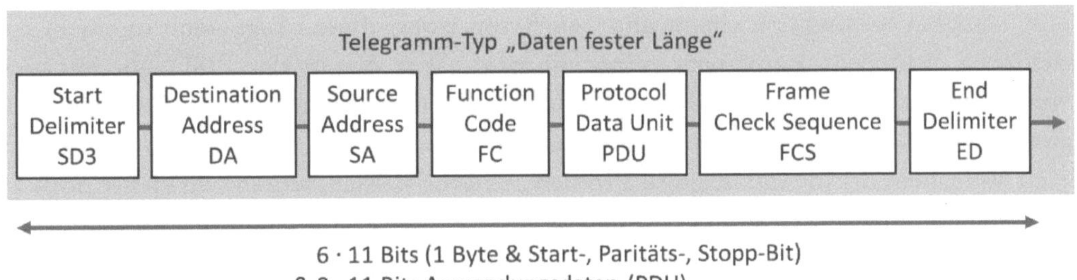

Bild 30: Telegrammtyp „Daten fester Länge" bei PROFIBUS

Die eigentlichen Nutzdaten - als „Protocol Data Unit", PDU bezeichnet - sind von mehreren Zusatzfeldern eingerahmt: neben je einem Begrenzungsfeld zu Beginn und am Ende - wobei das zu Beginn dem Empfänger mitteilt, welcher Telegrammtyp verwendet wird - sind zwei Adressfelder für Empfänger und Sender (DA bzw. SA), ein sog. Function Code-Feld (FC) und ein Feld mit der Frame Check Sequence (FCS) vorhanden. Das FC-Feld wird beim Mastertelegramm benutzt, um dem Slave mitzuteilen, was der Master von diesem will. In der Regel wird er diesem Nutzdaten senden oder solche von ihm einlesen. Der Slave benutzt das FC-Feld für eine Rückmeldung über den Erfolg der Befehlsausführung. Das FCS-Feld beinhaltet eine Prüfsumme nach dem bereits beim USB besprochenen CRC-Verfahren.

Alle Felder in PROFIBUS-Telegrammen basieren auf sog. UART-Zeichen. Sog. UART-Schnittstellen („Universal Asynchronous Receiver and Transmitter") werden von Mikrocontrollern verwendet, um mit Peripheriechips bitseriell zu kommunizieren. Dabei werden alle zu versendenden Daten in einzelne Bytes (8 Bits) unterteilt, die meist mit drei zusätzlichen Bits - Startbit, Paritätsprüfbit und Stoppbit - zu einem UART-Zeichen von 11 Bits Länge verpackt werden. Da zumindest in der Anfangszeit der Feldbusse viele Implementierungen von Busanschlüssen direkt über die seriellen Schnittstellen von Mikrocontrollern erfolgten, findet sich diese UART-Strukturierung bei vielen Feldbusspezifikationen wieder, so eben auch bei PROFIBUS.

Beim im Bild gezeigten Telegrammtyp ist die Länge der PDU fest mit acht UART-Zeichen, entsprechend also acht Nutzdatenbytes, definiert. Häufiger wird ein anderer Telegrammtyp verwendet mit dem sog. SD2-Start Delimiter, bei dem die Länge der PDU variabel ist zwischen einem und 246 Bytes, wobei diese Länge dann in einem zusätzlichen Feld dem Empfänger mitgeteilt wird. Was die in der PDU übertragenen Nutzdaten bedeuten, ist auf PROFIBUS-DP-Ebene nicht festgelegt. Dies ist der Dokumentation des jeweiligen Slaves zu entnehmen. In vielen Fällen richtet sich dies jedoch nach Vorgaben, die in einschlägigen Profilen gemacht werden, worauf wir später noch zu sprechen kommen.

Nehmen wir an, dass wir vom Computer aus über eine entsprechende PROFIBUS-Anschaltung von einem Messmodul Messdaten einlesen wollen, wozu der im Bild aufgeführte Telegrammtyp verwendet wird - wir also max. acht Nutzdatenbytes pro Master-Slave-Zugriff einlesen. Bei einer Bitrate von 1 MBits/s, die häufig bei wenigen Metern Kabellänge verwendet wird, und insgesamt je 14 UART-Zeichen zu je 11 Bits für Mastertelegramm und Slaveantwort benötigen wir 308 µs zuzüglich einer gewissen Bearbeitungszeit im Slave, bevor dieser eine Antwort senden kann. Letztere kann gerade bei älteren Slaves durchaus nochmals in derselben Größenordnung liegen.

PROFIBUS erlaubt unter bestimmten Voraussetzungen auch die Anschaltung eines zweiten Masters (Bild 31). In aller Regel erfolgt dies jedoch nur zu Konfigurationszwecken. Am Busmedium aktiv ist zu einem bestimmten Zeitpunkt immer nur einer der beiden Master, der dabei Slaves aktiv per Master-Slave-Verfahren ansprechen kann. Über einen speziellen Telegrammtyp - das sog. Token-Telegramm mit SD4-Start Delimiter - kann der aktive Master das Buszugriffsrecht auf den anderen Master übertragen. Üblicherweise sind beide Master dabei so konfiguriert, dass in Form gewisser Zeitschlitze abwechselnd jeder den Bus kontrollieren kann und damit ein quasi-paralleler Zugriff stattfindet. Theoretisch wären damit auch Multimastersysteme mit vielen Mastern denkbar, jedoch ist dies in der PROFIBUS-Welt nicht üblich und wird auch von den meisten Konfigurations-Tools nicht unterstützt.

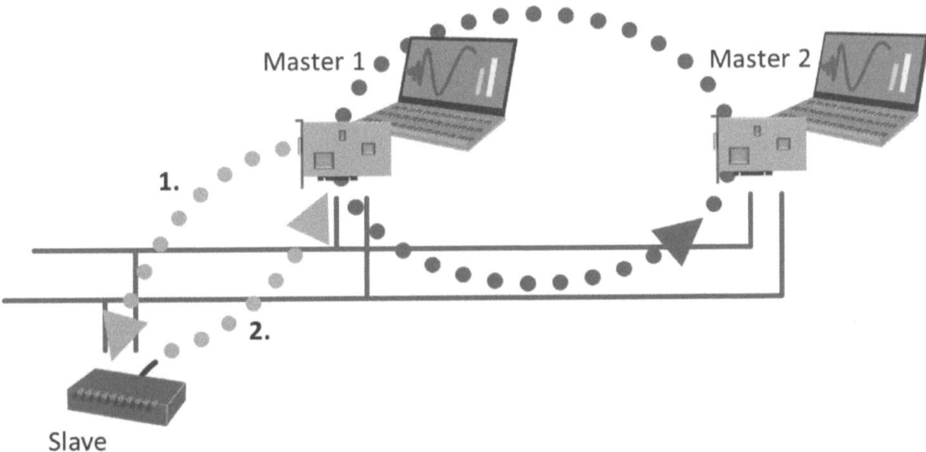

Bild 31: Multimasterbetrieb bei PROFIBUS

Kommen wir noch einmal auf die Rolle der Slaves im Rahmen des Master-Slave-Zugriffsverfahrens zu sprechen. PROFIBUS definiert für die Art und Weise, wie Slaves hierbei im Zusammenspiel mit anderen Slaves auf Masteranfragen reagieren, drei unterschiedliche sog. Leistungsstufen. Früher wurden diese „Versionen" genannt, woraus sich die heute noch üblichen Abkürzungen DP-VO, DP-V1 und DP-V2 ableiten. Ein konkreter Busknoten muss dabei keinesfalls alle drei Leistungsstufen unterstützen. Viele am Markt verfügbare Busknoten unterstützen beispielsweise DP-V0 und DP-V1, DP-V2 wird dagegen nur von speziellen, sehr schnellen Komponenten bevorzugt für die schnelle Antriebstechnik, wie sie beispielsweise bei Robotern erforderlich ist, unterstützt.

Der klassische und einfachste Zugriff eines Masters auf die Slaves erfolgt hierbei im Rahmen der Leistungsstufe DP-V0, bei welcher die Slaves zyklisch adressiert werden. Daten an die Slaves werden dabei im Mastertelegramm gesendet, im Slavetelegramm werden Daten aus den Slaves eingelesen. Genau diese - auch Polling genannte - Variante wird im Bereich der Maschinen-Steuerungen benutzt, wo von der SPS der Reihe nach sämtliche dezentralen Peripheriemodule angesprochen werden. Man spricht speziell bei den Daten, die hierbei in einem Zyklus von den Slaves in die SPS eingelesen werden, von einem Prozessabbild. Ein solches sieht auch der Programmierer der Messdaten-Applikation im Computer, wenn er mit PROFIBUS-Slaves dieser Leistungsstufe arbeitet und eine entsprechende Masteranschaltung des PCs mit Treiber installiert hat.

DP-V1 erlaubt darüber hinaus das azyklische Ansprechen einzelner Slaves. Dies kann einerseits für eher seltenere Konfigurationszwecke sinnvoll sein, andererseits aber auch für die nur ab und an notwendige Abfrage von z.B. Sensoren. Insbesondere bei Busknoten mit PROFIBUS-Anschluss für die Verfahrenstechnik ist diese Leistungsstufe implementiert.

Für den schnellen, zeitsynchronisierten - sog. isochronen - Datentransfer existiert schließlich noch die Leistungsstufe DP-V2. Busknoten, die DP-V2 unterstützen, verfügen u.a. über interne Zeitbasen, welche sich in einem PROFIBUS-System durch den Master exakt synchronisieren lassen. Damit werden z.B. absolut zeitgleiche Abtastungen der Prozesseingänge mehrerer am Bus angeschlossener Busknoten möglich, auch wenn die so abgetasteten Messwerte natürlich im Nachgang nur nacheinander in den Master eingelesen werden können. Auch erlaubt DP-V2 eine Querkommunikation zwischen Slaves.

PROFIBUS-Profile

Wir wollen kurz ein paar allgemeine Anmerkungen zu in der PROFIBUS-Welt verbreiteten Profilen machen. Unter einem Profil versteht man bei PROFIBUS - wie auch bei vielen anderen Feldbussen - die Gesamtheit aller Zusatzspezifikationen für Busknoten, die einer bestimmten Geräteart angehören oder in einem bestimmten Anwendungsszenario benutzt werden.

Erstere Profile - bei PROFIBUS auch „spezifische Applikationsprofile" genannt - spezifizieren die Daten nach Bedeutung und Codierung, die eine bestimmte Geräteart immer besitzen muss. So existiert beispielsweise für PROFIBUS-fähige Komponenten der Antriebstechnik wie Frequenzumrichter, Servoantriebe etc. das PROFIdrive-Profil. Es definiert u.a. einen allgemeinen Antrieb in Form dreier Modelle - dem Base Model, dem Parameter Model und dem Application Model. Zusätzlich ist ein Mechanismus definiert, wie diese Modelle auf die unterlagerte PROFIBUS-DP-Kommunikationstechnologie abgebildet werden (Mapping). Im Base Modell wird dabei eine universelle Antriebsapplikation definiert, welche Controller (wie z.B. eine SPS), Peripheral Devices („P-Devices", den eigentlichen Antrieben) und Supervisor (wie einen Computer als sog. Engineeringstation) beinhaltet, zwischen denen zyklische und azyklische Kommunikationsbeziehungen möglich sind. Speziell für die P-Devices wird ein allgemeines Objektmodell spezifiziert, das für jede Achse eines Antriebs sämtliche Funktionalitäten in gleicher Weise zugreifbar macht. Das Parameter Model definiert herstellerübergreifend sämtliche Parameter eines Antriebs wie Soll- und Ist-Drehzahlen, Antriebsidentifikation, Störpuffer etc. Das Application Model schließlich beschreibt in Form von sechs sog. Applikationsklassen die Ansteuerung von Antrieben unterschiedlicher Komplexität und Intelligenz - Applikationsklasse 1 (AK1) beispielsweise betrifft die einfache Sollwert-basierte Ansteuerung eines Standardantriebs mit integrierter Drehzahlregelung.

Als Beispiel für ein PROFIBUS-Profil für ein bestimmtes Anwendungsszenario - ein sog. „Allgemeines Applikationsprofil" - möge kurz PROFIsafe genannt sein. PROFIsafe implementiert auf höherer Protokollebene unabhängig vom CRC-Sicherungsverfahren im Basis-Telegramm (siehe Bild 30) zusätzliche Mechanismen, um die Wahrscheinlichkeit von Datenübertragungsfehlern zu reduzieren. Hierzu werden u.a. Verfahren wie Datenpaketnummerierung, Timeout Monitoring und Authentifizierung eingesetzt. Damit können besonders sicherheitskritische Nachrichten wie z.B. ein Not-Aus-Signal bei einer Maschine zuverlässig über den Bus übertragen werden. Allgemeine Applikationsprofile können in einem Gerät auch in Kombination mit einem spezifischen Applikationsprofil vorhanden sein.

Beispiel CAN

Kommen wir nun zum zweiten Beispiel eines Feldbusses: CAN. Die Abkürzung steht für „Controller Area Network" und deutet schon an, dass CAN ursprünglich für die Vernetzung auf Steuergeräte-Ebene (Controller) im Automobil entwickelt wurde. Genauer gesagt entstammt es einer Zusammenarbeit von Bosch und Intel. Ziel war es, den damals in der Automobilelektronik zunehmenden Einsatz mehrerer Steuergeräte mit einer zuverlässigen und kostengünstigen Vernetzungstechnologie zu begleiten. Sehr schnell boten auch andere Chiphersteller zunächst CAN-Peripheriechips und nach und nach immer mehr Mikrocontroller mit integrierten CAN-Anschlüssen an. Dies führte dazu, dass CAN auch außerhalb des Automotive-Bereichs eine starke Verbreitung fand, praktisch überall da, wo mikrocontrollerbasierte Elektroniken - bzw. Embedded Systems, wie wir heute auch sagen - eingesetzt werden. Dazu trug sicherlich bei, dass die bei CAN verwendete Kommunikationstechnologie aus Sicht eines Mikrocontrollerprogrammierers zunächst einfach handzuhaben ist.

Durch die hohen Stückzahlen von CAN-Anschlüssen im Automotive- und Embedded-Bereich beflügelt, entstanden parallel zwei wichtige weitere Standards, die auf CAN aufbauten und diesen Feldbus auch in die Welt der Maschinen-Steuerungen führten. In Europa wurden unter Federführung der in Deutschland ansässigen Nutzerorganisation CAN in Automation e.V. (CiA) das sog. Higher Level-Protokoll CANopen sowie darauf aufbauende Profile spezifiziert, was strategisch u.a. von Schneider Electric als großem SPS-Hersteller begleitet wurde. In Nordamerika entwickelte der dort führende SPS-Anbieter Allen-Bradley, der inzwischen in der Rockwell Automation aufgegangen ist, DeviceNet, das ähnliches wie CANopen leistet, jedoch im Detail anders arbeitet.

Analog zu unserem Vorgehen bei PROFIBUS wollen wir uns auch der CAN-Welt (Bild 32) über die Busphysik nähern. Danach gehen wir auf die Kommunikationstechnologie von CAN ein, also dem Zugriffsverfahren auf das Busmedium und die verwendeten Telegrammstrukturen, ehe wir abschließend noch eine kurzen Blick auf CANopen und die damit zusammenhängenden Profile werfen.

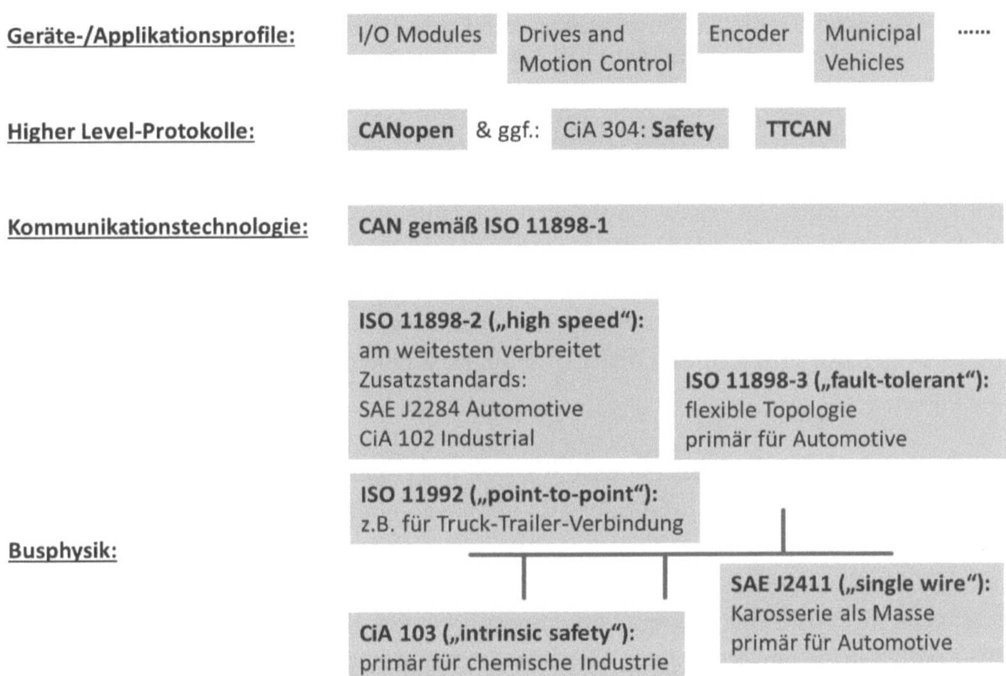

Bild 32: Grundstruktur der CAN-Welt

Die Busphysik von CAN

Wie PROFIBUS und die meisten anderen Feldbusse auch verwendet CAN bei den meisten Installationen ein einfaches, zweiadriges Buskabel. CAN ist also für eine Halb-Duplex-Übertragung ausgelegt, bei der zu einem Zeitpunkt nur in eine Richtung gesendet werden kann. CAN als Kommunikationstechnologie wurde durch die ISO - der International Organization for Standardization, wie sie in Umkehrung zweier Buchstaben ihrer Abkürzung offiziell heißt - standardisiert. Darauf bezugnehmend existieren jedoch mehrere in sich eigenständige Standards, die dazu kompatible Busphysiken definieren. Wir werden gleich sehen, dass eine CAN-Busphysik immer eine ganz bestimmte Eigenschaft aufweisen muss, die bei anderen Feldbussen so nicht üblich ist.

Die mit Abstand wichtigste Busphysik in der CAN-Welt ist im ISO-Standard 11898-2 spezifiziert. Sie wird - im Automotive- und industriellen Bereich teilweise ergänzt durch die im Bild hierzu genannten Zusatzstandards - in der Mehrzahl der CAN-Installationen benutzt und ist in aller Regel auch die Busphysik, die den CAN-Anschlüssen industrieller Geräte zugrunde liegt. Die weiteren im Bild genannten Busphysiken sind den angegebenen speziellen Einsatzgebieten vorbehalten. Erwähnenswert ist, dass es hier einen Automotive-Standard gibt, bei dem wie in der klassischen Automobilelektronik nur eine Ader benötigt wird, da die Karosserie als Masse fungiert, was jedoch nur für kleinere Bitraten möglich ist. Auch soll nicht verschwiegen werden, dass es eine eigensichere Variante gibt, die im Gegensatz zu Ihrem PROFIBUS-Pendant aber keine so große Verbreitung gefunden hat.

Wir wollen uns die Busphysik gemäß ISO 11898-2 näher ansehen. Je nach verwendetem CAN-Chip können max. 32, 64 oder 128 Geräte an einem Kabel angeschlossen werden. Dabei kommt es auf den sog. Transceiver an, ein Kunstwort aus „Transmitter" und „Receiver", das den direkt am Buskabel befindlichen Verstärkerteil einer Busanschaltung bezeichnet. Es wird eine Linien-Topologie verwendet, wie wir sie ebenfalls schon bei PROFIBUS kennengelernt haben. Die Bitraten hängen sehr stark von der Kabellänge ab: bis zu 40 m Kabellänge können 1 MBits/s gefahren werden, bei 500 m schrumpft diese auf 125 kBits/s. Eine erst in jüngerer Zeit aufgekommene Variante ermöglicht speziell dem Datenfeld-Bereich eines CAN-Telegramms eine höhere Bitrate von bis zu 15 MBits/s. Sie ist unter der Bezeichnung „CAN FD" („Flexible Data Rate") bekannt, wird jedoch nur von neueren Chips unterstützt. Eine logische „1" wird bei ISO 11898-2 dadurch realisiert, dass auf beide CAN-Adern - bezogen auf eine nicht über das Kabel geführte Masse - ca. 2,5 V angelegt werden. Die Differenzspannung ist also ca. 0 V. Auch der Ruhezustand (Idle) wird so dargestellt. Für eine logische „0" dagegen wird eine Ader auf ca. 1,5 V und die andere auf ca. 3,5 V gelegt, wodurch eine Differenzspannung von ca. 2,0 V entsteht. An den beiden Kabelenden befinden sich Busabschlusswiderstände von 120 Ω, was in etwa dem typischen Wellenwiderstand der verwendeten Kabel entspricht.

Entscheidend für das Verständnis einer jeden CAN-Busphysik ist die Kenntnis des elektrischen Verhaltens auf dem Buskabel, wenn zwei oder mehre Busknoten gleichzeitig senden. Wir haben an sich früher in diesem Kompendium gelernt, dass bei Bussystemen stets nur ein Busknoten auf das gemeinsame Busmedium senden darf, da es ansonsten zu undefinierten Signalpegeln und damit Übertragungsfehlern kommt. CAN bildet hier eine Ausnahme, allerdings nur in zwei speziellen Situationen, welche wir im nachfolgenden Abschnitt zur Kommunikationstechnologie näher betrachten wollen. Auch in diesen Situationen mit Mehrfachzugriff muss trotzdem vermieden werden, dass undefinierbare Signalpegel entstehen, weshalb bei CAN eine sog. dominant-rezessive Busphysik verwendet wird. Diese Begriffe entstammen der Vererbungslehre. Sog. dominante Erbinformationen setzen sich beim Nachwuchs immer durch, auch wenn es nur von einem der beiden Eltern diese Erbinformation erhalten hat. Zur Ausprägung rezessiver Erbinformationen dagegen muss der Nachwuchs von beiden Eltern diese übertragen bekommen. Ein sehr bekanntes Beispiel aus dem Biologieunterricht betrifft die Augenfarbe: die Erbinformation „blaue Augen" ist rezessiv, während „braune Augen" dominant ist. Bekommt ein Kind von einem Elternteil die Erbinformation „blaue Augen" und vom anderen „braune Augen", so wird es braune Augen ausprägen.

Doch zurück zur dominant-rezessiven Busphysik von CAN: die Elektronik rund um das Buskabel sorgt dafür, dass sich die logische „0" als dominantes Bit gegenüber einer logischen „1" als rezessives Bit stets durchsetzt. Betrachten wir nur zwei gleichzeitig sendende Busknoten, so gilt folgende logische Verknüpfung:

Sender 1	Sender 2	Bus
0	0	0
0	1	0
1	0	0
1	1	1

Senden beide Busknoten das gleiche Bit, so wird sich dieses auch am Buskabel so zeigen. Senden sie unterschiedliche Bits, so gewinnt immer die „0". Obige Verknüpfungs-Tabelle wurde nur für zwei gleichzeitig sendende Busknoten erstellt. Analoges gilt für mehr als zwei Sender. In der Sprache der Digitaltechnik handelt es sich um eine logische UND-Verknüpfung. Aufgrund der schaltungstechnischen Realisierung über das Kabel spricht man auch von einer „Wired AND"-Verknüpfung.

Eines müssen wir noch ergänzen. Wer sich die Mühe macht und mit einem Oszilloskop die Spannungspegel auf dem Kabel während der Übertragung eines CAN-Telegramms aufzeichnet, wird folgendes feststellen: wann immer im Original-Datenrahmen fünf identische Bits nacheinander zu senden sind - was man immer erzwingen kann, indem man beispielsweise bei den Nutzdaten ausschließlich „0"er-Bits oder „1"er-Bits vorsieht - fügt der CAN-Chip ein zusätzliches dazu komplementäres Bit ein. Man spricht von Bit Stuffing - dem Einstopfen eines Bits. Dadurch wird es dem Empfänger erleichtert, sich in der mitunter langen Bitfolge immer wieder auf den Sendetakt zu resynchronisieren. Da er diese Stopfregel auch kennt, verwirft er derart zusätzlich erzeugte Bits einfach. Dem gleichen Zweck diente beim PROFIBUS mit MBP-Busphysik die Manchester-Codierung.

Die Kommunikationstechnologie von CAN

Diese ist unabhängig von der unterlagerten Busphysik in der ISO 11898-1 standardisiert und wird so insbesondere von allen CAN-Chips unterstützt. Fangen wir mit den bei CAN verwendeten Telegrammstrukturen an. Von zwei kurzen Telegrammen - bei CAN „Frames" genannt - abgesehen, die nur in speziellen Fällen übertragen werden, dem sog. Error Frame und dem Overload Frame, kommt bei CAN das in Bild 33 gezeigte Telegrammformat zur Anwendung.

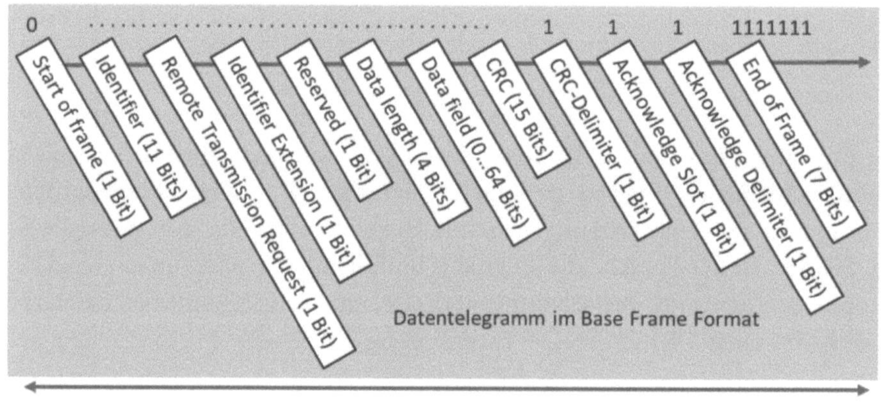

Bild 33: Telegrammaufbau bei CAN mit Base Identifier

Der näheren Erläuterung dieses Telegramms wollen wir vorausschicken, dass bei CAN jeder Busknoten gleichberechtigt ist, es also beispielsweise keine Master oder Slaves gibt. Jeder Busknoten darf spontan auf das Buskabel senden. Wir werden später noch sehen, was im Falle eines gleichzeitigen Sendens zweier oder mehrerer Busknoten passiert. Für den Moment gehen wir davon aus, dass z.B. ein Drucksensor mit CAN-Anschluss intern so programmiert wurde, dass er in bestimmten Zeitabständen zyklisch seinen Druckmesswert mittels des im Bild gezeigten Telegramms auf den Bus sendet, von wo ihn alle anderen daran interessierten Busknoten einlesen können.

Nun zurück zum Telegrammaufbau. Einem Startbit, das mit dem dominanten Bitzustand „0" beginnt, folgt der sog. Identifier. Dieser ist in der im Bild gezeigten Variante 11 Bits lang - wir sprechen vom sog. Base Identifier in dieser Telegrammvariante, die sich dann auch Base Frame nennt. Der Identifier bezeichnet den im späteren Datenfeld versendeten Wert, in unserem Beispiel also einen Druckmesswert, und zwar eindeutig im gesamten CAN-System. CAN arbeitet also nicht mit Adressen, die den Busknoten zugeordnet sind, sondern mit Identifiern, die den in einem CAN-System durch welche Busknoten auch immer generierten Daten zugeordnet sind. Genauso, wie es bei einer PROFIBUS-Installation keine zwei Busknoten mit der gleichen Adresse geben darf, muss in einem CAN-System darauf geachtet werden, dass jeder Identifier nur einmal vergeben wird. Wobei ein CAN-Busknoten oftmals viele Identifier besitzt - typischerweise um unterschiedliche von ihm produzierte Daten zu kennzeichnen. CAN-Geräte, die nicht von Haus aus mit höheren Protokollen wie CANopen arbeiten, verfügen über eine Möglichkeit, diese Identifier zu konfigurieren.

Da man mit 11 Bits „nur" 2^{11} = 2.048 unterschiedliche Identifier darstellen kann und dies in größeren CAN-Systemen durchaus ausgeschöpft wird, hat man eine zweite Telegrammvariante mit einem 29 Bits langem Identifier, dem sog. Extended Identifier, definiert. Diese Telegrammvariante nennt sich auch Extended Frame. Sieht man von einer etwas anderen Anordnung der Telegrammfelder ab, sind die anderen Felder bei beiden Varianten identisch.

Das dem Identifier folgende Remote Transmission Request-Bit ist beim spontanen Senden eines Telegramms auf „0" gesetzt - wir kommen gleich noch auf dessen spezielle Funktion zurück. Die Identifier Extension gibt dem Empfänger an, ob es sich um einen

Base Frame - dann steht hier „0" - oder um einen Extended Frame handelt - hierzu wird die „1" gesetzt. In letzterem Fall würden direkt danach weitere 18 Bits als zweiter Teil des Identifiers folgen, was in der Telegrammvariante des Bildes nicht aufgeführt ist. Nach einem für zukünftige Anwendungen reservierten Bit kommen die eigentlichen Nutzdaten, denen ein Längenfeld vorangestellt ist. Die Nutzdaten müssen immer Vielfache von einem Byte (8 Bits) sein, wobei 0...8 Bytes möglich sind. Die Längenangabe selbst bezieht sich auf die Anzahl der Bytes. Es folgen eine Prüfsumme nach dem schon mehrfach angesprochen CRC-Verfahren sowie insgesamt zehn „1"er-Bits - das zweite davon spielt ein wichtige Rolle bei der Empfangsbestätigung, wie wir noch sehen werden.

Halten wir also fest: bei CAN kann ein Busknoten spontan und zeitlich abhängig von dem, was sich sein Entwickler oder der Anwender bei der Konfiguration gewissermaßen hierzu gedacht hat, die von ihm generierten Daten, versehen mit entsprechenden Identifiern, auf den Bus senden. Es gibt bezüglich eines Identifiers einen Datenproduzenten und beliebig viele Datenkonsumenten, was auch mit Broadcasting bezeichnet wird (Bild 34).

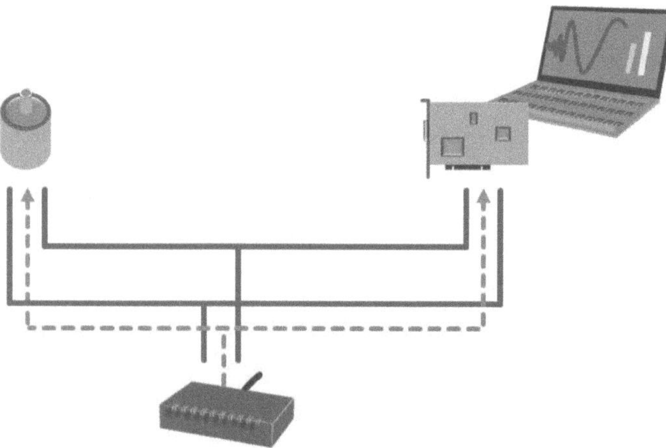

Bild 34: Broadcasting bei CAN

Da es sich jedoch bei vielen Anwendungen als sinnvoll erweist, trotzdem auch eine Art Master-Slave-Mechanismus zu ermöglichen, gibt es das schon kurz angesprochene Remote Transmission Request-Bit (Bild 35). Setzt ein Busknoten dieses Bit - im Bild mit „RTR" abgekürzt - auf „1", so weist er damit alle anderen Busknoten an, dass der

Busknoten, der Daten mit dem im Telegramm mitgesandten Identifier besitzt, diese in Form eines weiteren Telegramms auf den Bus sendet. Man kann damit also das Aussenden einer Nachricht zu einem bestimmten Identifier bewusst triggern. Man spricht bei dieser Form des Telegramms von einem Remote Frame, in dem dann auch kein Datenfeld vorhanden ist. Im Gegensatz dazu nennt sich das normale Telegramm mit Datenfeld Data Frame.

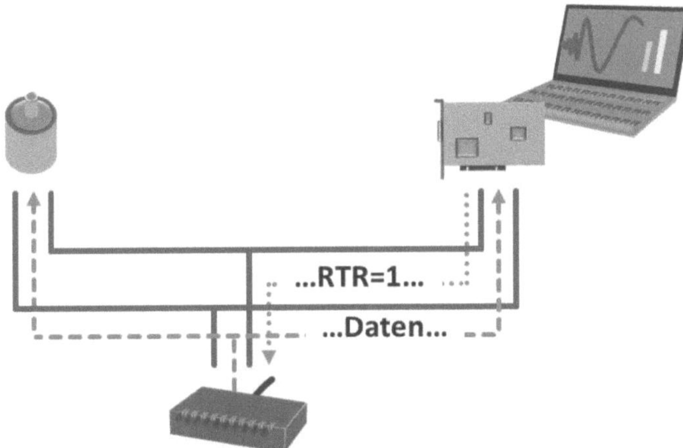

Bild 35: Remote Transmission Request bei CAN

Wie wird bei CAN der erfolgreiche Empfang eines Telegramms durch den Empfänger eigentlich bestätigt? Dies ist zunächst gar nicht so einfach möglich. CAN-Telegramme werden immer von allen anderen Busknoten empfangen und ausgewertet, da sie stets prüfen müssen, ob im Telegramm sie interessierende Identifier aufgeführt sind. Insofern müsste jeder der anderen Busknoten eine eigene Empfangsbestätigung senden, was bei größeren CAN-Systemen extrem viel Busverkehr generieren würde. Aus diesem Grund hat man sich hier etwas anderes einfallen lassen: jeder Busknoten, der ein Telegramm bis inklusive dem im Bild 33 aufgeführten CRC-Delimiter korrekt empfangen hat, was einen erfolgreichen CRC einschließt, muss das vom Sender als „1" gesendete Acknowledge Slot-Bit mit einer „0" überschreiben (Bild 36, im Bild ist dieses Bit mit „ACK" abgekürzt). Dies ist aufgrund der dominant-rezessiven Busphysik stets möglich. Wir erinnern uns: „0" ist der dominante Bitzustand. Der sendende Busknoten liest mit und erkennt im positiven Fall dieses Überschreiben, was für ihn eine Empfangsbestätigung (Acknowledgement) darstellt. Die Empfangsbestätigung wird „just in time" gegeben, ohne dass ein separates Rücktelegramm erforderlich ist. Prinzipbedingt erkennt der Sender jedoch nicht, ob wirklich alle anderen Busknoten sein Telegramm auch empfangen haben. Er weiß nur, dass mindestens einer darunter ist.

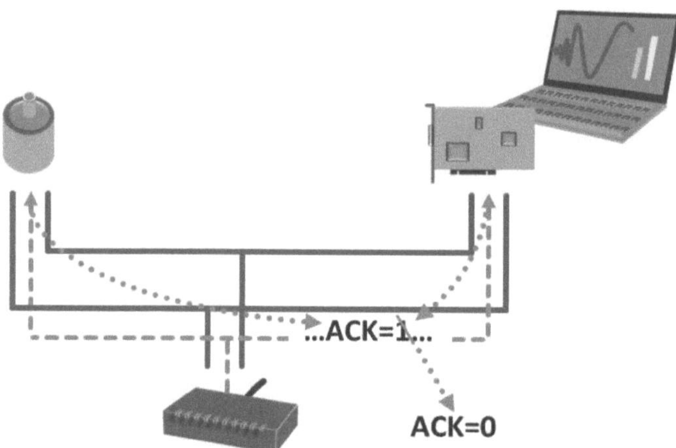

Bild 36: Empfangsbestätigung im Acknowledge Slot

Noch eine Frage bleibt offen: was passiert, wenn zwei oder mehr Busknoten gleichzeitig ein Telegramm aussenden? Betrachten wir dazu nochmals den Telegrammbeginn in Bild 33. Nach der führenden „0" sendet jeder der beteiligten Busknoten seinen Identifier. Auch jetzt kommt die dominant-rezessive Busphysik zur Wirkung. Sobald bei einem Identifier die dominante „0" gesendet wird, setzt sie sich am Bus durch, was der an dieser Stelle eine „1" sendende Busknoten erkennt und - so die Vorschrift bei CAN - den weiteren Sendevorgang sofort abbricht (Bild 37). Je mehr führende „0" ein Identifier besitzt, umso eher wird er sich bei diesem Wettkampf - man spricht hier von der „Arbitrierung" des Busses - durchsetzen. Wenn wir den 11 Bits umfassenden Base Identifier als Dezimalzahl lesen, können wir feststellen: Der Identifier 0 wird sich immer durchsetzen, der Identifier 2.047 nur, wenn kein anderer Busknoten gleichzeitig sendet. Für den Extended Identifier gilt analoges. Insbesondere können in einem CAN-System beide Identifierarten auch gemischt benutzt werden, wobei es von den Chips in den beteiligten Busknoten abhängt, inwieweit sie beide Arten unterstützen. Zusammengefasst gilt: Der Identifier stellt auch die Priorität des zugehörigen Telegramms dar, was bei der Vergabe der Identifier in einem CAN-System somit das wichtigste Zuteilungskriterium ist.

In der Fachsprache nennt sich dieses Zugriffsverfahren CSMA/CR („Carrier Sense Multiple Access / Collision Resolution"). Der Träger („Carrier"), also das Buskabel, wird seitens des Senders ständig mitgelesen („Sense"); es können stets mehrere Sender gleichzeitig auf den Bus zugreifen („Multiple Access"), wobei es zu einer Auflösung der entstehenden Kollision kommt („Collision Resolution").

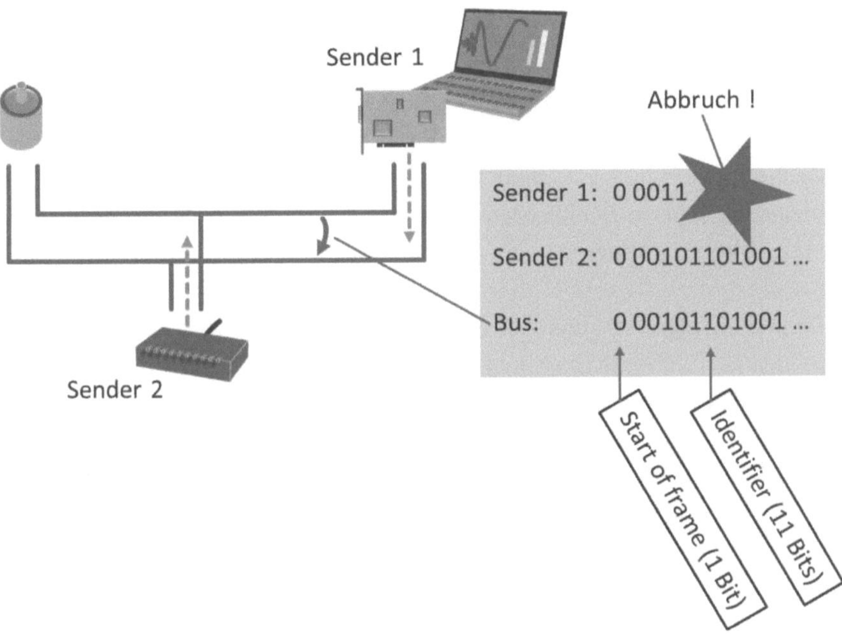

Bild 37: CAN-Arbitrierung

Es sei noch ergänzt, dass ein Telegramm, das eine Arbitrierung gewonnen hat, in keinem Fall durch einen anderen Busknoten unterbrochen werden darf. Busknoten, die ein Telegramm aussenden wollen, müssen warten, bis ein etwaig gerade auf dem Bus übertragenes Telegramm beendet wurde. Dies schließt insbesondere die letzten sieben „1"er-Bits des End of Frame-Feldes in Bild 33 mit ein.

CANopen und andere CAN-Erweiterungen

Bei vielen CAN-Systemen legen die Entwickler die Bedeutung der Nutzdaten selbst fest. Häufig werden darüber auch einfache höhere Protokolle selbst definiert. Dies ist insbesondere bei abgeschlossenen Anwendungen der Fall, an die keine Fremdgeräte angekoppelt werden müssen.

CAN-Systeme, die im Gegensatz dazu offen für Busknoten und Anwendungssoftware mehrerer Hersteller sein sollen, erfordern einheitliche Standards über die reine CAN-Kommunikationstechnologie hinaus. Genau hierzu wurde CANopen entwickelt. Wir wollen aufgrund der auch hier zu beobachtenden hohen Komplexität nur kurz ein paar Eigenschaften im Überblick erwähnen.

Bei CANopen-Geräten erfolgt der Datenzugriff über ein sog. Objektverzeichnis mit standardisierter Struktur. Es enthält maximal 65.536 Objekte, welche durch einen 16 Bits langen Objektindex adressiert werden. CANopen ergänzende Geräte- und Applikationsprofile regeln, unter welchen Indices sich für eine spezielle Geräte- bzw. Applikationsart relevante Objekte befinden sowie wie deren genaue Datenstruktur aussieht. Im Objektverzeichnis ist auch ein Bereich für herstellerspezifische Datenobjekte vorgesehen, so dass auch Geräte, die sich keinem Profil zuordnen lassen, über CANopen angesprochen werden können.

Der eigentliche Zugriff auf Nutzdaten, also z.B. die Messdaten eines Messgeräts, erfolgt über sog. PDOs („Prozessdatenobjekte"). In einem entsprechenden Bereich des Objektverzeichnisses wird die Zuordnung dieser PDOs zu den eigentlichen Nutzdatenobjekten an anderer Stelle im Objektverzeichnis definiert, wobei in einem PDO auch die Nutzdaten mehrerer Objekte enthalten sein können. CANopen nennt diese Zuordnung auch PDO-Mapping. Am Bus werden PDOs in Form der uns schon bekannten CAN-Telegramme übertragen, ein PDO kann also max. 8 Nutzdatenbytes enthalten. Die Übertragung von PDOs bei CANopen kann dabei zyklisch mit konfigurierbaren Zykluszeiten erfolgen, aber auch aktiv durch einen anderen Busknoten getriggert werden. Dies bildet die beiden Basismechanismen Broadcasting und Remote Transmission Request der unterlagerten CAN-Kommunikationstechnologie ab. Weitere Alternativen basieren auf Ereignistriggerung bzw. Synchronisierverfahren.

Um auf das eigentliche Objektverzeichnis zuzugreifen, werden sog. SDOs („Servicedatenobjekte") herangezogen. Auch diese müssen auf dem Buskabel als CAN-Telegramme übertragen werden, weshalb bei Ihnen neben vier Bytes zur Codierung der Zugriffsart (Schreiben oder Lesen), des Indices und eines sog. Subindices nur noch vier weitere Bytes für den eigentlichen Dateninhalt übrig bleiben. Für Objekte, die mehr als vier Datenbytes beinhalten, erfolgt die Datenübertragung aufgeteilt („fragmentiert") auf mehrere SDOs.

PDOs und SDOs werden also am Bus durch ein Standard-CAN-Telegramm übertragen. Ihnen wird über die Objektverzeichnisse der beteiligten Geräte hierzu jeweils ein Identifier zugewiesen, der in Abhängigkeit der einem Busknoten zugeordneten Knotennummer gebildet wird. SDOs haben dabei höhere Identifier als PDOs, werden also niederprior übertragen. Dass Knotennummern zum Einsatz kommen, deutet schon an, dass bei CANopen auch der Busknoten selbst wieder gesehen wird.

Für die in Bild 32 ganz oben aufgeführten Beispiele von CAN-Profilen gelten die bereits bei den PROFIBUS-Profilen gemachten allgemeinen Aussagen ebenso. CANopen unterscheidet bei den Profilen zwischen Geräteprofilen, welche die Funktionalität und die Struktur der Objektverzeichnisse einer bestimmten Geräteart standardisieren, und Applikationsprofilen, die bestimmte Anwendungen einheitlich definieren.

Für den Einsatz von CANopen-basierten Systemen mit besonderen Anforderungen an die Datensicherheit existiert weiterhin ein im CiA-Standard 304 veröffentlichtes Safety-Add-On - vergleichbar PROFIsafe bei PROFIBUS.

Nicht vergessen wollen wir, das sog. TTCAN („Time-triggered CAN") zu erwähnen. Es ist wie CANopen ein Protokoll, das auf der CAN-Kommunikationstechnologie aufsetzt und für erhöhte Echtzeitbedingungen sorgt. Darunter ist zu verstehen, dass alle Nachrichten bei TTCAN entweder streng zyklisch in bestimmten Zeitabständen oder bei Eintreffen bestimmter Ereignisse, wie z.B. ein Messwert überschreitet einen bestimmten Grenzwert, versendet werden.

Ethernet

Das in diesem Kapitel behandelte Bussystem, mit dem wir es im Rahmen der Messdatenerfassung zu tun haben, ist gleichzeitig das älteste, aber auch modernste aller in diesem
Kompendium betrachteten. Wie geht das? Einerseits wurde das ursprüngliche Ethernet
bereits in den 1970er-Jahren durch ein Arbeitsteam des US-Konzerns Xerox entwickelt.
Andererseits wurde dieses, den allgemeinen IT-Bereich heute dominierende System kontinuierlich in seiner Leistungsfähigkeit weiterentwickelt und in jüngster Zeit in Form
diverser Zusatzspezifikationen unter dem Sammelbegriff Industrial Ethernet als Alternative zum Feldbus in Szene gesetzt.

Die Bezeichnung Ethernet geht auf dieses Arbeitsteam zurück, welches das zugrundeliegende Protokoll von einem ursprünglich funkbasierten Netzwerk ableitete. Als Träger
der Funkwellen sah man früher den sog. Äther, dessen englische Übersetzung Ether ist.
Mit der weiten Verbreitung von PCs in den 1980er-Jahren wurde Ethernet der Vernet-
zungsstandard in der Bürokommunikation. Dies wurde wesentlich unterstützt durch die
enge Zusammenarbeit von Xerox mit DEC und Intel, die als DIX-Konsortium, gebildet
aus deren Anfangsbuchstaben, eine konsequente Marktbearbeitung betrieben. Parallel
erfolgte eine Standardisierung beim uns schon vom Laborbus bekannten IEEE.

Ursprünglich nur zur Vernetzung im lokalen Bereich - z.B. einer Abteilung oder eines
Unternehmens etc. - gedacht, wurden im Zuge der Verbreitung des Internets immer
mehr internetrelevante höhere Protokolle in die Betriebssysteme der Computer integriert.
Diese bieten, wie wir bei unserer täglichen Arbeit am PC sehen, eine Reihe hilfreicher
Funktionen wie die komfortable Adressierung von Computern bzw. Servern, die Fernab-
frage von Webseiten, das Senden und Empfangen von Mails u.s.w. - und das in technisch standardisierter Form. Auch wenn diese höheren Protokolle formal unabhängig
vom unterlagerten Ethernet als lokales Bussystem sind - daher stammt auch der heute als
Synonym gebrauchte Ausdruck LAN („Local Area Network") -, so arbeiten sie auf Computerseite praktisch automatisch mit dem Ethernetanschluss zusammen. Dieser hohe

Zusatznutzen an standardisierter höherer Protokollfunktionalität ist es nicht zuletzt, weshalb die klassischen Feldbusanbieter immer mehr auf Industrial Ethernet-Systeme setzen. Doch mehr dazu später. Zunächst wollen wir uns wie bei den Feldbussen die Ethernet-Welt gemäß Bild 38 von Ebene zu Ebene erschließen, bevor wir abschließend auf spezielle Industrial Ethernet-Aspekte eingehen.

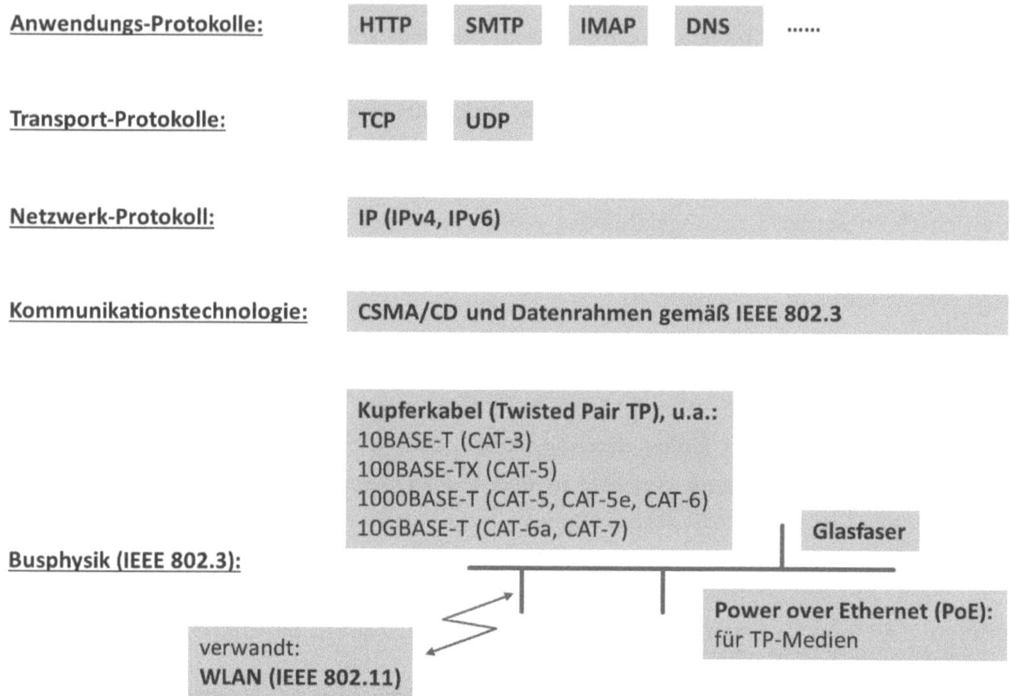

Bild 38: Grundstruktur der Ethernet-Welt

Die Topologie von Ethernet

Ethernet wird überwiegend mit einem Kupferkabel installiert. Wir werden im nächsten Abschnitt noch auf die verschiedenen Geschwindigkeitsklassen und die damit zusammenhängenden Kabelkategorien eingehen. Zuvor wollen wir jedoch die für eine Kabel-basierte Installation typische Topologie in Bild 39 betrachten.

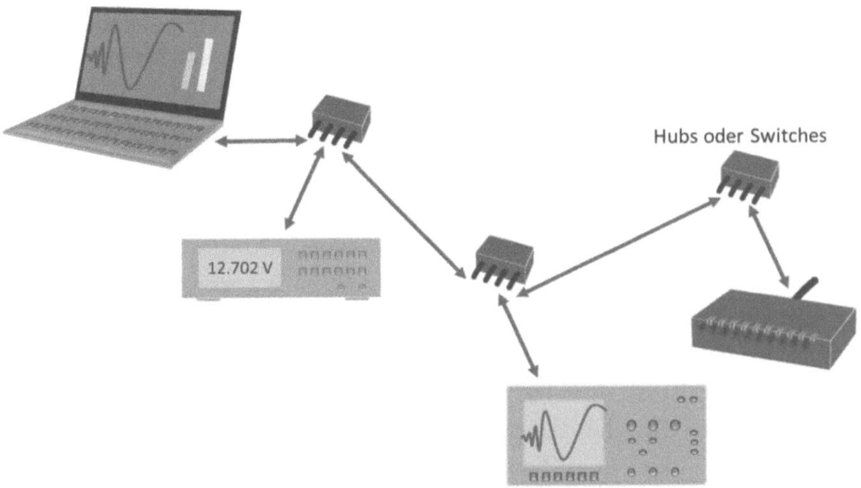

Bild 39: Topologie von Ethernet

Ähnlich CAN sind bei Ethernet alle Busknoten gleichberechtigt. Sie werden über sog. Hubs oder Switches miteinander verbunden. Es gibt somit stets nur Punkt-zu-Punkt-Verbindungen, was wiederum mit USB vergleichbar ist. Im Unterschied zu USB-Hubs existieren jedoch bei den Ethernet-Hubs bzw. -Switches keine Downstream- und Upstream-Ports, alle Ports verfügen über die gleiche Funktionalität.

Hubs und Switches sehen äußerlich meist identisch aus. Sie unterscheiden sich lediglich in ihrer internen Intelligenz. Hubs verstärken die Signale jeweils nur zwischen allen aktiven Ports. Elektrisch gesehen sehen alle angeschlossenen Geräte - von kurzen Signallaufzeiten durch den Hub und über die Kabel abgesehen - stets dieselben Signale. Switches verfügen dagegen über integrierte - „Embedded" - Computer, über welche die Ports angesprochen werden. Die in ihnen in hoher Geschwindigkeit ablaufende Firmware untersucht auf Ethernet-Telegrammebene, welches Zielgerät von einem sendenden Busknoten adressiert wird, womit wir uns bei der Kommunikationstechnologie von Ethernet noch näher beschäftigen werden. Ein Switch stellt nun an einem Port eintreffende Telegramme nur an dem Ausgangsport zu, an dem ein Busknoten mit der entsprechenden Empfangsadresse angeschlossen ist. Sobald ein Busknoten an einem Port angeschlossen wurde und zum ersten Mal selbst ein Telegramm gesendet hat, ordnet der Switch diese Adresse fest dem entsprechenden Port zu: er lernt die Zuordnung also automatisch, ohne dass er irgendwie konfiguriert werden müsste. Ist kein Busknoten mit der entsprechenden Empfangsadresse angeschlossen, so leitet der Switch das Telegramm an alle mit einem Busknoten versehenen Ports. Auf diese Weise kann ein Telegramm auch zu einem Empfänger gelangen, der über weitere zwischengeschaltete Switches erst erreicht werden kann.

Wann setzt man nun Hubs und wann die etwas teureren Switches ein? Switches reduzieren den gesamten Busverkehr deutlich, sofern die überwiegende Kommunikation jeweils zwischen Busknoten innerhalb eines sog. Netzwerk-Segments um einen Switch herum stattfindet. Also dann, wenn der jeweilige Switch das adressierte Endgerät direkt an einem Port angeschlossen findet. Dies ist insbesondere immer dann der Fall, wenn in einem kleineren System überhaupt nur ein Switch vorhanden ist. Ist ein komplexeres Ethernetnetzwerk mit vielen Switches dagegen unfachmännisch so aufgebaut, dass sehr viel „Fernverkehr" über zwei oder mehr Switches hinweg stattfinden muss, so schwindet der Vorteil gegenüber den einfachen Hubs immer mehr. Der Trend im Komponentenbereich geht jedoch immer mehr in Richtung Switcheinsatz - in Consumerausführung für den Bürobereich gibt es Hubs kaum mehr, bei industriellen Bauformen werden diese auch immer seltener. Wir wollen an dieser Stelle nicht weiter in Richtung angewandter Netzwerktechnik abdriften, was der Fall wäre, wenn wir auf den erweiterten Funktionsumfang sog. Layer-3-Switches eingehen, die schon Teilfunktionalitäten einer höherer Protokollebene ausführen.

Auch im Fall einer Installation mit Glasfaserkabeln gilt dieselbe Topologie. Hier werden Router und Switches mit entsprechenden optischen Anschlüssen benötigt. Hubs werden nicht eingesetzt. Auch Mischinstallationen sind möglich. Bei einer funkbasierten Busphysik auf WLAN-Basis („Wireless LAN") trifft dies ebenso zu, wenn man berücksichtigt, dass die Busknoten mit WLAN-Anschluss jeweils per Funk eine Punkt-zu-Punkt-Verbindung mit einem hier als Router bezeichneten Netzwerkmodul halten. Entsprechende WLAN-Router verfügen i.d.R. auch über einen oder mehrere kabelgebundene Ethernet-Ports, so dass das WLAN-System in ein kabelgebundenes Ethernetsystem integriert werden kann. Router, in diesem Kontext meist auch als WLAN-Router bezeichnet, koppeln Netzwerke mit unterschiedlicher Kommunikationstechnologie. Und dies trifft hier auch zu, da WLAN in der Luft andere Zugriffsverfahren und Telegrammformate als Ethernet verwendet. Insofern ist WLAN eigentlich als eigenständiges Kommunikationssystem zu sehen. Da die WLAN-Router jedoch für eine bezüglich der höheren Protokolle absolut transparente Kommunikation zwischen WLAN-fähigen Busknoten und Busknoten mit kabelgebundenem LAN-Anschluss sorgen, können wir WLAN sozusagen auch als alternative Busphysik in der Ethernet-Welt sehen.

Die Busphysik von Ethernet

Bei der dominierenden Verdrahtung auf Basis Kupferkabel hat Ethernet im Laufe der Zeit immer wieder einmal die Bitrate um den Faktor 10 erhöht. Die erste weit verbreitete Busphysik ermöglichte 10 MBits/s, später kam dann eine weitere hinzu mit 100 MBits/s. Vor einigen Jahren dann der Sprung auf 1 GBits/s und kurz danach auf 10 GBits/s, was aktuell (August 2015) der letzte vom IEEE veröffentlichte Standard ist. Arbeitsgruppen dort beschäftigen sich zur Zeit mit zukünftigen Busphysiken, die bis 1 TBits/s reichen. Heute üblicher Stand im Büro ist 1 GBits/s, im industriellen Bereich meist 100 MBits/s.

Im Bild 38 sind die für die heute gebräuchlichen Geschwindigkeitsklassen üblichen Kurzbezeichnungen aufgeführt. 100BASE-TX bedeutet dabei z.B. 100 MBits/s, Übertragung ohne weitere Modulationen im sog. Basisband (engl. Baseband) über ein Twisted Pair-Kabel (hierfür steht das „T"). Das „X" bezeichnet schließlich eine gegenüber der ursprünglichen Variante 100BASE-T optimierte, wie sie seit langer Zeit ausschließlich benutzt wird. Twisted Pair meint, dass grundsätzlich mit Adernpaaren im Kabel gearbeitet wird, auf denen ein Differenzspannungssignal übertragen wird. Die beiden Adern eines Paars sind dabei verdrillt (engl. twisted). Der Grund hierfür liegt darin, dass dadurch bezogen auf einstrahlende externe Störquellen der mittlere Abstand einer jeden Ader zum Störer annähernd identisch und somit die Differenzspannung von solchen Störungen einigermaßen unabhängig ist.

Jede Geschwindigkeitsklasse verfügt über eine komplett eigenständige Busphysik. Sehr zum Vorteil der Anwender unterstützen jedoch fast alle Ethernetanschlüsse - genauer müsste man sagen, die Ethernet-Chips dahinter - mehrere davon. So ist bei älteren Busknoten die Kombination von 10 und 100 MBits/s üblich. Bei aktuellen Ethernetanschlüssen primär im Consumerbereich - z.B. bei PCs - ist die Kombination 10/100/1.000 MBits/s Stand der Technik. Die zugehörigen Chips verfügen dabei jeweils über alle Anschaltungselektroniken. Durch ein sog. Autonegotiation-Verfahren stimmen sich die Chips zweier miteinander über ein Kabel sprechender Busknoten ab, welche Geschwindigkeitsklasse beide gleichermaßen unterstützen, so dass ein neuerer Busknoten auch mit einem älteren ethernetfähigen Gerät noch kommunizieren kann.

Höhere Geschwindigkeitsklassen erfordern auch hochwertigere Kabel. Ethernetkabel werden deshalb in Kategorien eingeteilt. Das heute am meisten eingesetzten CAT-5-Kabel beispielsweise erlaubt den Einsatz von 1000BASE-T, aber auch langsamerer Geschwindigkeitsklassen. In vielen Installationen finden sich übrigens sog. CAT-5e-Kabel. Diese Kategorie stand gemäß einer früheren Norm für ein verbessertes CAT-5-Kabel, da letzteres früher nur bis 100 MBits/s eingesetzt werden konnte. Im Zuge einer Überarbeitung der Norm wurden jedoch die damit verbundenen erhöhten Anforderungen allgemein auf CAT-5 übertragen und die Bezeichnung CAT-5e offiziell wieder abgeschafft. In Kürze erwartet wird übrigens die Standardisierung von CAT-8-Kabeln für ein zukünftiges 40GBASE-T-System.

Wir wollen uns exemplarisch die Busphysik der im industriellen Bereich derzeit am häufigsten angewandten Variante 100BASE-TX ansehen (Bild 40).

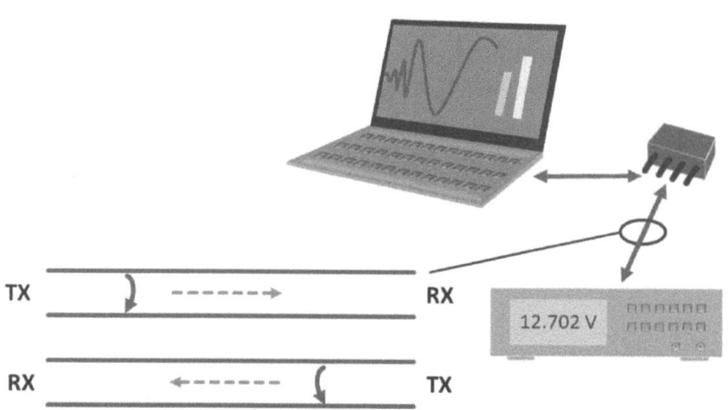

Bild 40: Busphysik am Beispiel 100BASE-TX

Im Kabel werden zwei Adernpaare benutzt - auch wenn fertig konfektionierte Kabel mitunter mehr Adernpaare, oftmals z.B. vier, besitzen. Eines für jede Senderichtung, was wir schon vom USB 3.0 kennen (siehe Seite 57). Es handelt sich also um eine Voll-Duplex-fähige Punkt-zu-Punkt-Verbindung zwischen Busknoten und Hub bzw. Switch. Besteht ein Aufbau nur aus zwei Busknoten, z.B. Computer und Messgerät, wird kein Hub oder Switch benötigt. Hier reicht eine direkte Kabelverbindung. Sendeseitig werden drei Signalpegel benutzt: - 1 V, 0 V und + 1 V.

Wieso drei, wo wir doch Bits mit jeweils nur zwei Zuständen übertragen wollen? Der Grund liegt darin, dass man ursprünglich relativ einfache Kabel verwendet hat, die in ihrer Übertragungs-Bandbreite auf wenige 10 MHz beschränkt waren. Hierzu sollten wir uns vergegenwärtigen, dass ein Kupferkabel ein elektrisches Übertragungssystem darstellt mit einem Kabelwiderstand sowie kapazitiven und induktiven Belägen, wie der Elektrotechniker sagt. Wird nun an einem Ende beispielsweise ein sinusförmiges Spannungssignal angelegt, so lässt sich dies am anderen Ende z.B. mit einem Oszilloskop als Empfangssignal wieder erkennen. Erhöht man die Frequenz des Signals, so wird man feststellen, dass ab einem bestimmten Frequenzbereich die Amplitude des Ausgangssignals deutlich einbricht. Man nennt diesen Effekt auch Kabeldämpfung. Als Kennwert gibt man nun die Frequenz an, bei der die beobachtete Ausgangsamplitude um den Faktor $1/\sqrt{2}$ gegenüber der Eingangsamplitude eingebrochen ist. Dies ist die sog. Bandbreite, wie sie nicht nur bei Kabeln, sondern auch vielen anderen elektrischen Systemen wie Verstärkern etc. definiert wird. Die Beantwortung unserer Frage hängt also scheinbar damit zusammen, dass wir 100 MBits/s auf einem Adernpaar übertragen wollen, das jedoch nur für wenige 10 MHz Sinussignal ausgelegt ist.

Hierzu betrachten wir uns nun Bild 41. Bei 100BASE-TX werden die zwei Bitzustände nach dem sog. Multilevel Transmission Encoding-Verfahren (MLT) codiert. Speziell bei der angewandten Variante MLT-3 werden in immer gleicher Reihenfolge die drei möglichen Signalpegel abwechselnd gesendet, wobei ein Pegelwechsel, der stets zu Bitbeginn erfolgen würde, nur stattfindet, wenn eine logische „1" übertragen werden soll. Bei einer logischen „0" bleibt der zuletzt gesendete Signalpegel erhalten. Der Empfänger kennt diese Codiervorschrift natürlich auch und kann somit aus dem empfangenen Signal die ursprüngliche Bitfolge wieder generieren.

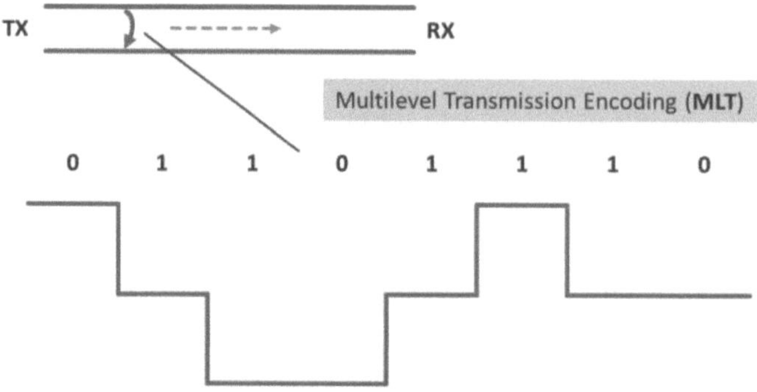

Bild 41: MLT-3-Codierung

Stellen wir uns nun ein Kabel mit begrenzter Bandbreite vor, so wird aus einem gesende-
ten rechteckförmigen Signalverlauf, wie er im Bild dargestellt ist, beim Empfänger einer
mit abgeflachten Ecken. Im „worst case", wenn ausschließlich „1"er gesendet werden,
könnte man sich ein Sinussignal in das Idealsignal des Bildes eingezeichnet denken, wobei beide in den Bitmitten exakt übereinstimmen. An diesen Stellen wären die Signalpegel seitens des Empfängers auch noch unverändert detektierbar. Während einer Periode
dieses empfängerseitigen Sinussignals würden vier Pegelwechsel sendeseitig erfolgen.
Oder anders ausgedrückt: Für die Übertragung der Bits mit 100 MBits/s reicht es aus,
wenn das Kabel gerade noch Sinussignale mit 1/4 von 100 MHz, also 25 MHz, übertragen kann. Genau betrachtet darf dieses Sinussignal beim Empfänger in seiner Amplitude
durch die Kabeldämpfung noch etwas kleiner sein. Sofern deutlich drei Pegel zu unterscheiden sind, funktioniert die Decodierung dort auch weiterhin problemlos. In der Praxis sagt man deshalb, dass diese 25 MHz die geforderte Bandbreite des Kabels darstellen,
bei der also die Amplitude um den Faktor $1/\sqrt{2}$ bereits eingebrochen sein darf.

Wir müssen allerdings noch einen weiteren Effekt berücksichtigen. Bei Ethernet sind die
Telegramme meist recht lang, wie wir noch sehen werden. Da wie bei allen anderen in
diesem Kompendium behandelten Bussystemen kein Sendetakt über eine separate Lei-
tung übertragen wird, muss der Empfänger eine Möglichkeit haben, sich auf diesen rein
auf Basis der Informationen im empfangenen Signal zu resynchronisieren. Hierzu verwendet 100BASE-TX ein Verfahren, das an das bei CAN hierzu eingesetzte Bit Stuffing
erinnert. Im Gegensatz zum Bit Stuffing, bei dem nur fallweise Zusatzbits eingestopft

werden, werden hierbei vier zu sendende Bits immer zuerst zu einer Fünfer-Bitgruppe umcodiert, die dann gemäß MLT-3 gesendet wird. Wir sprechen von einer 4B/5B-Codierung: aus vier Bits mach fünf. Ein Ausschnitt der zugehörigen Codiertabelle zeigt das Prinzip:

Code	4B	5B
0	0000	11110
1	0001	01001
2	0010	10100
3	0011	10101
4	0100	01010
...	...	...
F	1111	11101
...	...	...
I (Idle)	none	11111
...	...	...

Die Bitfolgen in der „5B"-Spalte beinhalten stets mindestens zwei „1"er, so dass an diesen Stellen ein Wechsel des Signalpegels bei der MLT-3-Codierung erzwungen wird. Außer den Codes für die sechzehn Bitkombinationen auf „4B"-Seite von 0000 bis 1111, die mit ihrem Hexadezimalwert in der ersten Spalte bezeichnet sind, werden außerhalb der normalen Telegrammfelder noch einige mit weiteren Kennbuchstaben versehene spezielle „5B"-Bitkombinationen verwendet. Als Beispiel aufgeführt ist der Code I, der im Ruhezustand (Idle), also wenn kein Telegramm zu übertragen ist, trotzdem gesendet wird. Er besteht ausschließlich aus „1"ern, sodass bei jedem Bit ein Wechsel des Signalpegels auf dem betreffenden Adernpaar erfolgt.

Aufgrund der 4B/5B-Codierung müssen wir also um den Faktor 5/4 mehr Bits pro Zeiteinheit übertragen, als wir es ohne diese tun müssten. Aus der zuletzt geforderten Bandbreite von 25 MHz werden durch Multiplikation mit diesem Faktor abschließend 31,25 MHz, was beim ursprünglich für 100BASE-TX vorgesehenen Kabeltyp auch so im Standard gefordert wurde. Für die heute typischen CAT-5-Kabel wird eine Bandbreite von 100 MHz vorgeschrieben, also deutlich mehr bereits, was nichts daran ändert, dass diese Busphysik mit den beiden aufgeführten Codierungsverfahren arbeitet.

Die heute kaum noch angewandte Übertragung gemäß 10BASE-T, die aber von den meisten Ethernet-Chips per Autonegotiation nach wie vor unterstützt wird, verwendet auch zwei Adernpaare, bei denen die Bitfolgen Manchester-codiert werden. Diese Art der Codierung haben wir beim PROFIBUS bereits kennengelernt (siehe Seite 73).

Bei 1000BASE-T, was wie gesagt ebenfalls mit CAT-5-Kabeln noch funktioniert, werden vier Adernpaare im Kabel benutzt. Dazu wird die zu sendende Bitfolge zunächst einer 8B/10B-Codierung unterworfen, was dasselbe Ziel wie die 4B/5B-Codierung verfolgt. Der resultierende Bitstrom wird auf vier Teilströme aufgeteilt, die zunächst jeweils einer Pulsamplitudenmodulation mit fünf Signalpegeln, „PAM-5" genannt, unterzogen werden, was den Versand von zwei Bits pro Taktschritt erlaubt. Anschließend wird noch eine spezielle Codierung aus der Zauberküche der Spezialisten für digitale Signalverarbeitung, die sog. Trellis-Codierung, angewandt. Mit dieser wird die theoretisch verfügbare sog. Kanalkapazität eines Übertragungswegs durch geschickte Umcodierung weitestgehend ausgenützt, wobei sich die letztlich übertragenen sog. Symbole weitestmöglich voneinander unterscheiden, was die Störanfälligkeit minimiert. Zusätzlich erfolgt noch ein Scrambling, ein Verfahren, bei dem bestimmte Teilbitfolgen umgestellt werden, um den Datenstrom noch besser an das Übertragungsmedium anzupassen, bevor es dann für jeden Teilstrom endgültig auf eines der vier Adernpaare geht.

10GBASE-T arbeitet ebenfalls mit vier Adernpaaren. Allerdings ist das geforderte Kabel aufwendiger, z.B. sorgen Kreuzstege für einen Mindestabstand der Adernpaare untereinander mit entsprechender Minimierung des sog. Übersprechens. Weiterhin werden nochmals deutlich aufwendigere Codierungsverfahren, u.a. eine PAM-16, eingesetzt.

Noch ein Wort zu den Kabellängen: bei den üblichen Busphysiken für die Ethernetvernetzung mit Kupferkabeln darf ein einzelnes Kabel max. 100 m lang sein. Die Praxis zeigt jedoch, dass Installationen, die diese Kabellängen ausreizen, oftmals eine signifikant höhere Übertragungsfehlerrate produzieren, wobei Übertragungsfehler sehr hochwertig erkannt werden, wie wir noch sehen werden.

Busphysiken auf Basis Glasfaser kommen hauptsächlich im sog. Backbone-Bereich zum Einsatz, wo Server oder mehrere Teilnetze mit sehr hohen Übertragungsraten miteinander gekoppelt werden. Insbesondere Busphysiken ab 10 GBits/s setzen stark auf Glasfaser. Es existieren jedoch auch Standards für glasfaserbasierte Busphysiken für 10, 100 und 1.000 MBits/s, die meist nur noch dann zur Anwendung kommen, wenn einzelne sehr weit entfernte Busknoten mit typischen Entfernungen im Bereich weniger hundert m bis einigen km angebunden werden sollen oder hohe Störeinstrahlungen zu erwarten sind, die naturgemäß auf optische Signale keinen Einfluss haben.

Mit PoE („Power over Ethernet") wird eine - wie alle Ethernet-Busphysiken beim IEEE standardisierte - Variante verstanden, bei dem über das Kabel zusätzlich eine Spannungsversorgung für Busknoten mitgeführt wird. Es ist für die Geschwindigkeitsklassen bis 1.000 MBits/s vorgesehen und nutzt die üblichen achtadrigen Kabel mindestens der Kategorie CAT-5. Die Versorgungsspannung wird dabei entweder über die unbenutzten Adernpaare geführt oder als Gleichsignal signalführenden Adernpaaren überlagert. Busknoten, die bei PoE als Verbraucher fungieren, müssen beide Varianten unterstützen. Maximal kann ein Busknoten 25,5 W elektrische Leistung entnehmen.

WLAN als an sich komplett eigenständiges Kommunikationssystem hatten wir bereits bei unseren Betrachtungen zur Topologie angesprochen. Wir wollen an dieser Stelle allgemein darauf hinweisen, dass Frequenzbänder im Bereich von 2,4 oder 5,0 GHz benutzt werden. WLAN ist in der Standardreihe IEEE 802.11 spezifiziert. Mit der Zeit kamen immer neuere Varianten mit höherer Nutzdatenrate hinzu, die durch nachgestellte Buchstaben bzw. in jüngerer Zeit auch bereits zwei Buchstaben gekennzeichnet wurden. Stand der Technik z.B. bei den WLAN-Anschlüssen aktueller Laptops ist IEEE 802.11ac mit einer Brutto-Datenrate von unter optimalen Verhältnissen bis zu 1,3 GBits/s. Der Vorläufer 802.11n kam hier auf 600 MBits/s. Beim jüngsten Standard IEEE 802.11ad wird im Bereich 60 GHz gearbeitet, was aufgrund der hierbei höheren Signaldämpfung in der Luft nur noch wenige Meter Funkstrecke erlaubt, dafür jedoch Brutto-Datenraten bis zu 7 GBits/s bietet. Er ist jedoch noch kaum am Markt verbreitet.

Das Ethernet-Telegramm

Unabhängig von der unterlagerten Variante der Busphysik, wobei wir WLAN-Systeme mit ihrer komplett anderen Kommunikationstechnologie hier außen vor lassen, da wir diese ja lediglich als alternative Busphysik sehen wollten, wird bei Ethernet das im Bild

42 gezeigte Telegramm verwendet. Dass es für dieses zwei ganz leicht unterschiedliche Typen gibt, werden wir später noch kurz ansprechen. Mit diesem Telegramm sendet ein Busknoten eine bestimmte Anzahl von Datenbytes an einen Empfangsknoten, ohne dass die Bedeutung der Daten auf dieser Ebene definiert ist.

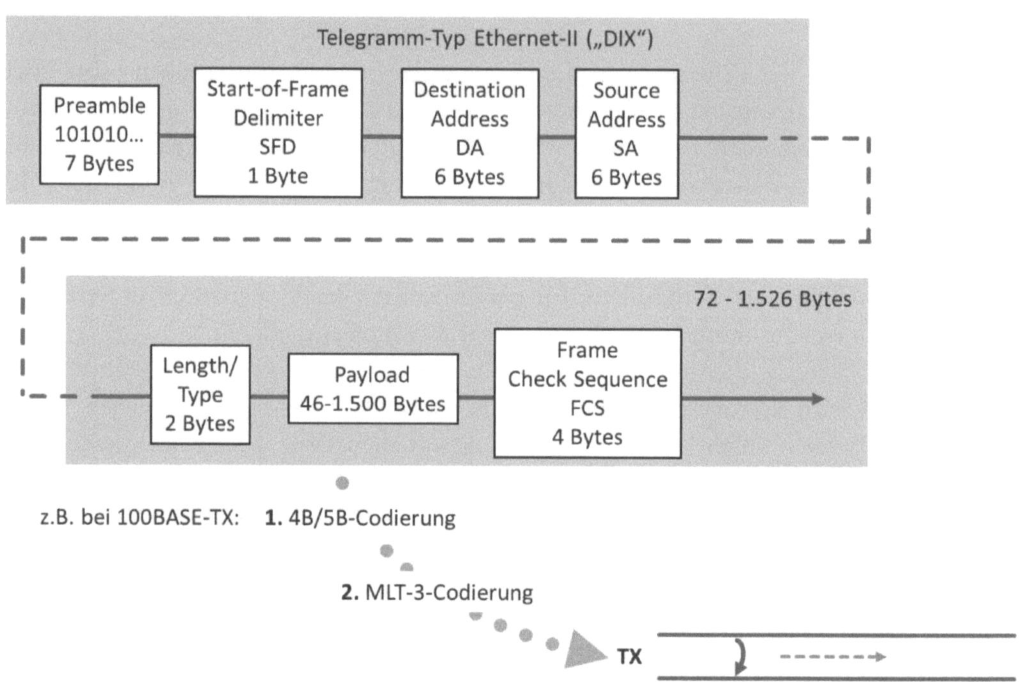

Bild 42: Das Ethernet-Telegramm

Das Ethernet-Telegramm arbeitet byteorientiert, jedoch ohne die z.B. bei PROFIBUS eingesetzte Verpackung in UART-Zeichen. Jedes Telegramm beginnt aus Gründen des speziellen Zugriffsverfahrens, worauf wir noch zu sprechen kommen, mit einer relativ langen Präambel (engl. Preamble). Nach einem weiteren Startbyte, dem Start-of-Frame Delimiter, folgen die jeweils sechs Bytes langen Adressen des Empfängers (Destination Address) und des Senders (Source Address). Diese werden nun nicht etwa vom Anwender konfiguriert, sondern einem Busknoten bei dessen Herstellung fest eingebrannt. Die Chip-Hersteller bedienen sich dabei im Rahmen einer weltweiten Lizenzierung aus ihnen jeweils zur Verfügung stehenden Adresspool. Dass diese sechs Bytes lange Adresse für alle Zeiten sicherlich ausreicht, können wir erkennen, wenn wir die Anzahl der mit diesen 48 Bits darstellbaren Kombinationen ausrechnen zu

$$2^{48} \approx 2{,}815 \cdot 10^{14}. \tag{11}$$

Also 281.500 Mrd.! Zum Vergleich: derzeit leben etwa 7,3 Mrd. Menschen auf der Erde. Wenn im Schnitt jeder Mensch mit knapp 38.562 Geräten mit Ethernetanschluss ausgestattet würde, wären alle Kombinationen gerade vergeben. Diese weltweit einmalige Adresse eines Ethernetanschlusses wird meist hexadezimal, also mit dann „nur" noch zwölf Zeichen, dargestellt und ist manchen ethernetfähigen Geräten auch aufgedruckt. In der Fachsprache nennt man diese auch MAC-ID. „MAC" ist die Abkürzung für „Medium Access Control" oder frei übersetzt „Buszugriffsverfahren", „ID" steht für „Identifier". Salopp spricht man manchmal auch von „Hardwareadresse".

Es gibt übrigens eine ganz spezielle Ethernet-Adresse: die sog. Broadcast-Adresse, die ausschließlich die logische „1" an allen Bitpositionen aufweist. Definitionsgemäß müssen Telegramme mit dieser Adresse von allen Empfangsknoten ganz unabhängig von ihrer eigenen Adresse eingelesen werden. Ein Sender kann also damit mit einem Telegramm sämtliche anderen Busknoten erreichen. Broadcast-Telegramme durchlaufen Hubs und Switches und werden über diese an jeweils alle aktiven Ports weitergeleitet. Eine Begrenzung gibt es dennoch: die im Zusammenhang mit dem im übernächsten Abschnitt eingeführten IP-Protokoll noch zu erläuternden sog. Router bilden ein Barriere. Über sie springen Ethernet-Telegramme nie direkt; insbesondere auch keine Broadcast-Telegramme. Man spricht auch von einer „Broadcast Domain", innerhalb der Broadcast-Telegramme an alle Busknoten verteilt werden.

Doch nun weiter in unserem Ethernet-Telegramm: den beiden Adressangaben folgt ein mit „Length/Type" beschriftetes Feld. Bei der Verwendung höherer Protokolle, die dann mit entsprechenden eigenen Telegrammen im nachfolgenden Datenfeld transportiert werden, wird hier der Protokolltyp angegeben. Dies war eine in der Historie sehr wichtige Eigenschaft von Ethernet, da so nach und nach viele höhere Protokolle eingeführt werden konnten, für die auf unterer Ethernet-Ebene lediglich ein neuer Protokollkennzeichner festgelegt werden musste. Der Empfängerknoten weiß also nach Auswerten dieser zwei Bytes, nach welchem höheren Protokoll er die nachfolgenden Datenbytes interpretieren muss.

Diese Interpretation des Length/Type-Feldes geht auf das ursprünglich vom DIX-Konsortium entwickelte Telegrammformat in der endgültigen zweiten Version, üblicherweise mit „Ethernet-II" abgekürzt, zurück. Bei dessen Standardisierung in der IEEE 802.3 wurde eine weitere Interpretationsmöglichkeit vorgesehen. Nach dieser befindet sich zu Beginn des nachfolgenden Datenfelds, also bereits als Teil von diesem, ein Bereich mit der Bezeichnung „Logical Link Control" (LLC), in dem - neben aus heutiger Sicht nicht relevanten anderen Detailfunktionen - auf alternative Weise ein Kennzeichner für das nachfolgende höhere Protokoll enthalten ist. Wird diese Variante der IEEE 802.3 vom sendenden Busknoten verwendet, muss er in das Length/Type-Feld die Länge des nachfolgenden Datenfelds einschreiben. Da die Länge des Datenfelds max. 1.500 Bytes sein darf, kann der darin codierte Längenwert also nicht größer werden. Sinnvollerweise sind die Kennzeichner für höhere Protokolle alle größer als 1.500, so dass der Empfänger anhand des Wertes erkennt, ob es sich um eine Längenangabe mit dann nachfolgendem LLC im Datenfeld handelt oder um eine Typenangabe zum höheren Protokoll. In den meisten Fällen, so insbesondere bei LAN-Anschlüssen von Computern, wird das ursprüngliche Ethernet-II-Format benutzt.

Der eigentliche Datenbereich, vornehm als Payload bezeichnet, hat nicht nur eine Maximallänge. Um nicht unnötig viel Busverkehr für kleinste Datenmengen zu erzeugen, wollten die damaligen Entwickler des DIX-Konsortiums, dass zumindest 46 Bytes seitens des Senders gesammelt werden, bevor dieser ein Telegramm aussendet. In der Praxis werden insbesondere im Bereich der Messdatenerfassung häufig Telegramme mit weniger Nutzdatenbytes versendet, wobei die fehlenden Bytes dann durch Füll-Bytes beliebigen Inhalts ersetzt werden müssen.

Abschließend folgt ein vier Bytes langes Feld zur Durchführung eines sehr hochwertigen CRC. Im Bild 42 wird auch nochmals daran erinnert, dass je nach Busphysik Codierungen noch vorgenommen werden, so dass die Bitfolgen im Telegramm nicht identisch auf dem Buskabel sichtbar sind. Im Bild angedeutet sind die zwei bei 100BASE-TX zum Einsatz kommenden Verfahren 4B/5B und MLT-3.

Eine interessante Erweiterung des Ethernet-Telegramms wurde in jüngerer Zeit in der IEEE 802.1Q definiert. Dieser Standard sieht vor, dass optional zwischen Senderadresse und Type/Length-Feld ein vier Bytes langer sog. VLAN-Tag eingefügt wird. VLAN steht für Virtual LAN, ein Tag ist ein Anhänger zum Telegramm. Man spricht auch vom Tagged MAC Frame als Alternative zum obigen Basic MAC Frame. Mit dem VLAN-Tag wird dem Telegramm ein fester Identifier, „VLAN-ID" genannt, zugewiesen. Er dient der Bildung virtueller LANs. Busknoten, die demselben VLAN angehören, senden ihre Telegramme mit identischer VLAN-ID. Die Querkommunikation zwischen Busknoten in verschiedenen VLANs kann durch Vergabe entsprechender Zugriffsrechte auf Basis der Sender-VLAN-ID damit bewusst eingeschränkt werden, was Sicherheitsaspekten Rechnung trägt. Aktuell werden entsprechende Mechanismen v.a. von speziellen VLAN-fähigen Switches unterstützt. Herkömmliche Switches leiten Ethernet-Telegramme mit VLAN-Tag i.d.R. problemlos weiter, da sie Telegrammdaten nach den beiden Adressfeldern inhaltlich nicht auswerten. Die meisten heute eingesetzten Geräte mit Ethernetanschluss unterstützen VLAN selbst noch nicht, über den Anschluss an entsprechend konfigurierbare VLAN-fähige Switches können sie jedoch in VLANs eingebettet werden.

Das Buszugriffsverfahren von Ethernet

Würden wir ausschließlich Switches verwenden, so könnten wir auf den neben dem Telegrammaufbau zweiten wichtigen Aspekt der bei Ethernet angewandten Kommunikationstechnologie, dem Buszugriffsverfahren, verzichten. Wir hätten ausschließlich Punkt-zu-Punkt-Verbindungen, an deren Enden entweder ein mit einer festen Adresse versehener Busknoten oder der Port eines Switches sitzt. Die Switches nehmen, wie bei unseren Betrachtungen zur Topologie festgestellt, die eigentliche Weiterleitung vor. Es kann dadurch nie passieren, dass zwei Busknoten auf denselben Kabeladern in Konkurrenz gleichzeitig senden. Der Einsatz von Switches ist zwar ganz klar der Trend, nichtsdestotrotz gibt es nach wie vor viele Installationen, die Hubs verwenden, und hier kann nun das passieren, was in Bild 43 skizziert ist.

Ein Busknoten darf bei Ethernet jederzeit ein Telegramm aussenden, sofern die entsprechenden Kabeladern, die er für das Senden benutzt, frei sind, also nicht von einem anderen Telegramm gerade belegt werden. Dabei kann es zufällig vorkommen, dass zwei oder mehr Busknoten gleichzeitig senden wollen. Genau diese Konstellation mit zwei Sendern ist im Bild dargestellt. Je nach Signallaufzeiten auf den Kabeln werden sich die beiden Telegramme im Hub oder auf einem der beiden Kabeln treffen - man spricht von einer Kollision, ganz so, wie wir das auch von CAN kennen.

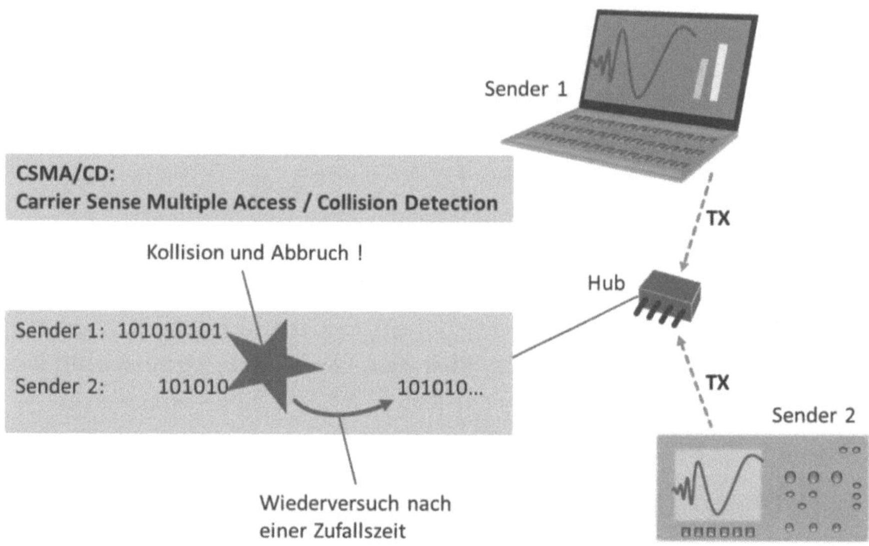

Bild 43: Arbitrierung bei Ethernet

Im Unterschied zu CAN gibt es jedoch kein dominant-rezessives Verhalten in der Busphysik, so dass sich ein Bitzustand dabei immer durchsetzen könnte. Bei Ethernet entstehen vielmehr in der Tat undefinierbare Signalzustände, die jedoch von den beteiligten Sendern erkannt werden, worauf diese, so die Vorschrift, sofort die weitere Aussendung abbrechen. Nun läuft jeweils eine Zufallszeit in den Ethernet-Chips der beteiligten Sender los, nach deren Ablauf sie es jeweils erneut versuchen. Statistisch löst sich diese Kollision dadurch über der Zeit auf. Die Abkürzung CSMA/CR für das bei CAN verwendete Arbitrierungsverfahren haben wir ja bereits erläutert (siehe Seite 89); die letzten beiden Buchstaben standen für „Collision Resolution". Nur dieser letzte Teil ändert sich bei der entsprechenden Abkürzung für Ethernet. Er wird zu „CD" wie „Collision Detection". Eine Kollision wird also bei ihrem Auftreten erkannt, jedoch nicht sofort, sondern nur mit Zeitverlust später aufgelöst.

Der Fachbegriff für den Teil einer Ethernetinstallation, in der Kollisionen auftreten können, ist übrigens Collision Domain. Switches bilden eine Grenze für diese; so ähnlich wie die schon kurz erwähnten Router eine Grenze für die Broadcast Domain bilden.

Dieses zufällige Verhalten bei der Arbitrierung des Busmediums ist vor allem im industriellen Etherneteinsatz, insbesondere wenn man an echtzeitfähige Systeme denkt, natürlich nicht gerade erwünscht. Weshalb man hier praktisch ausschließlich auf rein switchbasierte Installationen setzt. Auch die jüngeren Industrial Ethernet-Systeme arbeiten durchwegs mit Switches.

Das Netzwerk-Protokoll IP

Wir können ein Ethernetsystem der bisher beschriebenen Art zusammenfassend als ein Bussystem verstehen, bei dem eine gewisse Menge an Datenbytes jeweils von einem Busknoten 1 an einen mittels der 48 Bits langen MAC-ID zu adressierenden Busknoten 2 versendet werden. Was die Daten bedeuten, ist hierbei nicht festgelegt. Dies bleibt z.B. der Definitionsfreude des Geräteentwicklers vorbehalten. Dies ist vergleichbar mit einem PROFIBUS-System, das ohne höhere Profile betrieben wird, wenn man von Details wie z.B. dem komplett anderen Zugriffsverfahren einmal absieht.

In der IT-Welt hat sich seit langer Zeit eine hierarchisch aufgebaute Welt höherer Protokolle gebildet, die verschiedene Funktionalitäten abdecken, welche mit der noch relativ hardwarenahen und einfach strukturierten Welt des Ethernet-Telegramms nicht mehr allzu viel gemein haben. Insbesondere im Zusammenhang mit der Internetnutzung spielen die meisten dieser Protokolle eine große Rolle. Auch wenn die Übertragungswege im großen Internet oftmals ganz anders ausgebildet sind, so erfolgt deren Transport im „Nahbereich" unserer lokalen LANs und Computer doch meist über Ethernet - bzw. das von uns als alternative Ethernet-Busphysik interpretierte WLAN.

Das Basisprotokoll fast aller anderen höheren Protokolle ist IP, was als Abkürzung für „Internet Protocol" steht. In der Ethernet-Welt spricht man auch von IP als dem Netzwerk-Protokoll, mit dem über die engen Grenzen eines lokalen Netzwerks hinaus kommuniziert werden kann. Unabhängig davon gibt es aber durchaus gute Gründe, IP auch in abgeschotteten LANs einzusetzen, die über keine Verbindung mit anderen Netzen verfügen, wie wir gleich sehen werden. Fangen wir unsere genauere Betrachtung von IP mit der groben Telegrammstruktur gemäß Bild 44 an.

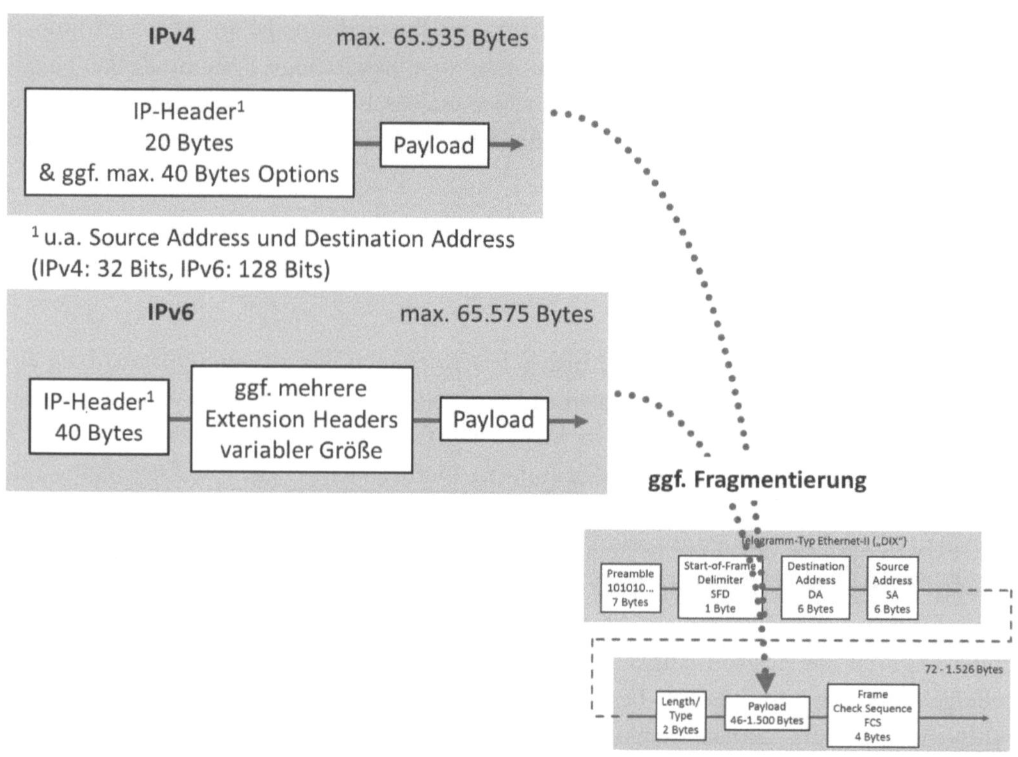

Bild 44: Netzwerk-Protokoll IP

Das IP-Telegramm beinhaltet sog. Header-Informationen und den eigentlichen Datenbereich, auch hier als Payload bezeichnet. Genau genommen existieren derzeit zwei unterschiedliche Telegrammtypen: die schon recht alte, aber nach wie vor am meisten verbreitete Version 4, abgekürzt IPv4, sowie die neuere IPv6. Sowohl die Versionen 1 bis 3 als auch die Zwischenversion 5 wurden nicht weiter am Markt eingeführt. Die Betriebssysteme heutiger PCs und Laptops unterstützen durchwegs beide Formate, viele industrielle Geräte mit Ethernetanschluss sowie auch Server im weltweiten Internet immer noch nur IPv4. Die Header-Informationen selbst - also nicht die Payload - werden dabei über ein eigenes CRC-Feld abgesichert.

Für uns am wichtigsten ist zunächst, dass im Rahmen der Header-Informationen eine neue Adressart auftaucht, die IP-Adresse. Eine IP-Adresse besteht z.B. bei IPv4 aus 32 Bits. Sie ist in den Busknoten, die IP unterstützen, stets konfigurierbar. Wir kennen das vom Computer, wenn wir ihn für den LAN-Betrieb konfigurieren. Es hat sich dabei herausgebildet, die Adresse nicht in Binär- oder Hexadezimaldarstellung einzugeben, sondern in der bekannten Schreibweise mit vier durch einen Punkt getrennten Dezimalzahlen, z.B. so:

173.194.39.31

Diese Adresse gehört übrigens einem Server der Google-Suchmaschine, zumindest zum Zeitpunkt der Entstehung dieses Kompendiums (August 2015). Der Leser kann sich davon überzeugen, indem er in die Adresszeile seines Internetbrowsers statt der üblichen symbolischen Adresse www.google.de diese Zahlenkombination in exakt derselben Schreibweise, also mit Punkten, eingibt. Browser erlauben nämlich stets auch die alternative Adressierung mit einer IP-Adresse, eine Antwort erhält man vom entsprechenden Gegenüber jedoch nur, wenn er das sog. HTTP-Protokoll auf noch höherer Ebene spricht, worauf wir später noch kommen. Jede der vier Zahlen ist lediglich die Dezimaldarstellung von jeweils einer Acht-Bits-Gruppe aus den insgesamt 32 Bits, weshalb auch keine größeren Zahlen als 255 vorkommen können.

Verwenden wir in einem rein lokal aufgebauten Ethernetsystem IP, sind wir bei der Vergabe dieser IP-Adressen absolut frei. Jeder Busknoten muss eine individuelle IP-Adresse besitzen. Ist in einem Netzwerk ein sog. DHCP-Server vorhanden, so kann ein Busknoten sich von diesem per „Dynamic Host Configuration Protocol" eine freie IP-Adresse sogar automatisch zuteilen lassen. Wollen wir ein Gerät - ob Server oder kleines Messgerät - direkt an das weltweite Internetsystem anschalten, so müssen wir uns eine freie IP-Adresse bei einer hierfür zuständigen Agentur besorgen. Dieser Fall ist jedoch meist hypothetisch, da Direktverbindungen ins Internet typischerweise über Service Provider abgewickelt werden, welche uns temporär wechselnde IP-Adressen, die dann auch im Internet sichtbar sind, aus Ihrem Bestand zuweisen. Da weltweit alle IP-Adressen gemäß IPv4 vergeben sind und nur selten einzelne frei werden, hat man mit der Einführung des IPv6 für eine deutlich größere Adresse von 128 Bits gesorgt, wobei auch heute noch nicht klar ist, wie ein geordneter Übergang auf IPv6 weltweit erzwungen werden könnte.

Wieder zurück zum IP-Telegramm. Es erlaubt also den Versand von Nutzdaten von einem Busknoten zu einem anderen, wobei die Adressierung über die konfigurierbare IP-Adresse erfolgt. Auf IP-Ebene können diese Daten durchaus groß sein, genauer gesagt bei IPv4 max. 65.515 Bytes; sofern der Header größer als die min. vorgesehenen 20 Bytes ist, entsprechend kürzer. Wie kann ein derart großes IP-Telegramm nun über das auf 1.500 Bytes beschränkte Datenfeld des unterlagerten Ethernet-Telegramms übertragen werden? Das Zauberwort heißt hier Fragmentierung. Die für die Abarbeitung von IP zuständige Softwareschicht in einem Busknoten, die i.d.R. Teil des Betriebssystems ist, teilt das IP-Telegramm in solchen Fällen in mehrere kleinere Elementar-IP-Telegramme auf, von denen jedes nicht größer als 1.500 Bytes ist. Jedes Teiltelegramm beinhaltet einen kompletten Header, in dem u.a. auch vermerkt ist, welcher Teilbereich innerhalb der gesamten IP-Payload im nachfolgenden Datenfeld transportiert wird. Alle Teiltelegramme stimmen in Absender- und Empfänger-IP-Adresse natürlich überein. Der Empfangsknoten bastelt aus den Teiltelegrammen wieder ein einziges IP-Telegramm zusammen. Die Teiltelegramme nennen sich auch Fragmente des Gesamttelegramms.

Der aufmerksame Leser stößt an dieser Stelle vielleicht noch auf ein weiteres Problem: wie finden die Ethernet-Telegramme den Empfänger mit der richtigen IP-Adresse, wenn sie selbst doch nur mit den festen MAC-IDs arbeiten? Hier kommt nun ein Hilfsprotokoll des IP zum Einsatz, das sog. ARP („Address Resolution Protocol"). Es definiert ein eigenständiges kleines Telegramm, das alle IP-fähigen Busknoten ebenfalls unterstützen müssen und mit dem der sendende Knoten erfahren kann, welche MAC-ID ein anderer Knoten besitzt, der auf IP-Ebene eine ganz bestimmte IP-Adresse hat. Hierzu sendet dieser ein Ethernet-Telegramm mit Broadcast-Adresse in das Ethernetsystem hinein. In dessen Datenbereich wird ein ARP-Telegramm übertragen, worin u.a. die zu adressierende IP-Adresse aufgeführt ist. Wir erinnern uns: im Length/Type-Feld des Ethernet-Telegramms wird dem Empfänger mitgeteilt, welches Protokoll höherer Ebene im Datenfeld enthalten ist; in unserem Fall also ARP. Innerhalb einer Broadcast Domain müssen alle Busknoten das Telegramm einlesen und bearbeiten, sofern sie IP und damit ARP überhaupt unterstützen. Der Busknoten, der seine eigene IP-Adresse darin entdeckt - und nur dieser! -, antwortet ebenfalls mit einem ARP-Telegramm, das seinerseits per

Ethernet-Rücktelegramm zum anfragenden Busknoten zurückgeht. Nunmehr weiß die IP-relevante Softwareschicht in diesem, welche MAC-ID für den Ethernet-Versand des eigentlichen IP-Telegramms zu verwenden ist. Übliche IP-Softwareimplementierungen halten Zuordnungstabellen vorrätig, in denen eine einmal ermittelte Zuordnung zwischen MAC-ID und IP-Adresse für eine gewisse Zeitspanne aufrecht erhalten wird, so dass nicht bei jedem IP-Fragment erneut eine ARP-Anfrage getätigt werden muss.

Routing bei IP

Wir sprachen bereits davon, dass ein wesentlicher Grund für die Entwicklung des IP der Wunsch nach einem Versand von Telegrammen über Netzwerkgrenzen hinweg war. IP definiert hierzu die schon kurz angesprochenen Router, welche für die Weiterreichung von Telegrammen zwischen Netzwerken zuständig sind. Router arbeiten stets auf der Ebene des IP-Protokolls, sie leiten also ausschließlich IP-Telegramme von einem Netzwerk in ein anderes, wenn wir von speziellen Telegrammen absehen, mit denen Router sich untereinander verständigen können bzw. die zur Routerkonfiguration verwendet werden.

Die jeweiligen Netzwerke, an denen Router angeschlossen sind, sind dabei unterschiedlichster Natur. In unserem Kontext interessieren uns primär Router mit Ethernetanschluss. Doch insbesondere bei der Verbindung ins Internet verwenden wir Router, die auf der anderen Seite z.B. eine Telefonleitung oder einen speziellen Glasfaseranschluss aufweisen, auf der eine andere Kommunikationstechnologie verwendet wird. Auch im Internet selbst werden die Datenleitungen zwischen den hier sehr leistungsfähigen und großen Routern nicht mit Ethernet betrieben. Vielmehr sind beispielsweise Seekabel mit sehr spezifischen Kommunikationstechnologien, die auf die quasi-parallele Übertragung möglichst vieler IP-Telegramme einer hohen Anzahl von gerade aktiven Sendern optimiert sind, im Einsatz. Aus Sicht des ein IP-Telegramm in einem lokalen Ethernetsystem aussendenden Computers in Bild 45 ist in seinem Netzwerk ein Router zu adressieren, sofern dieses zu einem Busknoten (hier in Form eines Oszilloskops) eines anderen Netzwerks gesendet werden soll.

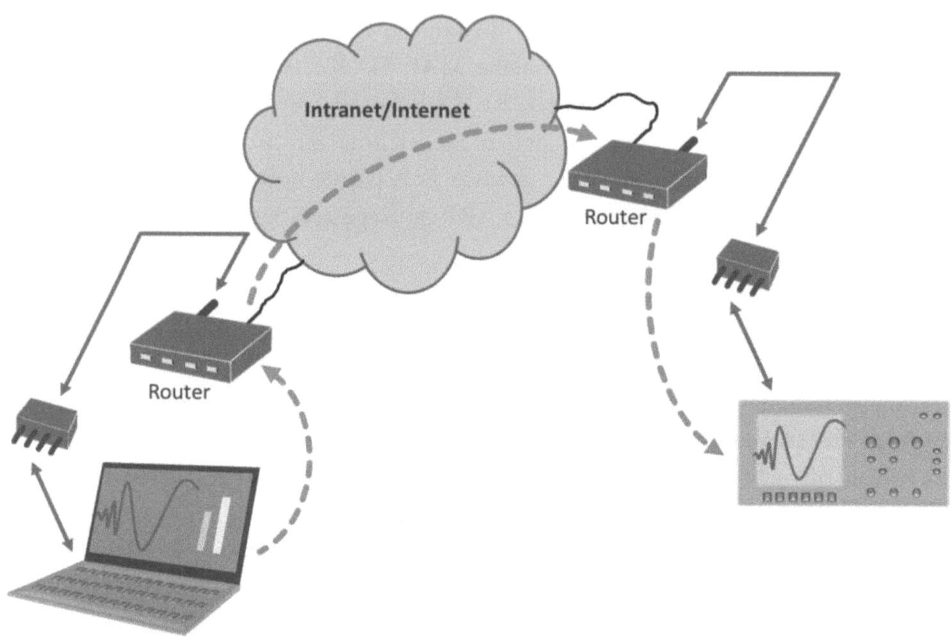

Bild 45: Routing bei IP

Der Router besitzt im lokalen Netzwerk des Computers ebenfalls eine IP-Adresse sowie natürlich auch eine MAC-ID, welche uns auf IP-Ebene jedoch nicht interessiert. An diese IP-Adresse muss er Telegramme stets senden, die an Busknoten in andere Netzwerke vermittelt werden sollen. Hierzu kann bei IP-fähigen Busknoten zusätzlich konfiguriert werden, welche IP-Adresse dieser Router im lokalen Netz besitzt und in welchem Bereich Empfänger-IP-Adressen liegen, die über diesen Router nur erreicht werden können, also in entfernten Netzwerken sitzen. Der Router nennt sich in diesem Kontext meist Standardgateway, was vielen Lesern vom eigenen Computer vielleicht bekannt ist. Die Definition, welche IP-Adressen als entfernt zu betrachten sind, erfolgt üblicherweise über eine sog. Subnetzmaske. Hierbei handelt es sich um 32 Bits, die in der von der IP-Adresse bereits bekannten Dezimalschreibweise dargestellt werden. Eine „1" an einer bestimmten Position bedeutet, dass Empfänger-IP-Adressen, die an genau dieser Bitposition mit dem entsprechenden Bit der eigenen IP-Adresse übereinstimmen, als lokal erreichbar gelten.

Die Kombination

eigene IP-Adresse: 102.23.15.7
Subnetzmaske: 255.255.255.0
Standardgateway: 102.23.15.255

bedeutet beispielsweise, dass Empfangsadressen im Bereich

102.23.15.0 ... 102.23.15.255

direkt im lokalen Netzwerk adressiert werden können, während IP-Telegramme an alle anderen Adressen an den Router (Standardgateway) zu senden sind. Zum Versenden des IP-Telegramms an den Router wird hierbei übrigens nicht etwa die Empfänger-IP-Adresse im IP-Telegramm gegen die des Routers ausgetauscht. Die Adressierung des Routers findet in diesem Fall nur auf Basis des unterlagerten Ethernet-Telegramms mit dessen MAC-ID statt, die sich der Computer zuvor per ARP vom Router besorgen muss.

Router in räumlich begrenzten Bereichen, z.B. innerhalb eines Unternehmens, werden oftmals mit festen Routing-Tabellen betrieben, in denen konfiguriert ist, welchen Weg durch ein darüber aufgespanntes Intranet IP-Telegramme für bestimmte Adressbereiche nehmen sollen. Im weltweiten Verbund der Internetrouter dagegen stimmen sich die Router mit sehr speziellen Protokollen über entsprechende Routen ab und aktualisieren ihre Routing-Tabellen dynamisch.

Mit Routern können auch redundante Übertragungswege realisiert werden. Fällt eine Route zum Empfänger aus, weil z.B. ein Router defekt ist oder eine Kabelverbindung unterbrochen wurde, so versuchen die beteiligten Router, die IP-Telegramme über einen anderen Weg an den Empfänger zu leiten. Immer vorausgesetzt, dass sie ein dynamisches Routing unterstützen, was im weltweiten Internet stets der Fall ist.

Drei Anmerkungen seien zum IP-Routing noch gegeben: wie beim Ethernet-Telegramm auch, stellt ein IP-Telegramm eine Einbahnstraße dar. Der Sender erhält keinerlei Rückmeldung, inwieweit ein Telegramm den Empfänger wirklich erreicht hat sowie von diesem korrekt eingelesen werden konnte. Der Empfänger kann zwar anhand der CRC-

Felder im Ethernet-Telegramm wie auch im Header des IP-Telegramms praktisch sicher feststellen, ob die Daten fehlerfrei übermittelt wurden, jedoch teilt er dies dem Sender nicht mit. Fehlerbehaftete Telegramme werden vom Empfänger einfach verworfen.

Weiterhin wollen wir festhalten, dass ein einmal in ein durch Router aufgespanntes Netz versandtes IP-Telegramm im Fall eines nicht erreichbaren Empfängers nicht ewig durch das Netz zirkuliert, also von Router zu Router vergeblich weitergereicht wird. Vielmehr ist fester Bestandteil der Header-Informationen ein sog. Time-to-Live-Zähler (TTL). Dieser wird vom Sender auf einen bestimmten Ausgangswert gesetzt; max. ist 255 möglich. Bei jedem Durchgang durch einen Router wird der Wert dekrementiert. Erreicht er bei einem Router 0, so muss dieser das Telegramm verwerfen.

Zu guter Letzt sei ergänzt, dass zum Einsatz von IP nicht zwangsweise Router notwendig sind. Auch die Busknoten eines abgeschlossenen Ethernetsystems ohne Router können auf IP-Ebene miteinander kommunizieren. Dies gilt auch für ein Minimalsystem mit z.B. einem Computer, der über ein Ethernetkabel mit einem Messgerät verbunden ist. Der Vorteil des IP-Einsatzes beschränkt sich dann auf die Möglichkeit, mit frei konfigurierbaren IP-Adressen zu arbeiten sowie die Übertragung größerer Datenmengen softwareseitig in einem Vorgang anzustoßen.

Das Transport-Protokoll TCP

Ethernetfähige Geräte, die IP unterstützen, haben meist über sich ein weiteres Protokoll noch im Einsatz: das TCP („Transmission Control Protocol"). Dieser Begriff umschreibt sehr markant, was es im Gegensatz zu IP bietet. Nämlich einen kontrollierten Datenaustausch. Kontrolliert meint, dass bei TCP zwischen zwei Applikationen, die in zwei verschiedenen Busknoten ablaufen, mittels TCP ein Kommunikationskanal realisiert wird, dessen Datenfluss abgesichert wird (Bild 46).

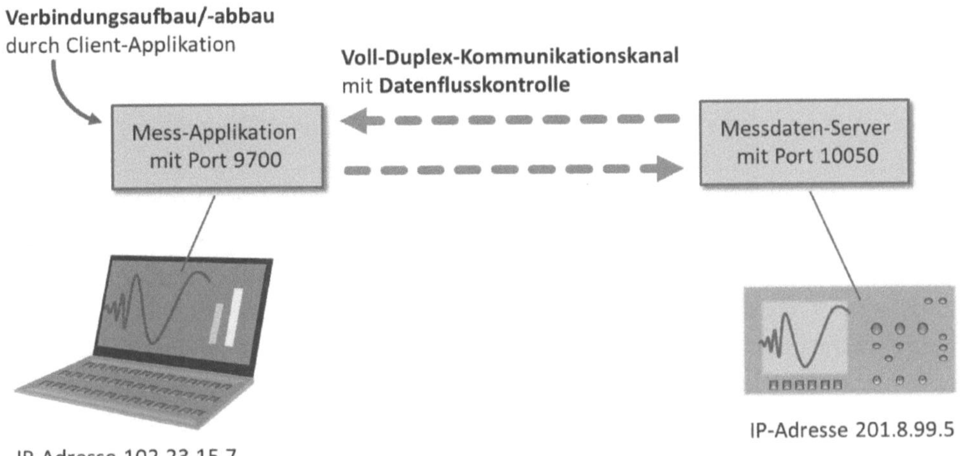

Bild 46: Kommunikationskanal bei TCP

Dazu führt TCP eine weitere Adresse, die sog. Portnummer, ein. In einem Busknoten, der unter einer bestimmten IP-Adresse erreichbar ist, können mehrere Applikationen parallel ablaufen. Diese sind, insofern sie überhaupt für eine TCP-Kommunikation programmiert sind, über ihre Portnummer adressierbar. Die üblichen Betriebssysteme erlauben auch eine TCP-Kommunikation zwischen zwei Applikationen innerhalb eines Geräts, was zeigt, dass TCP für sich betrachtet ein eigenständiges Kommunikationsprotokoll ist, das unabhängig von einer konkreten Implementierung des Übertragungswegs darunter ist. Als Ports können die Zahlen von 0 bis 65.535 vergeben werden. Im unteren Bereich bis 1.023 sind etliche Portnummern für bestimmte Serverapplikationen standardisiert. So sind unter einem Port 80 i.d.R. Webserver erreichbar, zu deren Abfrage jedoch noch das eine Ebene höher angesiedelte HTTP, wie noch gezeigt wird, erforderlich ist. Insbesondere in abgeschlossenen Systemen können die Portnummern jedoch beliebig vergeben werden.

Weil wir gerade schon von Clients und Servern sprechen: unter TCP muss einer der beiden Kommunikationspartner den Kommunikationskanal zum anderen hin erst einmal etablieren, in der TCP-Sprache eine Verbindung aufbauen. Dies erfolgt durch den Austausch mehrere Telegramme, bis sicher ist, dass eine Datenübertragung in beiden Richtungen problemlos funktioniert. Die Applikation, welche die Verbindung aufbaut, agiert als Client. Die andere, welche den Verbindungsaufbau bestätigt, ist Server. Für den weiteren Verlauf der Kommunikation haben diese Rollen keine Bewandtnis. Steht die Verbindung, darf jeder dem anderen Daten übersenden. Insbesondere darf jeder von sich aus die Verbindung auch wieder schließen, was den Kommunikationskanal aufhebt.

Der Kommunikationskanal ist zumindest auf dieser Protokollebene Voll-Duplex-fähig, es kann in beiden Richtungen unabhängig voneinander gesendet werden. Und, was ganz entscheidend ist, der Sender von Daten erhält von seinem Gegenüber eine Empfangsbestätigung, wenn diese erfolgreich angekommen sind. Der Versand von Daten erfolgt in einem entsprechenden TCP-Telegramm, dem wir uns gleich noch widmen werden. Zur Empfangsbestätigung kann ebenfalls ein solches Telegramm zurück gesendet werden, das in diesem Fall keine weiteren Daten beinhaltet. Oder für den Fall, dass der Empfänger seinerseits zufällig auch gerade Daten in die Gegenrichtung zu versenden hat, wird die Bestätigung huckepack einfach mitgegeben. Diese muss auch nicht für jedes einzelne Datentelegramm separat gegeben werden. Je nach Konfiguration der beteiligten Applikationen können auch mehrere Telegramme zusammen rückbestätigt werden. Erhält die sendende Applikation innerhalb einer gewissen Zeitdauer, der sog. Timeout, keine Rückbestätigung, so erfolgt automatisch eine Neuaussendung der betreffenden Daten. Der Timeout wird nach gewissen Regeln dynamisch angepasst. Wie oft die Neuaussendung wiederholt wird, bis eine Fehlermeldung im betreffenden Softwareteil generiert wird, hängt von der Implementierung ab.

In Bild 47 sehen wir die Grobstruktur des hierbei verwendeten TCP-Telegramms und seine Einbettung in die unterlagerten Protokollschichten. TCP besteht aus einem mit einem eigenen CRC-Feld abgesicherten Header, der u.a. die Port-Nummern der sendenden und der empfangenden Applikation enthält. Es folgt die Payload, also der eigentliche Datenbereich. Die Philosophie von TCP, einen Kommunikationskanal aufrecht zu erhalten, bedingt, dass die zur Übertragung verwendeten Telegramme annähernd schritthaltend mit dem Aufkommen der zu versendenden Daten in der entsprechenden Applikation gesendet werden. Es dürfen also nicht zu viele Daten für ein einzelnes Telegramm angesammelt werden, vielmehr müssen diese in eher kleineren Telegrammhäppchen regelmäßig übertragen werden. Insofern ist die Payload auf 1.500 Bytes beschränkt. Sendende und empfangende Applikation einigen sich vor einem Datenaustausch konkret auf die sog. MSS - die „Maximum Segment Size", welche als tatsächliche Obergrenze für die Payload eines Telegramms herangezogen wird.

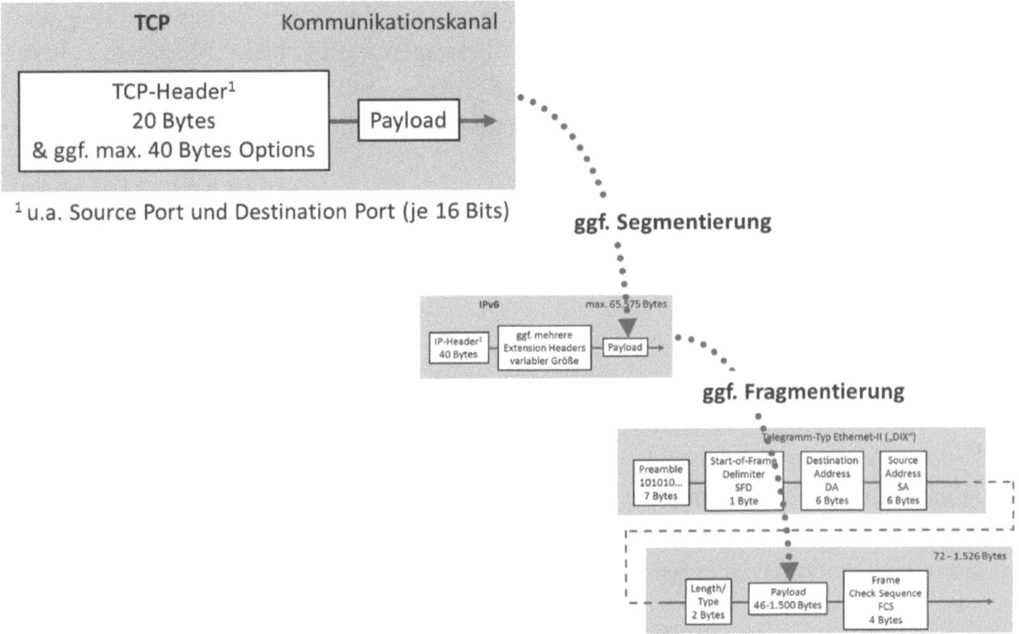

Bild 47: Transport-Protokoll TCP

Üblicherweise erfolgt das Auslösen des Datenversands in einen TCP-Kommunikationskanal über einen entsprechenden Programmbefehl innerhalb der betreffenden Applikation, wozu diesem ein entsprechender Datenblock übergeben wird. Ist dieser nun größer als die zuvor verhandelte MSS, teilt TCP diesen im Rahmen einer sog. Segmentierung auf mehrere einzelne Telegramme auf, die in diesem Kontext TCP-Segmente genannt werden. Jedes Segment enthält weiterhin einen vollständigen Header, der hierzu auch Informationen über die relative Lage der in der Payload übertragenen Daten innerhalb des gesamten Datenblocks mit sich führt.

Im Bild ist der für uns relevante Transport von TCP-Telegrammen über ein unterlagertes Ethernetsystem mit IP dargestellt. Die TCP-Telegramme, ggf. auch als einzelne Segmente, werden im Datenbereich des IP-Telegramms übertragen. Dieses wiederum wird über das Datenfeld des Ethernet-Telegramms ans Ziel geführt, wobei grundsätzlich die bei IP besprochene Fragmentierung möglich wäre. Übliche TCP-Implementierungen für Ethernetanschlüsse sorgen dafür, dass die MSS nur so groß gewählt wird, dass auf IP-Ebene keine Fragmentierung mehr notwendig ist und die Payload eines TCP-Segments dadurch mittels eines Ethernet-Telegramms übertragen werden kann. Nachdem Ethernet max. 1.500 Nutzdatenbytes pro Telegramm zulässt, bedeutet diese beispielsweise bei Nutzung von IPv6 mit einem 40 Bytes-Header und TCP mit einem 20 Bytes-Header eine MSS von 1.440 Bytes.

UDP als Einfachst-Transport-Protokoll

Möchte man wie bei TCP Daten Port-adressiert von einer Applikation in eine andere übertragen, kann jedoch auf die Datenflusskontrolle mit Empfangsbestätigungen verzichten, so bietet sich UDP als effiziente Alternative an. Es steht für „User Datagram Protocol". Sein Telegramm ist absolut abgespeckt. Es besteht aus einem kleinen Header, der lediglich die beiden Portnummern, eine Längenangabe für das Datenfeld sowie ein CRC-Feld enthält. Theoretisch könnte das Datenfeld bei UDP 65.535 Bytes lang sein, in den meisten Anwendungen ist es jedoch deutlich kleiner.

UDP wird v.a. bei Streaming-Anwendungen eingesetzt, bei denen über einen längeren Zeitraum kontinuierlich ein Datenstrom zu übertragen ist. Dies trifft insbesondere auf Audio- und Videodaten zu. Hier ist es meist nicht kritisch, wenn einzelne Datenpakete ihr Ziel einmal nicht erreichen bzw. aufgrund von Übertragungsfehlern vom Empfänger verworfen werden. Dies nimmt man für die Einsparung an entsprechendem Protokolloverhead im Vergleich zu TCP gerne in Kauf. Auch für die zyklische Übertragung von Messdaten bietet sich UDP an.

Das Anwendungs-Protokoll HTTP

Betrachten wir noch einmal das Oszilloskop in Bild 46. Aktuelle Messdaten können dort von einer Serverapplikation unter einer bestimmten Portnummer mittels TCP in eine entsprechende Applikation im Computer übertragen werden. Für die Konfiguration des

Oszilloskops, z.B. im Sinne einer Fernbedienung, könnte der Hersteller hierzu ein eigenes Programm mitliefern, das am Computer installiert werden müsste und über eine entsprechende Bedienoberfläche verfügt. Naheliegender wäre es aber, wenn er diese Bedienoberfläche in Form einer in das Oszilloskop eingebetteten Webseite implementiert, so dass am Computer der dort eh vorhandene Internetbrowser für die Bedienung genutzt werden kann. Im Oszilloskop ist hierzu lediglich die Funktionalität eines kleinen Web-Servers (Embedded Web-Server) zu realisieren, über den auf entsprechende integrierte Webseiten mittels HTTP, dem „Hypertext Transfer Protocol", zugegriffen werden kann.

HTTP wird, wie in Bild 48 angedeutet, zunächst als Klartextprotokoll mit ASCII-Textzeichen übertragen, wobei als unterlagerte Protokolle i.d.R. TCP und IP verwendet werden. Der HTTP-Client, also z.B. unser Internetbrowser, sendet an den Web-Server eine entsprechende Anfrage, hier mit dem Schlüsselwort „GET", das dem Web-Server mitteilt, dass der Client Daten von ihm einlesen möchte.

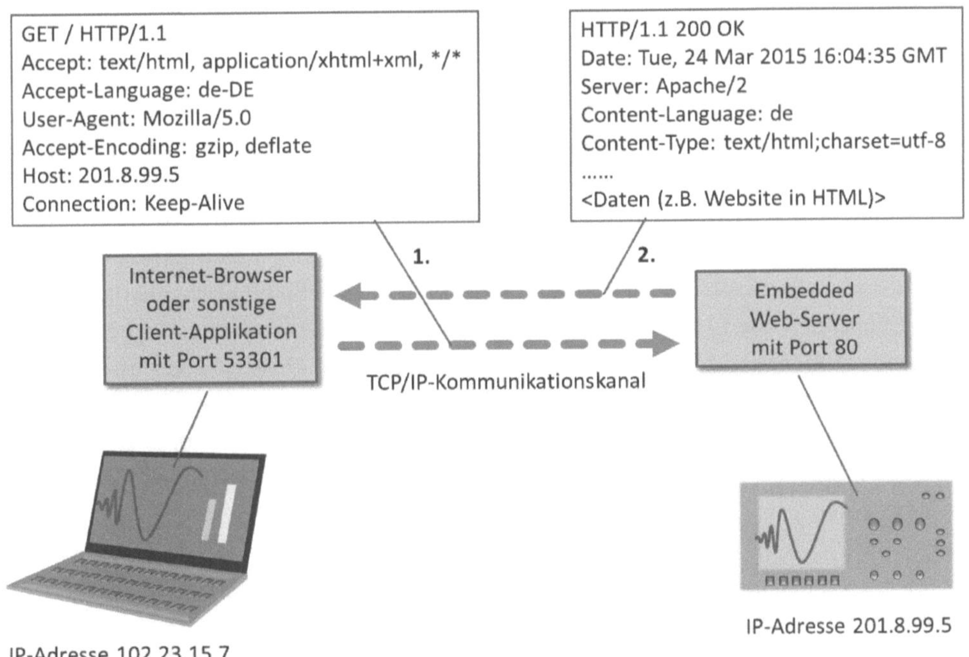

Bild 48: Anwendungs-Protokoll HTTP

Im dargestellten Beispiel wird vom sog. Host mit der IP-Adresse 201.8.99.5 die Startseite aufgerufen. Ansonsten würde nach „GET" und dem ersten „/" ein expliziter Pfad angegeben werden. Auch mit angegeben sind stets die verwendete HTTP-Version sowie je nach Clientapplikation weitere Angaben wie z.B. über akzeptierte Sprachen und Inhaltstypen. Anstelle der IP-Adresse des Hosts könnte auch eine symbolische Web-Adresse, z.B. www.prof-boettcher.de, aus dem weltweiten Internet stehen. Der für HTTP zuständige Softwareteil im Client würde in diesem Fall mit Hilfe des sog. DNS-Protokolls („Domain Name Service") bei einem DNS-Server nachfragen, welche IP-Adresse zu dieser Web-Adresse gehört. Weltweit sind zahlreiche DNS-Server in Betrieb, deren Aufgabe die aktuelle Zuordnung von IP-Adressen zu symbolischen Web-Adressen ist.

Im Bild antwortet der Web-Server im Oszilloskop mit einer entsprechenden Klartextantwort, in deren erster Zeile ebenfalls die verwendete HTTP-Version sowie eine Meldung über den Erfolg der Bearbeitung der Anfrage als Nummerncode und Text enthalten sind. Es können ergänzende Informationen zum Inhalt folgen, bevor die eigentlichen Daten übermittelt werden.

HTTP als Protokoll macht keine Vorgaben, in welcher Struktur die Daten zu übertragen sind. Üblicherweise werden Webseiten übertragen, die in der bekannten Beschreibungssprache HTML („Hypertext Markup Language") codiert sind. Jedoch könnte hier durchaus auch ein herstellerspezifisches ASCII- oder binäres Datenformat zur Anwendung kommen, was jedoch auf Clientseite dann eine spezifische Clientapplikation erfordert, die dieses Datenformat spricht. Ganz allgemein kann HTTP auch unabhängig von Web-Applikationen zur Datenübertragung zwischen zwei Applikationen in beiden Richtungen genutzt werden. Mit dem Schlüsselwort „PUT" (statt dem oben aufgeführtem „GET") können z.B. Daten auch aktiv zur Gegenseite übertragen werden. HTTP bietet in diesem Sinne dann die Funktionalität des unterlagerten TCP, jedoch ergänzt um die symbolische Adressiermöglichkeit für Internetanwendungen, die auch eine Pfadangabe in der Adresse vorsieht.

Wir wollen an dieser Stelle nicht auf weitere Details von HTTP oder etwaiger Beschreibungssprachen wie HTML eingehen, sondern lediglich noch ergänzen, dass es mit HTTPS, wobei das „s" für secure steht, eine HTTP-Variante mit verschlüsselter Übertragung gibt. Wir kennen dies ja vom Browsen auf normalen Webseiten auch.

Weitere Anwendungs-Protokolle

Neben HTTP gibt es noch eine Reihe weiterer Anwendungs-Protokolle. Sie stammen zwar wie HTTP aus dem konventionellen IT-Bereich, erhalten jedoch eine zunehmende Bedeutung auch im industriellen Bereich. Eines davon ist DNS, das wir schon kurz angesprochen hatten. Wir wollen der Vollständigkeit halber einige weitere noch stichwortartig charakterisieren:

SMTP: „Simple Mail Transfer Protocol"
       - Protokoll zum Versenden von Mails an entsprechende Mail-Server

IMAP: „Internet Message Access Protocol"
       - Protokoll zum Abholen und Verwalten von Mails auf einem Mail-Server

POP3: „Post Office Protocol" in der Version 3
       - Vorläufer des IMAP
       - wird heute noch oftmals zum Abholen von Mails benutzt

FTP: „File Transfer Protocol"
       - Protokoll zum Laden bzw. Speichern von Dateien in einem Server
       - auch in zwei verschlüsselten Varianten FTPS bzw. SFTP

TELNET: „Teletype Network"
       - Textzeichenorientiertes Protokoll zur Fernsteuerung eines Geräts (z.B. einem Computer) über Befehlszeilen
       - wird meist über sog. TELNET-Clients bedient

SSH: „Secure Shell"
       - verschlüsselter, neuerer Ersatz für TELNET

Insbesondere die Mail-Protokolle haben auch im industriellen Etherneteinsatz an Bedeutung gewonnen, da sich mit diesen z.B. Fehlermeldungen von Maschinen an Wartungspersonal mailen lassen. Ein anderes Beispiel betrifft die aktive Versendung von Messdaten oder Systemzuständen entfernter Messstationen oder Prüfstände.

Industrial Ethernet

Viele Messdatenerfassungsanwendungen auf Basis eines Ethernetsystems benutzen Ethernet ausschließlich in der bisher dargestellten Form. Also mit der Standard-Ethernet-Kommunikationstechnologie und meist auch höheren Protokollen. Vor einigen Jahren hat sich der Trend, Ethernet auch für industrielle Anwendungen einzusetzen, in den Bereich der Maschinen-Steuerungen fortgesetzt. Die Motivation war auch hier die Verfügbarkeit von Ethernet inklusive der höheren Protokolle in jedem Computer und Betriebssystem, das damit zusammenhängende Angebot an leistungsfähigen Chips in hohen Stückzahlen sowie die Kompatibilität mit dem Internet.

Dieser Bereich wird, wie wir gesehen haben, durch Feldbusse dominiert. Diese binden die dezentralen Peripheriekomponenten an die Steuerungs-CPU an. Damals haben sich im Wesentlichen genau die Hersteller und Nutzerorganisationen, die zuvor auch den Feldbusmarkt in diesem Anwendungsbereich dominierten, gefragt, wie sie diesen Trend mit ihren Feldbuslösungen vereinbaren können. Das Ergebnis war die Kombination der klassischen Feldbusse mit ausgewählten Ethernet-Technologien in Form neuer, unter dem Überbegriff Industrial Ethernet zusammengefasster Systeme (Bild 49).

	Standard-Ethernet TCP/UDP über IP	Standard-Ethernet spezielles Netzwerk-/ Transport-Protokoll	spezielle Hardware spezielles Echtzeit-Protokoll
CC-Link IE			X
EtherCAT			X
EtherNet/IP	X		
FL-Net	X		
Modbus-TCP	X		
Powerlink		X	
PROFINET	X (CBA)	X (IO)	X (IO)
SERCOS-III			X

Bild 49: Industrial Ethernet-Systeme

Wie im Bild angedeutet, gibt es hierbei drei unterschiedliche Philosophien: eine Reihe von Systemen setzt die Standardkommunikationstechnologie von Ethernet mit dem bewährten Netzwerk-Protokoll IP ein, über das die Nutzdaten per UDP und/oder TCP transportiert werden. Die Struktur und Bedeutung der Daten wird bei diesen Systemen, wie auch bei denen der zwei folgenden Gruppen, meist über entsprechende Profile näher spezifiziert.

Eine zweite Gruppe verwendet zwar das Standard-Ethernet als Übertragungsmedium, definiert jedoch eigene Netzwerk- und Transport-Protokolle, die mit weniger Protokolloverhead als die herkömmlichen Protokolle auskommen, also effizienter arbeiten.

Eine dritte Gruppe schließlich wirft das uns bekannte Ethernet mehr oder weniger „über Bord" und setzt stattdessen eine eigene Hardwarelösung ein. D.h. dass Gerätehersteller i.d.R. spezielle Chips einsetzen müssen und nicht mehr mit einem herkömmlichen Ethernetanschluss auskommen. Die Kommunikationstechnologie hat dabei meist noch recht viel mit dem Standard-Ethernet zu tun, wird jedoch in Details abgewandelt. Darüber laufen dann spezielle, auf Echtzeitanwendungen optimierte Protokolle.

Die weltweite Marktführerschaft teilen sich aktuell auch wieder die Systeme der beiden großen Kontrahenten im SPS-Geschäft: PROFINET, welches aus dem PROFIBUS entstand, sowie EtherNet/IP aus dem DeviceNet-Lager (siehe auch Bild 26). Das „IP" beim letztgenannten System ist etwas irreführend: es steht nicht für das „Internet Protocol", für das die Abkürzung IP seit langer Zeit bereits eingeführt ist, sondern vielmehr für „Industrial Protocol".

Wir wollen auch hier nicht auf weitere Details der einzelnen Systeme eingehen und uns darauf beschränken, exemplarisch PROFINET kurz zu beleuchten. PROFINET steht für „Process Field Network" und weist damit schon auf seine Verwandtschaft mit PROFIBUS hin, was sich jedoch keinesfalls auf die komplett unterschiedlichen Kommunikationstechnologien bezieht. Im Bereich der höheren Profile gibt es jedoch wieder eine weitgehende Kompatibilität. PROFINET beinhaltet mehrere technologische Varianten, die alle oben skizzierten drei Gruppen abdecken (Bild 50).

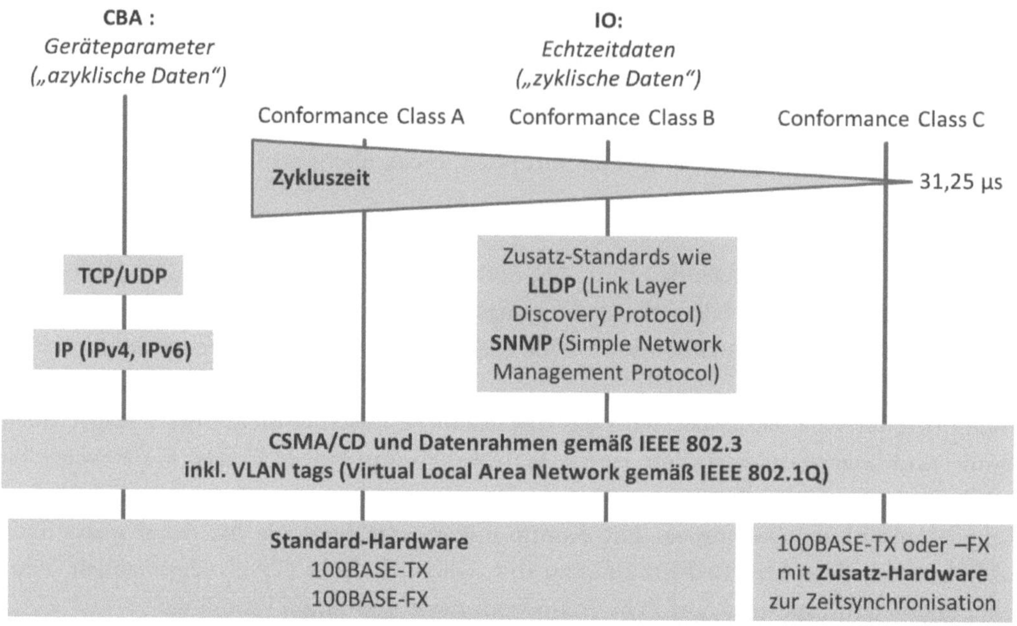

Bild 50: Technologische Struktur der PROFINET-Varianten

PROFINET unterscheidet zunächst einmal die zwei Bereiche CBA („Component Based Automation") und IO („Input/Output"). Während IO den eigentlichen Datenaustausch zwischen Steuerung und Peripheriekomponenten in Echtzeit abdeckt, geht es bei CBA primär um die nicht so zeitkritischen Aufgaben der Parametrierung und Diagnose von Busknoten bzw. kompletter Subnetze.

CBA baut dabei auf Standard-Ethernet auf, wobei als Busphysik 100BASE-TX, die bereits näher vorgestellte Variante mit Kupferkabel, bzw. seltener auch 100BASE-FX, eine Variante mit Glasfaser, herangezogen wird. Als höhere Protokolle kommen die bereits bekannten IP sowie je nach konkreter Aufgabe TCP und UDP zum Einsatz. CBA ist eigentlich mehr als ein Bussystem. Es versteht sich eher als ein Engineeringsystem, bei dem Steuerungen bzw. Anlagenteile als abstrakte Komponenten beschrieben sowie in ihrer Funktion und Querkommunikation konfiguriert werden. Bei CBA werden Daten immer nur dann übertragen, wenn es für die konkrete Aufgabe notwendig ist, also azyklisch.

IO als Ersatz des herkömmlichen Feldbusses ist in den drei im Bild gezeigten Varianten spezifiziert, denen drei sog. Conformance Classes zugrunde liegen, in denen genau definiert ist, über welche Eigenschaften ein Busknoten der jeweiligen Klasse verfügen muss. Mit zunehmender Conformance Class erhöht sich die Echtzeitfähigkeit, die bei PROFI-NET durch die Zykluszeit angegeben wird. Die Zykluszeit bezieht sich dabei auf eine Referenzinstallation mit 35 Peripheriekomponenten, bei denen parallel zum eigentlichen IO-Datenverkehr immer auch azyklischer CBA-Datenverkehr eingeschoben ist.

Conformance Class A setzt direkt auf Standard-Ethernet auf, ohne höhere Protokolle einzusetzen. Das normale Ethernet-Telegramm, wobei das VLAN-Tag mitbenutzt wird, wird lediglich um ein paar Zusatzdefinitionen im Datenfeld erweitert und nennt sich dann „RT-Telegramm" („Realtime"). RT-Telegramme werden zyklisch zwischen Steuerung und Peripheriekomponenten ausgetauscht, so dass sowohl Ein- als auch Ausgabedaten in einem festen Rhythmus übertragen werden können. Die Installation erfolgt mittels üblicher Switches. Busknoten, die ausschließlich diese Conformance Class unterstützen, sind eher selten. Sie finden sich typischerweise auch außerhalb des SPS-Bereichs, z.B. in der Gebäudeautomatisierung.

Busknoten der Conformance Class B müssen zunächst weitere Managementfunktionalitäten unterstützen. Darunter fällt z.B. die Integration der beiden von uns nicht näher betrachteten Protokolle SNMP („Simple Network Management Protocol") und LLDP („Link Layer Discovery Protocol"). Außerdem wird der Buszyklus, mit dem die Peripheriekomponenten angesprochen werden, zeitlich strenger organisiert, was spezielle PROFINET-Switches erfordert. Busknoten der Conformance Class B müssen immer auch die Anforderungen der Conformance Class A erfüllen. Dies ist die typische Klasse für Peripheriekomponenten im Steuerungsbereich.

In der Conformance Class C schließlich wird die uns bekannte Ethernethardware um spezielle Funktionen zur Zeitsynchronisation erweitert. Sämtliche Telegrammübertragungen erfolgen hierbei streng taktsynchron. PROFINET spricht hierbei auch von einer IRT-Kommunikation („Isochronous Realtime"). Die Hersteller entsprechender Peripheriekomponenten müssen deshalb auch spezielle IRT-Chips einsetzen. Speziell Busknoten für Anwendungen, in denen Regelkreise mit sehr hohen Abtastraten zu implementieren sind, wie z.B. bei der Antriebssteuerung, erfüllen diese Klasse. Geräte der Conformance Classe C können, müssen jedoch nicht auch die Conformance Class B und damit automatisch auch A unterstützen.

Die Profile, die wir bei PROFIBUS kennengelernt haben, lassen sich unverändert auch auf PROFINET anwenden. Dies bedeutet, dass Computer-Applikationen, die auf Basis eines PROFIBUS-Profils mit einem Busknoten kommunizieren, weitgehend unverändert funktionieren, wenn die Bustechnologie zum Busknoten gegen PROFINET ausgetauscht wird. Insbesondere gibt es auch viele Geräte, v.a. auch als SPS-Peripheriemodul, die alternativ mit PROFIBUS- oder PROFINET-Anschluss erhältlich sind.

Die Messdaten-Applikation

Auf unserem Weg durch die Welt der Messdatenerfassung und -auswertung haben wir einen wichtigen Meilenstein erreicht. Bislang ging es nach anfänglichen Überlegungen zur Erfassung und Digitalisierung des Messwerts vor Ort um die Übertragung der Messdaten in den Computer. Wir haben uns hierbei mit unterschiedlichsten Bussystemen beschäftigt, was das Durchhaltevermögen des weniger IT-affinen Lesers bisweilen vermutlich etwas strapaziert hat. Zur Motivation: nunmehr lassen wir die Bits und Bytes der Busse hinter uns und begeben uns in den Computer, um die Messdaten auszuwerten.

Der weitere Teil dieses Kompendiums behandelt die wichtigsten Standardverfahren, mit denen Messdaten in entsprechenden Messdaten-Applikationen verarbeitet werden. Auch hier wollen wir nicht zu sehr in die Details gehen, vielmehr alle Verfahren möglichst anschaulich darstellen. Jedoch immer so, dass auch die zugrunde liegende Mathematik verständlich wird. Dies ist zum einen für denjenigen wichtig, der entsprechende Softwaretools mit fertigen Auswertefunktionen einsetzt, damit er versteht, was in diesen „Black Boxes" vor sich geht. Zum anderen erhalten wir damit auch das Rüstzeug, um uns selbst mit jeglichen Programmiertools eine Messdatenverarbeitung maßgefertigt zu erstellen.

Bestandteile der Messdaten-Applikation

Wir können in diesem Kompendium nicht auf die Vielzahl der verfügbaren Softwaretools eingehen oder gar im Einzelfall darlegen, welche Mausklicks oder Programmzeilen notwendig sind. Damit sich vor allem der in diesen Dingen bisher noch weniger erfahrene Leser dennoch ein Bild davon machen kann, was in etwa in der Praxis konkret zu tun ist, wollen wir in diesem Kapitel ein sehr häufig hierfür eingesetztes Tool ganz kurz streifen. Doch zuvor noch eine generelle Betrachtung zu den Bestandteilen einer Messdaten-Applikation im Computer (Bild 51).

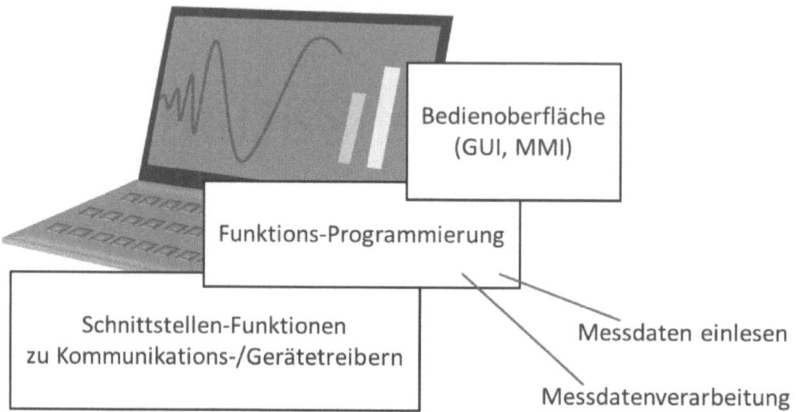

Bild 51: Die Messdaten-Applikation im Computer

Um die Messdaten von den Messkomponenten bzw. Bussystem-Anschlüssen in unsere Anwendung zu bekommen, müssen i.d.R. zunächst entsprechende Treiber installiert werden. Wir können hier grob zwischen Kommunikations- und Gerätetreibern unterscheiden. Kommunikationstreiber sind solche, die den generellen Zugriff auf die Kommunikationsschnittstelle, die wir in unserem System verwenden, erlauben. Setzen wir z.B. einen Laborbus oder Feldbus ein, der über eine Einsteckkarte oder ein externes Koppelmodul an den Computer angebunden ist, müssen wir einen vom zugehörigen Hersteller mitgelieferten Treiber installieren. Verwenden wir dagegen USB oder Ethernet, so ist der Kommunikationstreiber i.d.R. bereits im Betriebssystem vorhanden. Bei Industrial Ethernet hängt es vom genauen System ab: bei den meisten ist eine Koppelhardware notwendig, zu der dann auch ein entsprechender Treiber gehört. Bei den Varianten, die mehr auf die Standard-Ethernet-Welt setzen, reicht zwar der computereigene Ethernetanschluss, jedoch ist trotzdem für die entsprechenden höheren Protokolle ein spezifischer Treiber notwendig.

Gerätetreiber dagegen unterstützen ein konkretes Gerät mit seinen spezifischen Funktionen bzw. auch eine bestimmte Art von Geräten. Letzteres ist dann der Fall, wenn bei Feldbussen oder Industrial Ethernet-Systemen Geräteprofile existieren, oder bei USB in Form der Geräteklassen. Ob es zu einem Gerät einen spezifischen Treiber gibt, hängt vom Hersteller ab. Grundsätzlich kann jedes Gerät auch ohne Gerätetreiber angesprochen werden, sofern der Hersteller die entsprechenden Zugriffsinformationen veröffentlicht; in aller Regel ist dies jedoch mit einem gewissen Programmieraufwand verbunden. Eine Zwischenlösung stellen elektronische Datenblätter dar, wie sie einige Feldbusse und Industrial Ethernet-Systeme für Gerätehersteller vorschreiben. In ihnen sind die Geräte mit ihren Funktionalitäten und für den Buszugriff relevanten Parametern in einer standardisierten Form beschrieben. Sie werden üblicherweise von entsprechenden Engineeringtools benutzt, können jedoch auch für die Entwicklung einer Messdaten-Applikation vorteilhaft sein, um den Aufwand des Ansprechens einzelner Busknoten zu verringern. Als Beispiel seien die GSD-Dateien („Gerätestammdaten-Datei") bei PROFIBUS und PROFINET bzw. die EDS-Dateien („Electronic Data Sheet") bei CANopen genannt.

Nach Installation der entsprechenden Treiber können wir uns an die Erstellung der eigentlichen Applikation machen. Diese umfasst zum einen die grafische Bedienoberfläche, auch als GUI („Graphical User Interface") oder MMI („Man Machine-Interface") bezeichnet. Zum anderen die dahinter ablaufenden Programmfunktionen zum Einlesen der Messdaten sowie deren Verarbeitung. Auch muss hierbei natürlich die Steuerung der Programmabläufe implementiert werden.

Wir können zum Entwurf der Applikation verschiedene Wege beschreiten: liegt der Schwerpunkt vor allem auf dem Entwurf einer Bedienoberfläche, wozu nur elementare Messdatenverarbeitungsfunktionen ergänzt werden müssen, bietet sich der Einsatz sog. Prozessvisualisierungssoftware ein. Diese verfügt über eine Reihe häufig benötigter grafischer Anzeige- und Bedienelemente, welche zu einem oder mehreren Prozessbildschirmen kombiniert werden können. Mathematische Grundfunktionen, aber meist auch sog. Makros in einer toolspezifischen Schreibweise können zur Messdatenverarbeitung angewandt werden. Die im englischen Sprachraum für solche Tools übliche Bezeichnung ist SCADA-Software („Supervisory Control and Data Acquisition"), was andeutet, dass diese meist mehr als nur visualisieren kann.

Sind dagegen komplexere Messdatenverarbeitungsfunktionen bzw. Programmabläufe zu implementieren, so kommt man an der Programmierung mit entsprechenden Programmiertools nicht vorbei. Grundsätzlich kann jede Programmiersprache und jedes entsprechende Tool eingesetzt werden, sofern der Zugriff auf die entsprechenden Treiber möglich ist, was heute so gut wie immer zutrifft. Zur einfacheren Erstellung der Bedienoberflächen gibt es meist entsprechende Bibliotheksmodule. Einfache Applikationen werden mitunter auch schon mit Standardsoftware wie der Tabellenkalkulation Excel erstellt, welche die Programmierung von im Hintergrund ablaufendem Code mit dem sog. Visual Basic for Applications (VBA) erlaubt.

Einen Mittelweg beschreiten grafische Programmiertools, die auf Belange der Messdatenerfassung und -auswertung optimiert sind. Diese gibt es von mehreren Herstellern, die in der Regel aus dem Messtechnikumfeld stammen. Derartige Tools bieten zum einen die Erstellung ansprechender Bedienoberflächen, erlauben andererseits aber auch die effiziente Erstellung von Programmcode auf grafische Weise, daher auch ihr Name. Statt auf Textbasis einen Programmcode, der einer strengen Syntax folgen muss, einzugeben, werden sämtliche Abläufe und Verarbeitungsfunktionen durch grafische Funktionsblöcke am Bildschirm symbolisiert, die untereinander quasi verdrahtet werden. Sollte doch einmal für sehr komplexe Teilalgorithmen eine textorientierte Formulierung von Vorteil sein, so erlauben einige dieser Tools auch die Integration von Funktionsblöcken, die intern mit einer Textsprache codiert werden. Unser nun folgendes Beispiel eines Tools entstammt genau dieser Gruppe.

Beispiel LabVIEW

LabVIEW ist ein von National Instruments, einem der weltweit großen Hersteller computerbezogener Messtechnik, inzwischen seit mehreren Jahrzehnten eingeführtes und kontinuierlich erweitertes Tool. Es ist sehr weit verbreitet in der Messdatenerfassung und -auswertung sowie in der Automatisierung von Prüfabläufen. Mit LabVIEW erstellte Programme laufen auf Computern unter den üblichen Betriebssystemen, aber auch in Embedded Systems. Letztere können von diesem Hersteller selbst stammen in Form echzeitfähiger, in ihrer Bauform an SPSen erinnernden Controllermodulen. Oder beliebige Prozessorplattformen sein, wozu LabVIEW dann in deren Entwicklungssysteme übernehmbaren Code, z.B. in der Programmiersprache C, generieren kann.

Die Programmieroberfläche von LabVIEW beinhaltet stets zwei Fenster, das Frontpanel sowie das Blockdiagramm. Im Frontpanel wird die Bedienoberfläche erstellt, während im Blockdiagramm auf grafische Weise die Funktions-Programmierung erfolgt. Beide Komponenten gehören immer fest zusammen und werden in ein und derselben Datei abgespeichert. Diese trägt die Dateikennung „.vi", was für virtuelles Instrument, also ein Mess- und Automatisierungsinstrument im Computer, steht. Man spricht auch allgemein vom „VI", wenn man eine solche Datei meint. Eine Messdaten-Applikation wird zur besseren Übersichtlichkeit oftmals in mehrere VIs unterteilt, die am besten im sog. Projekt-Explorer verwaltet werden (Bild 52). Der Entwurf und das Austesten der Applikation erfolgt in dieser Programmieroberfläche. Die fertige Applikation kann abschließend eigenständig installiert werden.

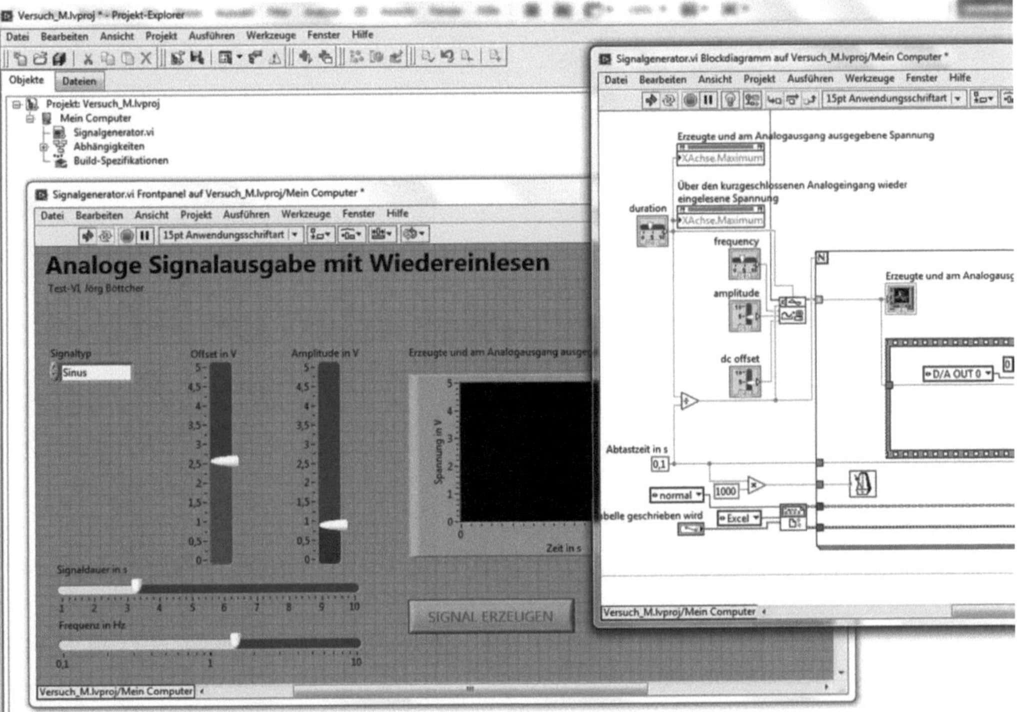

Bild 52: Die Programmieroberfläche von LabVIEW

Im Frontpanel können aus entsprechenden Bibliotheken Anzeige- und Bedienelemente platziert und in ihrem optischen Erscheinungsbild konfiguriert werden. Als Beispiele sind in Bild 53 numerische Elemente sowie in Bild 54 sog. Graphen für die zwei- oder dreidimensionale Darstellung von Daten bzw. Bildern aufgeführt.

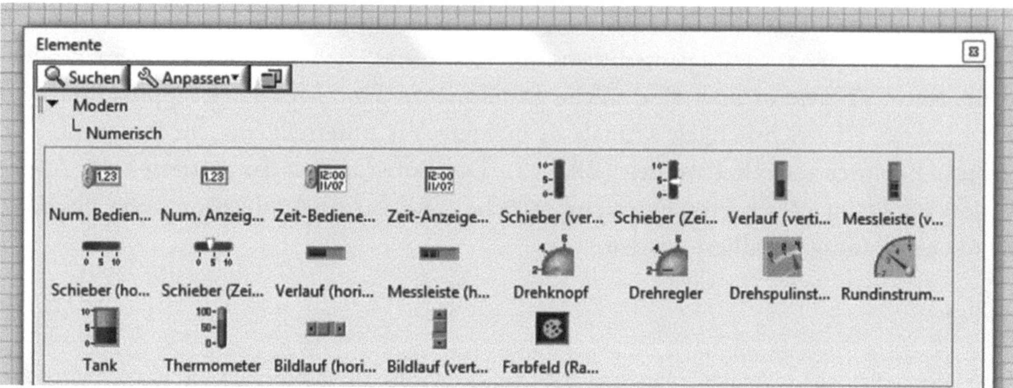

Bild 53: Numerische Anzeige- und Bedienelemente

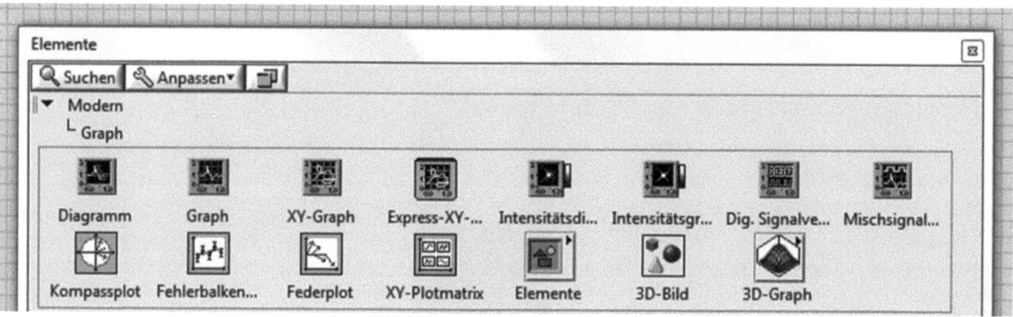

Bild 54: Graphen

Für das Blockdiagramm stehen die auch bei textorientierten Programmiersprachen üblichen Programmierstrukturen zur Verfügung, nur eben in grafischer Form (Bild 55). Eine Programmschleife beispielsweise wird durch ein Rechteck symbolisiert. Was in diesem Rechteck platziert wurde, wird als Schleifenkörper bei jedem Durchlauf ausgeführt. Das im Bild 52 erkennbare Blockdiagramm zeigt einen Teil einer sog. For-Schleife - der Insider erkennt dies an dem „N" in der linken oberen Ecke des Schleifenrechtecks, an das übrigens die Anzahl der Schleifendurchläufe von außen zu verdrahten ist.

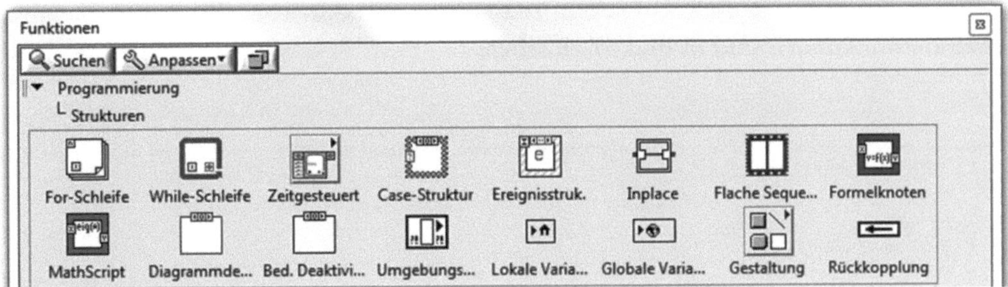

Bild 55: Strukturen

Bild 56 zeigt eine Auswahl der für das Blockdiagramm angebotenen Kommunikationsfunktionen. Dargestellt sind GPIB-Funktionen sowie Funktionsgruppen, was mit dem schwarzen Pfeil angezeigt wird, mit jeweils mehreren höheren Protokollen u.a. für den Einsatz bei Ethernet. Viele Hersteller von Busanschlüssen an den Computer sowie insbesondere von Mess-Hardware liefern bereits auf LabVIEW optimierte Treiber mit, die direkt in die Funktionsbibliothek integriert werden können.

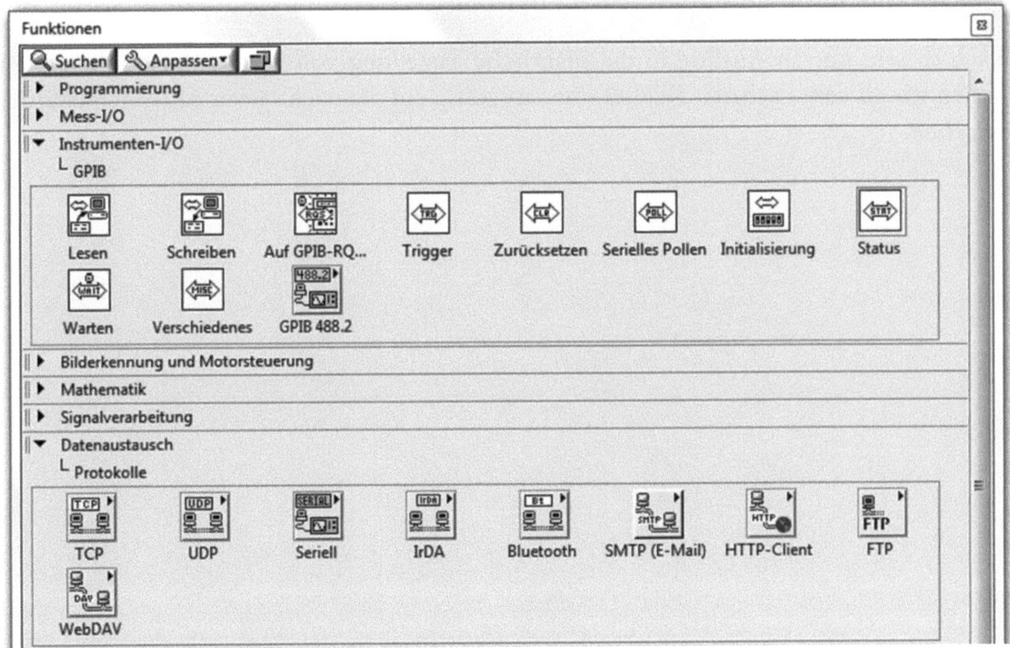

Bild 56: Kommunikationsfunktionen

Funktionsgruppen mit nach Anklickem erst sichtbaren zahlreichen Bild- und Signalverarbeitungsfunktionen sind in Bild 57 zu sehen.

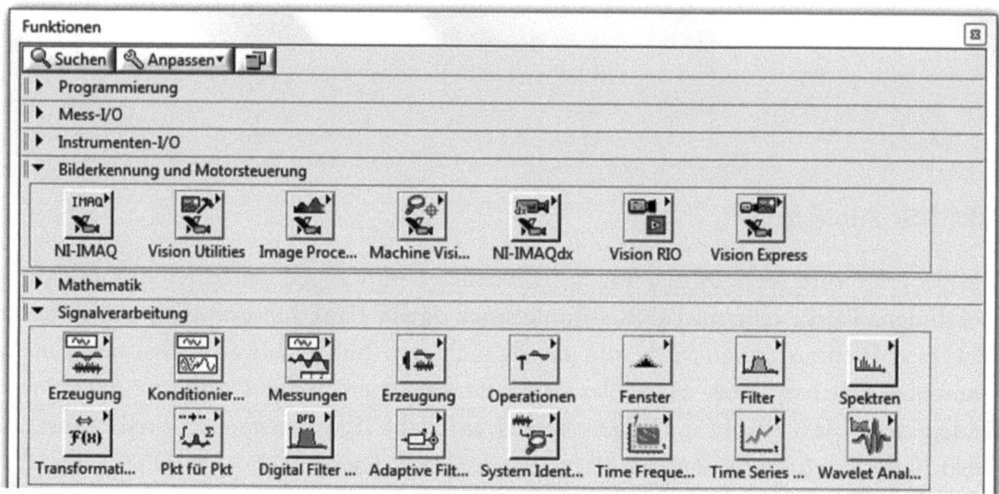

Bild 57: Bild- und Signalverarbeitungsfunktionen

Nach diesem kurzen Ausflug in die praktische Erstellung von Messdaten-Applikationen wollen wir ab dem nächsten Kapitel nun endgültig auf die wichtigsten Auswerteverfahren eingehen.

Statistische Messdatenauswertung

In Produktionsanlagen sind oftmals mehrere die Qualität der Produktion bestimmende Prozessparameter messtechnisch zu erfassen und z.B. bezüglich ihrer Schwankungsbreite zu untersuchen. Auch in der Entwicklung technischer Systeme wie z.B. einem Motor ist man häufig daran interessiert zu erfahren, wie genau bestimmte technische Daten, die hierzu wiederholt gemessen werden müssen, eingehalten werden können. Dies sind zwei Beispiele für Anwendungen, bei denen die statistische Messdatenauswertung eine Rolle spielt. Im Folgenden wollen wir die grundlegenden Berechnungen hierzu rekapitulieren. Sämtliche in den Bildern gezeigte Graphen, wie auch die in den weiteren Kapiteln, entstammen entsprechenden kleinen Applikationen mit dem im letzten Kapitel kurz vorgestellten LabVIEW.

Histogramme, Dichte- und Summenfunktion

Stellen wir uns vor, dass wir in einer gerade in Betrieb zu nehmenden Anlage zur Chipproduktion noch viele Chip-Fehler beobachten und dies statistisch auswerten wollen. Hierzu übertragen wir die Messdaten eines entsprechenden Prüfautomaten in einen Computer. In einem Testlauf produzieren wir ein kleines Los an Chips und zählen dabei gemäß Bild 58, wie häufig welche Anzahl von Chip-Fehlern vorgekommen ist.

Die so gewonnene Darstellung nennt man Histogramm. Addiert man die Werte jeder Säule, so erhält man natürlich die gesamte Losgröße N - in unserem Fall 128. Durch Division der einzelne Säulenwerte durch N erhalten wir die jeweiligen Wahrscheinlichkeiten w, die wir als sog. Dichtefunktion

$$f(x) = w(X = x) \qquad (12)$$

in Bild 59 auftragen können. Sie trägt auch die engl. Bezeichnung Probability Density Function (PDF). Wir haben es hier mit einer sog. diskreten Häufigkeitsverteilung zu tun, da es für X nur bestimmte, diskrete Fälle „0 Chip-Fehler", „1 Chip-Fehler",... gibt.

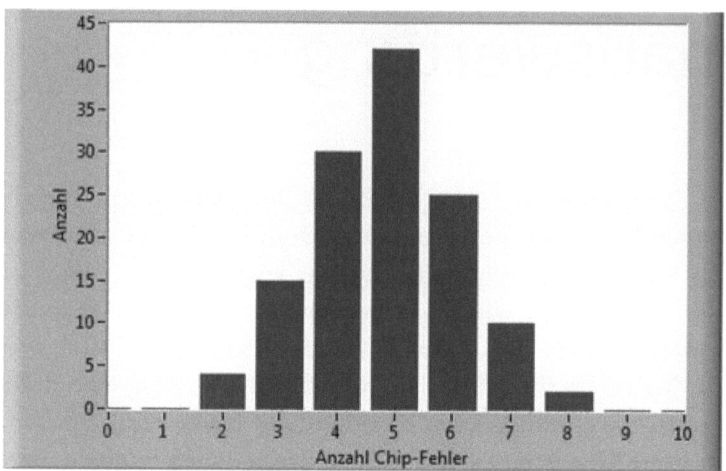

Bild 58: Histogramm

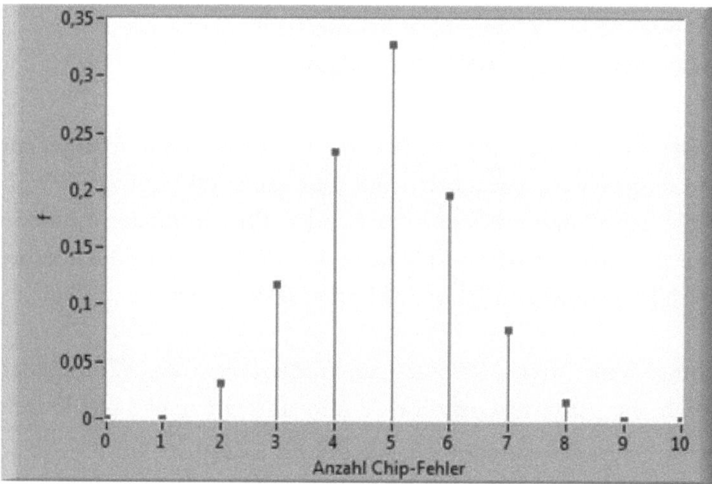

Bild 59: Dichtefunktion

Summieren wir die Dichtefunktion jeweils von 0 beginnend auf, so erhalten wir die in Bild 60 dargestellte Summenfunktion

$$F(x) = \sum_{i=0}^{x} f(i),$$ (13)

für die folglich gilt:

$$F(x) = w(X \le x)$$ (14)

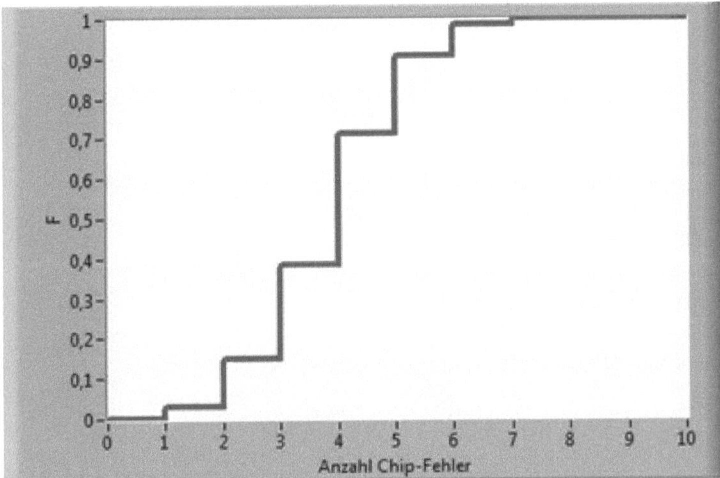

Bild 60: Summenfunktion

Sie nennt sich engl. Cumulative Density Function (CDF).

Stetige und quasi-stetige Verteilungen

Die meisten Messgrößen, mit denen wir es in der Messdatenerfassung zu tun haben, sind stetiger Natur, d.h. sie können jeden beliebigen Wert innerhalb einer gewissen Unter- und Obergrenze annehmen. Wir sprachen zu Beginn dieses Kompendiums auch von analogen Messgrößen (siehe Seite 12). Auch diesen können Dichte- und Summenfunktionen im Sinne einer nunmehr stetigen Verteilung zugeordnet werden. Dies ist in Bild 61 und Bild 62 am Beispiel der Messgröße „Temperatur" gezeigt, die zuvor z.B. in einem Raum über einen festen Messzeitraum kontinuierlich aufgezeichnet wurde.

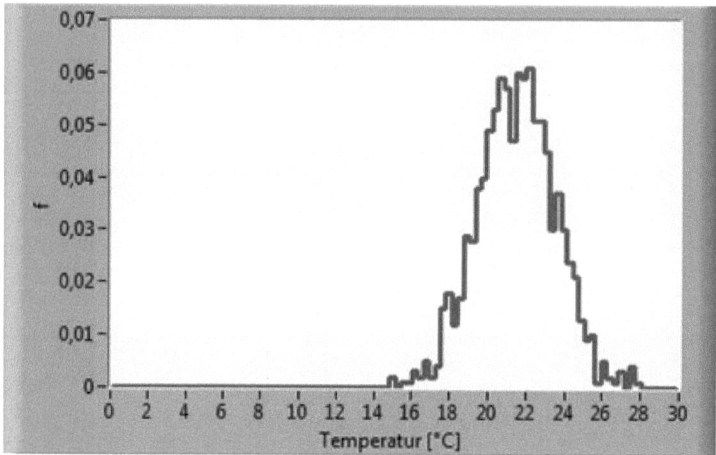

Bild 61: Dichtefunktion einer stetigen Messgröße

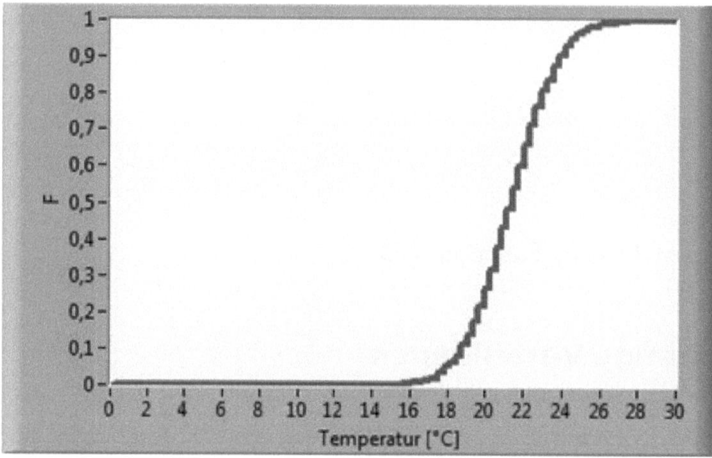

Bild 62: Summenfunktion einer stetigen Messgröße

Allerdings ist es jetzt nicht mehr möglich, einem einzelnen Wert dieser Messgröße eine Wahrscheinlichkeit zu zuordnen. Diese wäre stets 0. Eine Temperatur von z.B. exakt 20,000... °C mit unendlich vielen Nullen kommt sozusagen nie vor. Die Mathematiker tun sich hier noch einfach und definieren trotzdem eine Dichtefunktion, für die jetzt gilt:

$$w(x - \frac{dx}{2} < X < x + \frac{dx}{2}) \approx dx \cdot f(x) \tag{15}$$

Unter dx hat man sich einen infinitesimal kleinen Abstand vorzustellen. Die Dichtefunktion f ist hierbei als auf diesen Bereich dx bezogene Wahrscheinlichkeit zu verstehen, woraus erst durch Multiplikation mit diesem eine Wahrscheinlichkeit w an sich ermittelt wird. Eigentlich ist dies sogar die ursprüngliche Definition der Dichtefunktion, woraus sich auch der Vorsatz „Dichte" herleitet.

Um zur Summenfunktion zu gelangen, ersetzen wir in (13) die Summe durch die Integralbildung und erhalten:

$$F(x) = \int_{-\infty}^{x} f(z)dz \tag{16}$$

Wie gelangt nun der Praktiker, der stets ja nur eine endliche Zahl von Temperaturmesswerten erfassen kann, zu den beiden Graphen in Bild 61 und Bild 62? Er teilt den gesamten Temperaturmessbereich in kleine Bereiche, sog. Klassen, auf und zählt, wie oft ein Temperaturmesswert in jede Klasse fällt. Diese Zahlen analog zur diskreten Verteilung jeweils durch die Anzahl N der Messungen insgesamt dividiert, ergibt die Dichtefunktion, die wir jetzt als quasi-stetig interpretieren können. Für die Summenfunktion verwendet man auch hier Formel (13) der diskreten Verteilung.

Die Näherung, auf die man sich hier zwangsweise einlässt, besteht darin, dass das dx aus (15) eben nicht infinitesimal klein ist, sondern dem Temperaturbereich einer Klasse entspricht. Die Praxis zeigt, dass man in einer Größenordnung von $N = 100$ Messwerten, die man in zehn Klassen einteilt, schon sehr gute Ergebnisse im Sinne einer weiteren statistischen Interpretation erhält. Die beiden Bilder wurden übrigens auf der Basis $N =$

1.000 und 100 Klassen generiert, was dafür sorgt, dass auch die Darstellung des Graphen selbst eher stetig als diskret aussieht.

Statistische Kenngrößen

Um bestimmte Prozesse statistisch zu beurteilen, ist man oftmals nicht am Verlauf von Dichte- oder Summenfunktion an sich interessiert. Vielmehr sind es ausgewählte statistische Kenngrößen dieser Verteilungen, aus denen wir weitere Schlussfolgerungen ziehen. Die wichtigsten sind der Mittelwert

$$\bar{x} = \frac{1}{N} \sum_{i=1}^{N} x_i \qquad (17)$$

sowie die Standardabweichung

$$s = \sqrt{\frac{1}{N-1} \sum_{i=1}^{N} (x_i - \bar{x})^2} \; . \qquad (18)$$

Die Standardabweichung ist ein Maß für die Streuung der Messwerte um den Mittelwert herum. Anhand der Formel sieht man, dass der mittlere quadratische Abstand bewertet wird. Würde man das abschließende Wurzelziehen nicht durchführen, gelänge man zur sog. Varianz.

Weiterhin verbreitet als Kenngröße ist der Median. Es ist der Messwert, für den gilt, dass genau so viele Messwerte jeweils kleiner und größer sind als er. Dies geht so natürlich nur für eine ungerade Anzahl N insgesamt aufgenommener Messwerte. Ist N gerade, nimmt man pragmatisch den Mittelwert der beiden nach diesem Prinzip in der Mitte liegenden Messwerte.

Als Modalwert schließlich wird der Messwert bezeichnet, bei dem die Dichtefunktion ihr Maximum besitzt. Im Falle einer diskreten Verteilung ist es der wahrscheinlichste Wert.

Bei einer quasi-stetigen Verteilung ergibt sich sinngemäß zunächst die wahrscheinlichste Klasse. Als Modalwert nimmt man dann den Wert, der der Klassenmitte entspricht.

Normalverteilung

Wie eine Verteilung in der Praxis aussieht, hängt naturgemäß vom zugrunde liegenden physikalischen bzw. technischen Prozess ab. Die Natur hat es glücklicherweise so eingerichtet, dass sehr viele natürliche Schwankungsprozesse in recht guter Näherung einer sehr bekannten Verteilung folgen: der sog. Gauß- oder Normalverteilung. Deren Dichtefunktion ist in Bild 63 gezeichnet und zwar unter Verwendung genau des Mittelwerts und der Standardabweichung, die aus den Bild 61 zugrunde liegenden Messwerten resultieren. Der Leser beachte die grundsätzliche Ähnlichkeit der beiden Graphen.

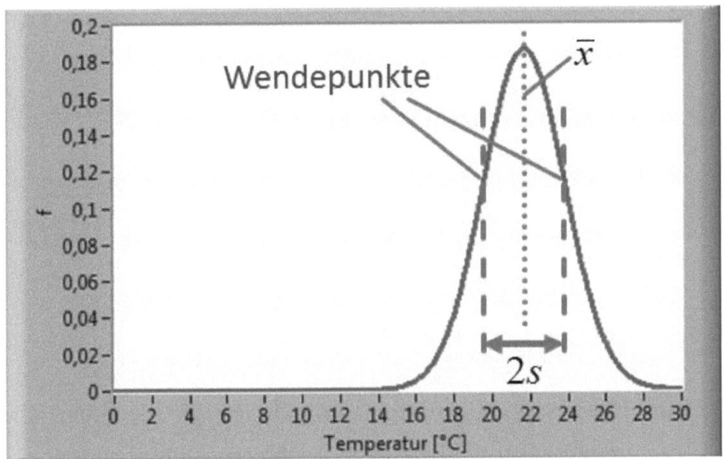

Bild 63: Dichtefunktion der Normalverteilung

Sieht man ganz genau hin, so stellt man allerdings fest, dass die Werte der Dichtefunktion in Bild 63 durchwegs größer erscheinen als in Bild 61. Dies hängt damit zusammen, dass wir bei letzterem wie besprochen nur quasi-stetig rechnen konnten, also die Wahrscheinlichkeit im Graphen aufgetragen haben, dass ein Messwert in eine bestimmte Klasse fällt. Wobei wir 100 Klassen verwendeten, eine Klasse somit einen Temperaturbereich von 0,3 °C umfasste. Betrachtet aus der Perspektive einer stetigen Verteilung haben wir also eigentlich das w in (15) nur ermittelt und müssten, um das echte f zu erhalten, noch durch dx - also unsere 0,3 °C - dividieren. Vom Betrag her gelangen wir dann auch im Durchschnitt sehr gut zu den entsprechend größeren Werten aus Bild 63. Hierbei fällt uns auch auf, dass durch die Division die stetige Dichtefunktion f eine physikalische Einheit aufweist, nämlich 1/°C. Diese haben wir aus Gründen der Übersichtlich in Bild 61 unterschlagen. Wem diese Betrachtung zu den unterschiedlichen Größen der Dichtefunktionen zu abstrus erscheint, der kann diesen Absatz bewusst wieder zur Seite legen; auf die grundsätzliche Form des Graphen und die Ermittlung der vier genannten Kenngrößen hat dies keinen Einfluss.

Wir wollen auch die Formel für die Normalverteilung nicht vergessen anzugeben:

$$f(x) = \frac{1}{s\sqrt{2\pi}} e^{-\frac{1}{2}\left(\frac{x-\bar{x}}{s}\right)^2} \tag{19}$$

Durch Anwendung von (16) gelangt man zur Summenfunktion:

$$F(x) = \frac{1}{s\sqrt{2\pi}} \int\limits_{z=-\infty}^{x} e^{-\frac{1}{2}\left(\frac{z-\bar{x}}{s}\right)^2} dz \; , \tag{20}$$

die in Bild 64 passend zur Dichtefunktion aus Bild 63 dargestellt ist.

Die Normalverteilung weist eine interessante Eigenschaft auf, die sie für die praktische Interpretation sehr wertvoll macht. Man kann nämlich zeigen, dass

- ca. 68,3 % aller Messwerte in einem Bereich um $\pm\,s$ um $\bar{x}$,
- ca. 95,5 % aller Messwerte in einem Bereich um $\pm\,2s$ um $\bar{x}$,
- ca. 99,7 % aller Messwerte in einem Bereich um $\pm\,3s$ um $\bar{x}$

liegen. Speziell im Abstand $\pm\,s$ vom Mittelwert liegen auch die in Bild 63 markierten Wendepunkte der Dichtefunktion.

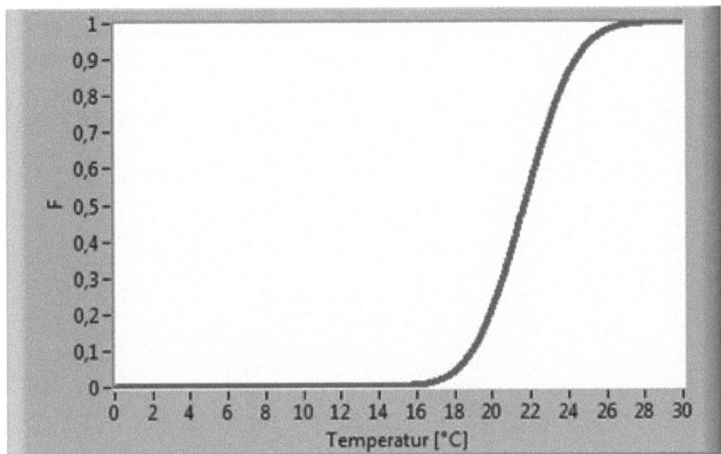

Bild 64: Summenfunktion der Normalverteilung

Zufallsprozesse in der Praxis schwanken nie extrem weit vom Mittelwert entfernt, schon gar nicht bis -∞ bzw. +∞, wie es dem Definitionsbereich der mathematischen Normalverteilung entspricht. Insofern gehen wir in der Praxis davon aus, dass mehr oder weniger alle Messwerte in einem Bereich von $\pm 3s$ um den Mittelwert liegen.

So kann man beispielsweise für die jedem Messtechniker bekannten Messabweichungen in Form von Messgeräte- bzw. Sensorrauschen die dreifache Standardabweichung als „worst case"-Abweichung interpretieren. Als weiteres Beispiel sei die Erkennung von Ausreißern in der Messdatenerfassung genannt: sofern man, oft auch nur aus dem Bauch heraus, in der Lage ist, für eine konkrete Messgröße zumindest eine grobe Einschätzung für $3s$ zu geben, kann man Messwerte, die außerhalb liegen, als fehlerbehaftete Messwerte interpretieren und verwerfen.

Interpolationen und Regressionen

Bei manchen Anwendungen in der Messdatenauswertung geht es darum, den Zusammenhang zwischen zwei Messgrößen in Form einer Kennlinie zu ermitteln. Hierzu nimmt man an einigen sog. Stützstellen jeweils ein Paar von Messwerten auf und speichert diese zunächst in eine Programmvariable seiner Messdaten-Applikation. Exemplarisch ist dies in Bild 65 für einen resistiven Temperatursensor gezeigt, wobei wir hier die Stützstellen bereits in einen Graphen übernommen haben. Die Frage ist nun: wie lassen wir unsere Applikation möglichst geschickt eine darauf basierende Kennlinie am Bildschirm zeichnen? Die Beantwortung dieser Frage führt uns nicht nur zu einer schönen Kurve, sondern ermöglicht uns auch die Berechnung von beliebigen Zwischenwerten.

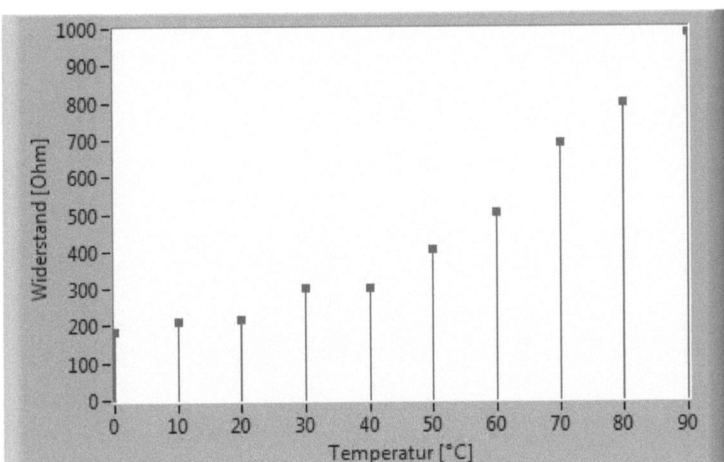

Bild 65: Stützstellen einer Kennlinie

Gleiches gilt auch für die sehr häufig benötigten Zeitverläufe einer Messgröße, die als Graph gezeichnet ja auch nichts anderes sind als eine Kennlinie mit der Zeit auf der Abszisse („x-Achse"). Die meist mit einer festen Abtastrate erfassten Messwerte sind die Stützstellen, um die herum ein sinnvoller Kurvenverlauf zu ermitteln ist.

Eines sollte uns dabei bewusst sein: Sicher sein können wir uns über den exakten Verlauf der Kennlinie oder des Zeitverlaufs nur an den Stützstellen. Alles was wir über die Kurvenverläufe dazwischen annehmen, ist zunächst Fiktion. Allerdings neigen die meisten physikalischen und technischen Prozesse zu gutmütigen Verläufen ohne Sprünge. Aus diesem Grund kommen wir der Wahrheit fast immer zumindest sehr nahe, wenn wir auf sinnvolle Art und Weise unsere Kurven um die Stützstellen herum formen. Grundsätzlich gibt es hierzu zwei verschiedene Ansätze, auf die wir im Folgenden eingehen werden.

Interpolationen

Interpolieren bedeutet, dass wir zwischen jeweils zwei Stützstellen eine verbindende Kurve ermitteln, was in der deutlichen Mehrzahl aller Fälle durch einen Geradenabschnitt erfolgt, so wie dies in Bild 66 gezeigt ist. Wir sprechen von einer linearen Interpolation.

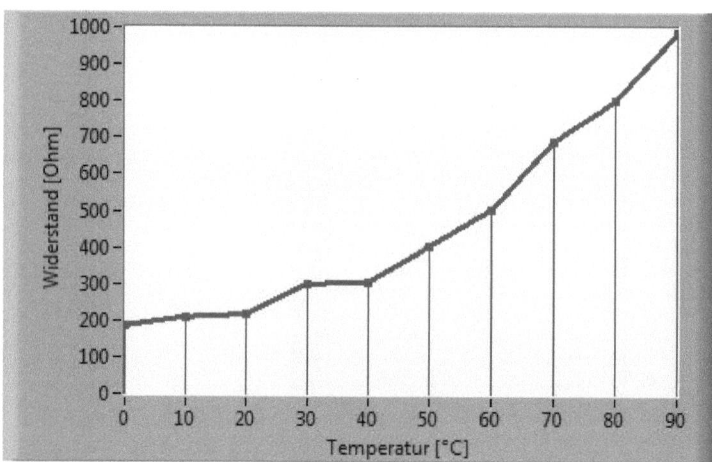

Bild 66: Lineare Interpolation

Wollen wir zum Beispiel die *i*-te Geradengleichung

$$y = a_i + b_i \cdot x \tag{21}$$

für den Abschnitt zwischen den Stützstellen (x_i, y_i) und (x_{i+1}, y_{i+1}) ermitteln, so wissen wir, dass dieselbe Geradengleichung in jedem Fall auch für die beiden Stützstellen selbst erfüllt sein muss:

$$y_i = a_i + b_i \cdot x_i \tag{22}$$

$$y_{i+1} = a_i + b_i \cdot x_{i+1} \tag{23}$$

b_i ist hierbei die Steigung der Geraden und a_i ihr Schnittpunkt mit der y-Achse.

Indem wir auf beiden Seiten der Gleichungen die Differenz (23) - (22) bilden, fällt a_i heraus und wir können nach b_i auflösen:

$$b_i = \frac{y_{i+1} - y_i}{x_{i+1} - x_i} \tag{24}$$

(24) nun noch in eine der beiden Ausgangsgleichungen eingesetzt, lässt uns auch das a_i bestimmen. Z.B. in (22) eingesetzt ergibt sich:

$$a_i = y_i - b_i \cdot x_i = y_i - \frac{y_{i+1} - y_i}{x_{i+1} - x_i} \cdot x_i \tag{25}$$

Die lineare Interpolation ist also sehr einfach zu berechnen und erfordert unter allen Verfahren die geringste Rechenzeit. Dies ist zwar kein Argument, wenn wir eine Applikation für unseren PC entwickeln, die mehr oder weniger nur eine Kennlinie mit wenigen Stützstellen zeichnen soll. Wenn wir jedoch sehr komplexe Messdatenauswertungen implementieren, auf Embedded Systems arbeiten bzw. in Echtzeit z.B. für die Regelungstechnik wichtige Ausgangssignale daraus ableiten wollen, ist die Durchlaufzeit für den Interpolations-Algorithmus durchaus ein Kriterium.

Wie man aus Bild 66 unschwer erkennen kann, wird ein linearer Verlauf zwischen Stütz-stellen in vielen Fällen den vermuteten echten Verlauf eher schlecht wiedergeben. Es ist nicht anzunehmen, dass letzterer derart ausgeprägte Ecken an den Stützstellen aufweist. Die Qualität der Interpolation wird umso schlechter, je weniger Stützstellen wir haben. Man könnte deshalb auch alternativ versuchen, eine einzige Kurve zu ermitteln, die durch alle Stützstellen geht. Wie bei der linearen Interpolation auch bereits verwendet, lässt sich durch zwei Stützstellen eine Gerade ziehen. Hat man drei Stützstellen, kommen wir zur allgemeinen quadratischen Funktion

$$y = a + b \cdot x + c \cdot x^2 \, . \tag{26}$$

Mit vier Stützstellen schließlich lässt ein sog. kubisches Polynom

$$y = a + b \cdot x + c \cdot x^2 + d \cdot x^3 \tag{27}$$

zeichnen. Und so weiter. Der Leser kann sich vorstellen, dass die Herleitung der entspre-chenden Koeffizienten a, b, c, d,... immer aufwendiger wird. Für den allgemeinen Fall eines sog. Polynoms n-ter Ordnung durch $n+1$ Stützstellen und mit $n+1$ Koeffizienten steht in der Fachliteratur und in vielen Tools das Verfahren der sog. Lagrange-Interpolation für die Berechnung zur Verfügung.

Bei derartigen Polynom-Interpolationen macht man jedoch eine unschöne Beobachtung. Polynome, insbesondere ab der vierten Ordnung, weisen häufig große Schwingungen auf, so dass man zwischen zwei Stützstellen mitunter ein deutliches Aufschwingen erken-nen kann, das sicherlich nichts mit dem originären Kurvenverlauf zu tun hat. Bild 67 zeigt dies am Beispiel eines Polynoms neunter Ordnung, dessen zehn Koeffizienten mit dem Algorithmus der Lagrange-Interpolation ermittelt wurden. In der Praxis macht die Polynom-Interpolation deshalb nur Sinn bei relativ einfachen Kennlinien, bei denen die Aufnahme von max. vier Stützstellen ausreicht, woraus dann ein kubisches Polynom gemäß (27) ermittelt werden kann.

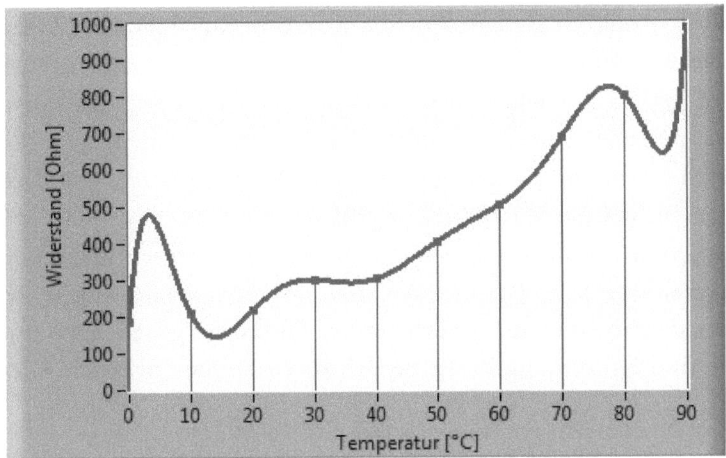

Bild 67: Interpolation mit Polynom neunter Ordnung

Reicht das Standardverfahren der linearen Interpolation nicht aus und scheidet die Polynom-Interpolation aus, da einfach zu viele Stützstellen vorliegen, was bei Zeitverläufen praktisch immer der Fall ist, so gibt es dennoch eine Lösung: Bei der sog. Spline-Interpolation ermittelt man für jeden Bereich zwischen zwei benachbarten Stützstellen jeweils ein eigenes kubisches Polynom. Da ein solches gemäß (27) vier Koeffizienten aufweist, sind noch weitere Bedingungen zur ihrer eindeutigen Bestimmung notwendig. Diese legt man nun trickreich so fest, dass zwei benachbarte Polynome, die sich an einer Stützstelle treffen, dort sowohl in Steigung als auch Krümmung übereinstimmen - also ihrer ersten und zweiten Ableitung. Dies sorgt automatisch für einen absolut harmonischen Übergang ohne die Ecken der linearen Interpolation. In leichter Abwandlung zu (27) werden diese sog. Spline-Polynome meist so geschrieben:

$$P_i(x) = a_i + b_i(x - x_i) + c_i(x - x_i)^2 + d_i(x - x_i)^3 \qquad (28)$$

Diese Schreibweise hat den Vorteil, dass an den Stützstellen die Klammerausdrücke verschwinden und dass a_i somit direkt dem y_i der jeweiligen Stützstelle entspricht. Will man die weiteren Koeffizienten sämtlicher Polynome P_i bestimmen, so kommt man nicht umhin, für den linken und den rechten Rand, also die erste und die letzte Stützstelle, sog. Randbedingungen noch festzulegen. Hier sind folgende Varianten geläufig:

- die zweite Ableitung wird jeweils zu 0 angesetzt, die Kurve verfügt hier über keine Krümmung (sog. natürlicher Spline),
- die erste Ableitung wird jeweils mit einem bestimmtem Wert angesetzt, die Kurve wird also zu Beginn und am Ende mit je einer definierten Steigung versehen,
- die zweite Ableitung wird jeweils mit einem bestimmtem Wert angesetzt, was dem Beginn und dem Ende je eine definierte Krümmung gibt,
- in Abweichung des Verfahrens in allen anderen Abschnitten wird durch die ersten drei Stützstellen am Kurvenbeginn und die letzten drei am Kurvenende jeweils ein Polynom geführt; an der dritten bzw. an der drittletzten Stützstelle gehen diese mit jeweils gleicher Steigung und Krümmung in die benachbarten Spline-Polynome über (sog. not-a-knot-Spline).

Der Name der letzten Variante rührt daher, dass die zweite und die vorletzte Stützstelle keine Berührpunkte zweier Spline-Polynome sind: Sie sind keine Spline-Knoten (engl. knots). Wir verzichten auf die Wiedergabe des zur Berechnung aller Spline-Polynome für den allgemeinen Fall von N Stützstellen notwendigen Algorithmus, der sich je nach obiger Variante auch leicht unterscheidet. Dieser kann im Einzelfall der Fachliteratur entnommen werden bzw. ist auch als fertige Funktion in vielen auf Belange der Messdatenerfassung und -auswertung ausgerichteten Softwaretools enthalten.

Regression

Interpolationen leben davon, dass die Stützstellen korrekt ohne Messabweichungen etc. erfasst werden. Ist jedoch anzunehmen, dass Stützstellen vereinzelt oder sogar kontinuierlich gewisse Abweichungen gegenüber dem realen Kurvenverlauf aufweisen, macht es keinen Sinn, Kurven zu finden, die exakt durch diese Stützstellen gehen, wie dies bei allen Interpolationen stets der Fall sein muss. Dies würde meist zu einem sehr zackigen Kurvenverlauf führen, der mit der Realität nicht mehr viel gemein hat. Vielmehr sollte man in solchen Fällen nach Kurvenverläufen suchen, die sich bestmöglich den Stützstellen annähern und insgesamt einen harmonischen Verlauf noch ergeben. Wo die ermittelten Kurven jedoch nicht zwangsweise exakt durch die Stützstellen verlaufen müssen. Die hier angewandten Verfahren laufen unter dem Begriff „Regression".

Regressionen erfordern, dass man sich vorab für eine grundsätzliche Kurvenform entscheidet. Dies tut man meist auf der Basis einer theoretischen oder experimentellen Beschäftigung mit dem zugrunde liegenden Prozess. Lässt uns diese z.B. bei der Kennlinienbestimmung auf einen linearen Zusammenhang schließen, verwenden wir die Gerade

$$y = a + b \cdot x \tag{29}$$

als Zielkurve. Im Unterschied zur linearen Interpolation nach (21) gibt es bei dieser linearen Regression nur eine einzige Gerade, die wir bestimmen müssen. Bild 68 zeigt uns, wieder am Beispiel der Kennlinie unseres Temperatursensors, ein typisches Ergebnis.

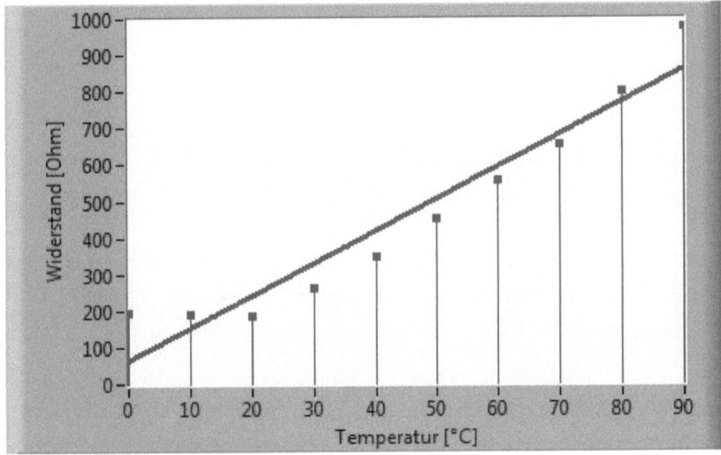

Bild 68: Lineare Regression

Was für den Menschen, der mit einem Lineal recht schnell eine im Mittel gut passende Linie findet, einfach erscheint, ist mathematisch schon schwieriger zu fassen. Zunächst müssen wir uns dabei überlegen, nach welchem Kriterium wir denn diese Ideallinie finden wollen. Sehr häufig erweist es sich am günstigsten, wenn man fordert, dass die Summe der quadrierten Abweichungen in den Stützstellen zwischen gesuchter Gerade und Stützstellenwert minimiert wird:

$$\sum_{i=1}^{N}\left(y(x_i)-y_i\right)^2 = Min! \tag{30}$$

x_i und y_i sind hier die jeweiligen Stützstellen, $y(x_i)$ der sich gemäß Geradengleichung (29) für x_i ergebende Funktionswert. Die mathematische Herleitung ergibt hierbei folgende beiden Formeln zur Bestimmung von zunächst b und danach a:

$$b = \frac{N \cdot \sum_{i=1}^{N} x_i y_i - \sum_{i=1}^{N} x_i \cdot \sum_{i=1}^{N} y_i}{N \cdot \sum_{i=1}^{N} x_i^{\,2} - \left(\sum_{i=1}^{N} x_i\right)^2} \tag{31}$$

$$a = \frac{\sum_{i=1}^{N} y_i - b \cdot \sum_{i=1}^{N} x_i}{N} \tag{32}$$

In seltenen Fällen werden auch andere Minimierungsmethoden eingesetzt, bei denen die mittleren Abweichungen nach ihrem Betrag betrachtet werden oder die maximal vorkommende Abweichung minimiert wird.

Vermutet man, dass sich der reale Kurvenverlauf eher durch ein Polynom annähern lässt, so gibt es auch hierfür entsprechende Formeln, auf deren Wiedergabe wir hier jedoch verzichten wollen. Wie bei den Interpolationen auch bereits festgestellt, sollten wir aufgrund ihrer Neigung zu Schwingungen keine Polynome mit einer Ordnung höher drei einsetzen. Ein Polynom dritter Ordnung gemäß (27) auf die Stützstellen aus Bild 68 angewandt, ergibt das Ergebnis in Bild 69. Dies scheint für unsere Lage der Stützstellen ein angemessenerer Kurvenverlauf zu sein. Bild 70 zeigt unter Verwendung derselben Stützstellen noch eine Regression mit einer Exponentialfunktion gemäß

$$y = a \cdot e^{bx} + c. \tag{33}$$

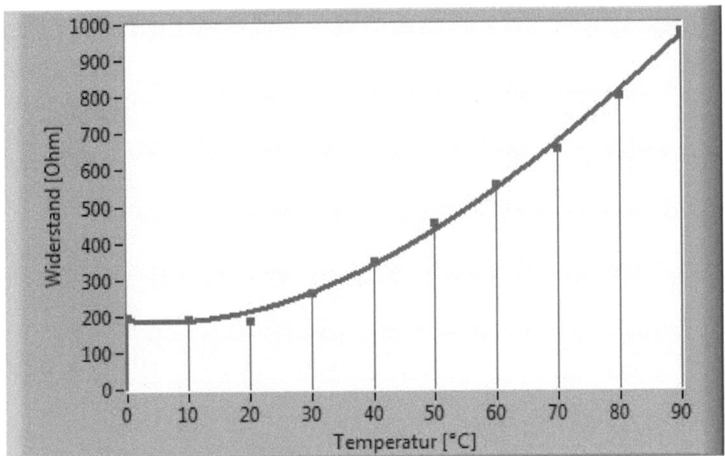

Bild 69: Kubische Regression

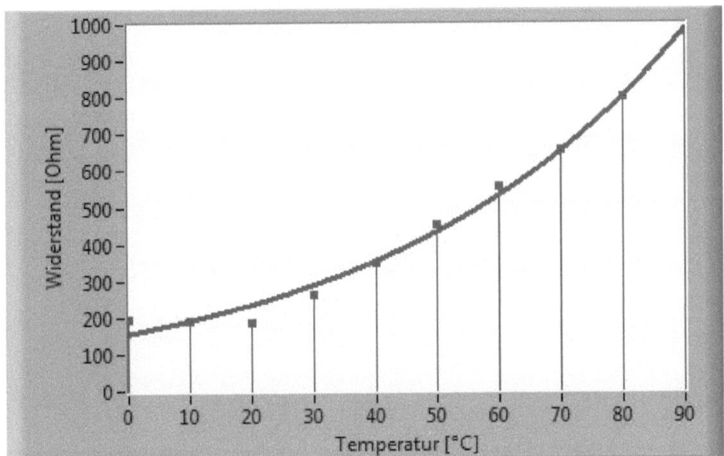

Bild 70: Regression mit Exponentialfunktion

Prinzipiell sind auch beliebige andere Kurvenformen möglich. So werden mitunter auch Potenz-, Gauß-, Logarithmus- oder gebrochen rationale Funktionen verwendet. Auch eine abschnittsweise Regression mit Spline-Polynomen ist möglich.

Numerisches Differenzieren und Integrieren

Messdaten auszuwerten bedeutet häufig, dass wir Messgrößen nach bestimmten physikalischen Formeln verrechnen. Die Grundrechenarten wie auch elementare mathematische Funktionen wie Sinus, Potenz, Wurzel, Logarithmus etc. sind dabei kein Problem, da sie in allen höheren Programmiersprachen vorhanden sind. Bisweilen müssen wir jedoch auch differenzieren oder integrieren. So erhalten wir bekanntermaßen aus dem von einem Geschwindigkeitssensor eingelesenen zeitlichen Verlauf der Geschwindigkeit $v(t)$ durch Integration über der Zeit die zurückgelegte Strecke $x(t)$ bzw. durch Differenzieren die Beschleunigung $a(t)$. Differenzieren und Integrieren sind immer nur möglich, indem man den Verlauf einer Messgröße betrachtet. Auf Basis eines einzelnen Wertes sind diese Operationen nicht definiert. Und deshalb sind diese in üblichen Programmiertools, die nicht gerade auf die Messdatenauswertung zielen, auch nicht vorgesehen. Kurz: Wir müssen uns dies selbst programmieren, was jedoch recht einfach ist, wie wir nachfolgend sehen werden.

Differenzieren

Wir wollen uns hierzu vorstellen, dass wir über einen Geschwindigkeitssensor die in Bild 71 gezeigten Abtastwerte gewonnen haben. Ebenfalls im Bild als durchgezogene Linie eingezeichnet ist der dieser Abtastung zugrunde liegende reale Verlauf der Geschwindigkeit über der Zeit, den unsere Messdaten-Applikation natürlich nicht sieht. Im einfachsten und zugleich häufigsten Fall erhält man eine numerische Näherung für die exakte Ableitung durch Bildung des sog. Differenzenquotienten. Dieser ist nichts anderes als die Änderung des aktuellen Abtastwertes y_i in Bezug auf den zuletzt gewonnenen Abtastwert y_{i-1}, dividiert durch die seitdem vergangene Zeit, die Abtastzeit T_A:

$$D_i = \frac{y_i - y_{i-1}}{T_A} \tag{34}$$

In der Programmierung müssen wir dies immer in Form einer Schleife durchführen. In jedem Schleifendurchlauf wird ein neuer Abtastwert eingelesen, sei es life über entsprechende Messkomponenten oder aus einer Programmvariablen, in die eine Abtastfolge zuvor bereits eingeschrieben wurde, und gemäß dieser Formel mit dem Abtastwert des letzten Schleifendurchlaufs verrechnet.

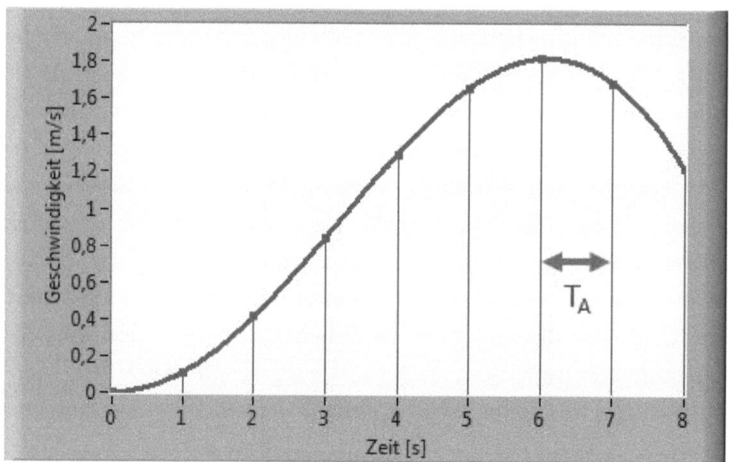

Bild 71: Geschwindigkeitsverlauf mit Abtastwerten

Bild 72 zeigt als durchgezogene Linie die dem realen Geschwindigkeitsverlauf entsprechende stetige Ableitung sowie gepunktet die gemäß (34) ermittelte numerische Ableitung. Für den ersten Abtastwert kann natürlich noch keine sinnvolle Ableitung angegeben werden, da der vorangehende Abtastwert nicht vorhanden ist.

Man erkennt zunächst deutlich den treppenförmigen Verlauf der numerischen Ableitung, die ja immer nur an den Abtaststellen neu berechnet werden kann. Weiterhin ist zu sehen, dass die numerische Ableitung ihrem stetigen Äquivalent hinterherhinkt. Dies liegt daran, dass wir mit dem y_{i-1} immer etwas in die Vergangenheit schauen - im ersten Schleifendurchlauf für $i = 1$ müssen wir diesen stets zu 0 ansetzen.

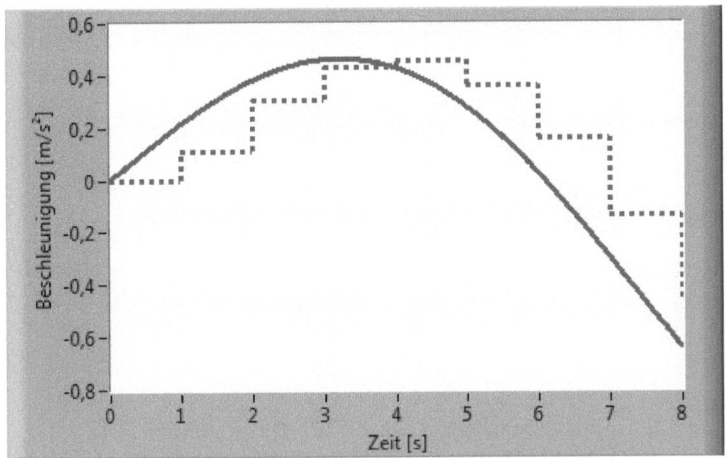

Bild 72: Stetige und numerische Ableitung bei $T_A = 1$ s

Die doch deutlichen Abweichungen zwischen stetiger und numerischer Ableitung rühren offensichtlich daher, dass wir mit hier 1 s eine zu hohe Abtastzeit T_A verwendet haben. Es ist hier nicht hilfreich, sich nach dem Abtasttheorem zu richten. Dieses sieht, wie wir diskutiert hatten (siehe Seite 32 ff.), vor, dass die Abtastfrequenz um mehr als den Faktor zwei über der höchsten enthaltenen Signalfrequenz liegen muss. Dies scheint bei uns mehr als erfüllt zu sein. Das Abtasttheorem garantiert lediglich, dass bei seiner Einhaltung das Signal eindeutig rekonstruiert werden kann und nicht, dass wir auch noch eine numerische Mathematik mit zufriedenstellenden Ergebnissen anwenden können.

In Bild 73 und Bild 74 wurde nun T_A schrittweise verkleinert. Die mittleren Abweichungen werden deutlich geringer. Auch ist der zeitliche Versatz zwischen stetiger und numerischer Ableitung nicht mehr so groß. Für die Praxis bedeutet dies: Sobald wir per Messdatenerfassung eingelesene Messwertfolgen direkt oder nach vorheriger Weiterverrechnung zu anderen Größen numerisch differenzieren, müssen wir von vornherein für eine genügend hohe Abtastrate sorgen. Mehrere hundert Abtastungen pro Periode, bezogen auf den Signalanteil mit der höchsten Frequenz, sind hier durchaus keine Seltenheit. Wie viele genau nötig sind, hängt von den tolerierbaren Abweichungen ab. Oder, oftmals der einfachere Weg, aber natürlich auch mit Ungenauigkeiten verbunden, wir interpolieren und sorgen so für theoretisch unendlich viele zusätzliche Abtastwerte.

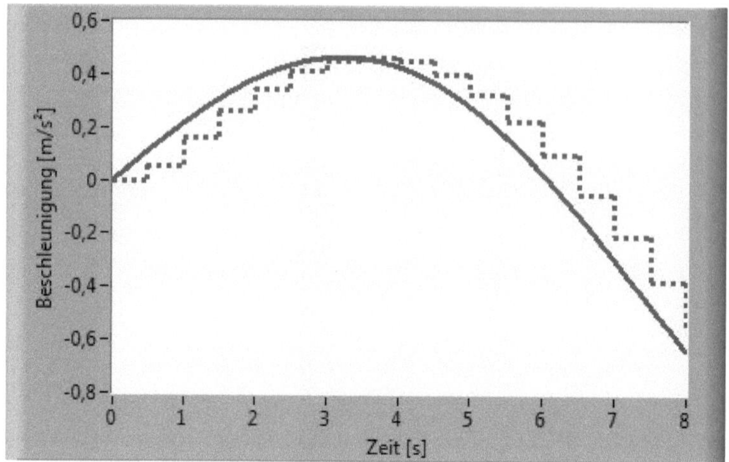

Bild 73: Stetige und numerische Ableitung bei $T_A = 0{,}5$ s

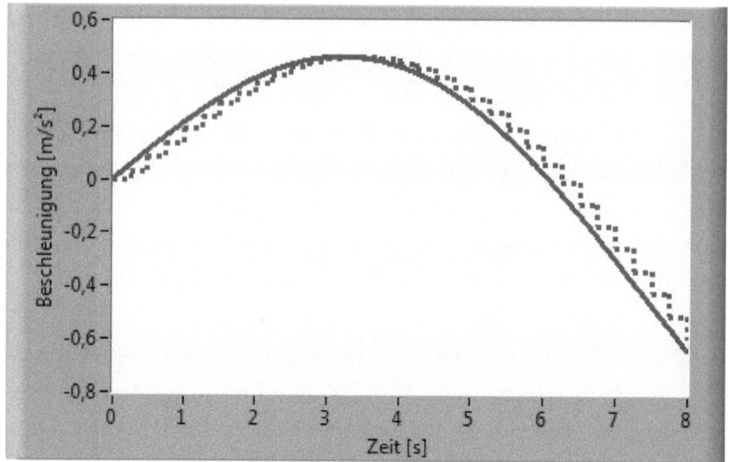

Bild 74: Stetige und numerische Ableitung bei $T_A = 0{,}25$ s

Alternativ zur Berechnung gemäß (34), bei der der Differenzenquotient „rückwärts" berechnet wird, berechnen ihn manche Implementierungen „vorwärts". Dies macht jedoch nur Sinn, wenn die Abtastfolge bereits fest abgespeichert vorliegt, da man hierzu den Abtastwert y_i des aktuellen i-ten Schleifendurchlaufs mit dem Abtastwert y_{i+1} des zukünftigen $i+1$-ten Schleifendurchlaufs verrechnet und zwar wie folgt:

$$D_i = \frac{y_{i+1} - y_i}{T_A} \tag{35}$$

Die ermittelten Werte für die Ableitung sind dieselben wie nach (34), jedoch auf der Zeitachse um einen Taktschritt vor - also nach links - verschoben, wie Bild 75 demonstriert. Es ist keine größere zeitliche Verschiebung der numerischen gegenüber der stetigen Ableitung zu erkennen, was jedoch lediglich daran liegt, dass die Vorwärts-Ableitung beim allerersten Abtastschritt bereits in die Zukunft blickt und eine Ableitung berechnet. Also nicht wie die Rückwärts-Ableitung erst in die Gänge kommen muss. Nach den ersten Auf und Abs eines Signals ist die Vorwärts-Ableitung - genau anders herum als die Rückwärts-Ableitung - der stetigen Ableitung immer etwas voraus.

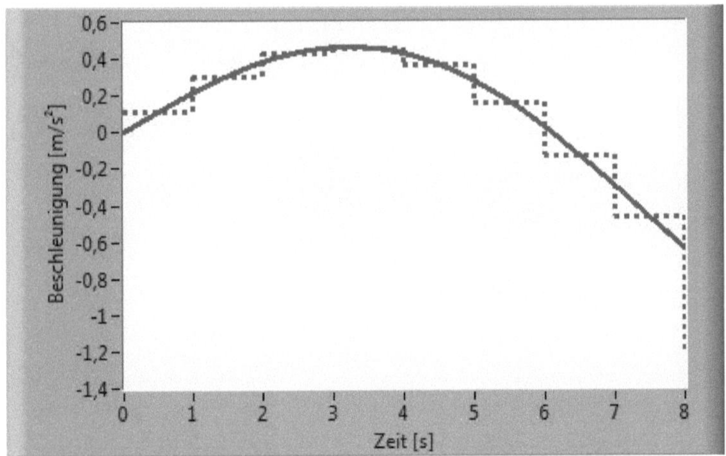

Bild 75: Stetige und numerische Vorwärts-Ableitung

Zumindest im Mittel verhindert die Berechnung nach dem sog. zentralen Differenzenquotient das Vor- und Nachlaufen. Hier wird die Differenz des Abtastwerts y_{i+1} des zukünftigen $i+1$-ten Schleifendurchlaufs mit dem Abtastwertwert y_{i-1} aus dem letzten

Schleifendurchlauf herangezogen. Zwischen beiden ist die Zeit $2 \cdot T_A$ vergangen, weshalb durch diese zu dividieren ist:

$$D_i = \frac{y_{i+1} - y_{i-1}}{2 \cdot T_A} \qquad (36)$$

Bild 76 gibt das Ergebnis wieder. Auch hier muss die Abtastfolge bereits abgespeichert vorliegen, um die Berechnung durchführen zu können.

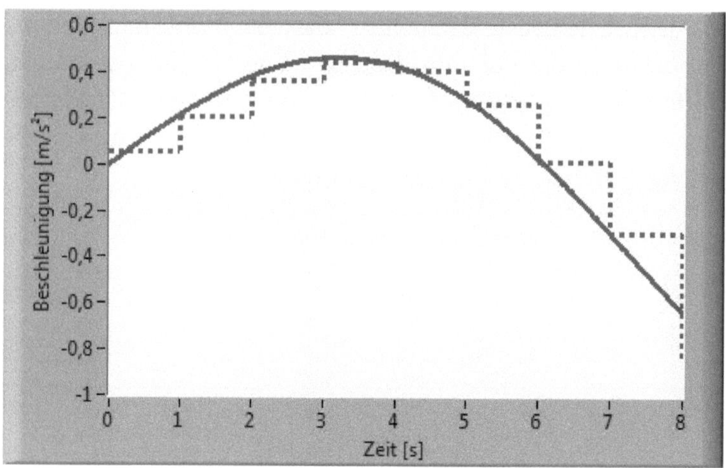

Bild 76: Stetige und numerische Zentral-Ableitung

Integrieren

Wir wollen auch hier wieder vom Geschwindigkeitssignal in Bild 71 ausgehen. Numerisches Integrieren bedeutet im einfachsten und auch hier wieder häufigsten Fall, dass wir uns die Fläche unter der stetigen Originalkurve - und nichts anderes ist ja das Integral - vorstellen als Aufsummierung entsprechender Rechteckflächen. Die Höhe der Rechtecke entspricht ihrem Abtastwert y_k, die Breite ist stets die Abtastzeit T_A. Da wir analog zum Differenzieren das Integral jeweils im i-ten Schleifendurchlauf (eine Schleife ist auch hier wieder notwendig!) angeben wollen, verwenden wir als Summations-Index k:

$$I_i = \sum_{k=1}^{i} T_A \cdot y_k \tag{37}$$

Die in Bild 77 aufgeführten Verläufe zeigen das stetige Integral (durchgezogene Linie) sowie das Ergebnis der numerischen Integration (gepunktete Linie) mit ihrem treppenförmigen Verlauf und entsprechend größeren mittleren Abweichungen, die auch hier wieder von einer noch recht großen Abtastzeit T_A herrühren. Dieses einfache Basisverfahren nennt sich Rechteckregel.

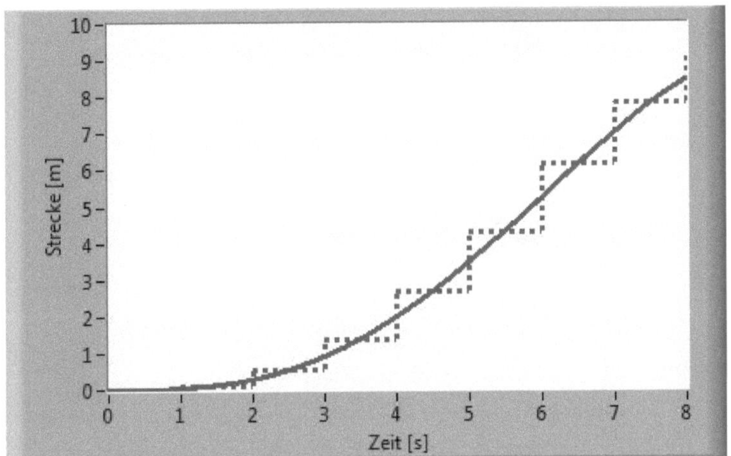

Bild 77: Stetiges und numerisches Integral bei $T_A = 1$ s

Analog zur Differenzierung sehen wir auch bei der Integration eine Verbesserung des Ergebnisses mit abnehmender Abtastzeit T_A, wie dies Bild 78 und Bild 79 nachweisen. Die Integration zeigt im Vergleich zum Differenzieren generell das etwas gutmütigere Verhalten, was die Anforderungen an die Abtastrate anbelangt. Dies liegt in der mathematischen Natur des Integrierens. Der Elektrotechniker würde hier von einem eingebauten Tiefpassverhalten sprechen. Beim Differenzieren wird die Steigung einer Kurve bewertet, die sich je nach Signal sehr schnell immer wieder ändern kann. Demgegenüber geht beim Integral die gesamte Vergangenheit stets in die Berechnung mit ein, so dass sich dieses bei den meisten Signalen nur relativ gemächlich ändert. Mit 100 Abtastungen pro Periode des Signalanteils mit der höchsten Frequenz ist man in vielen Anwendungen auf der richtigen Seite. Eine vorherige Interpolation jedoch stellt auch hier eine pragmatische Alternative zu mit den verwendeten Messkomponenten vielleicht gar nicht realisierbaren sehr hohen Abtastraten dar.

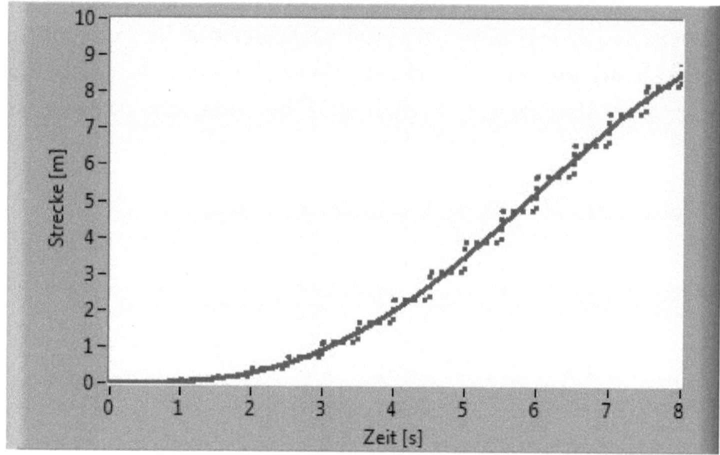

Bild 78: Stetiges und numerisches Integral bei $T_A = 0{,}5$ s

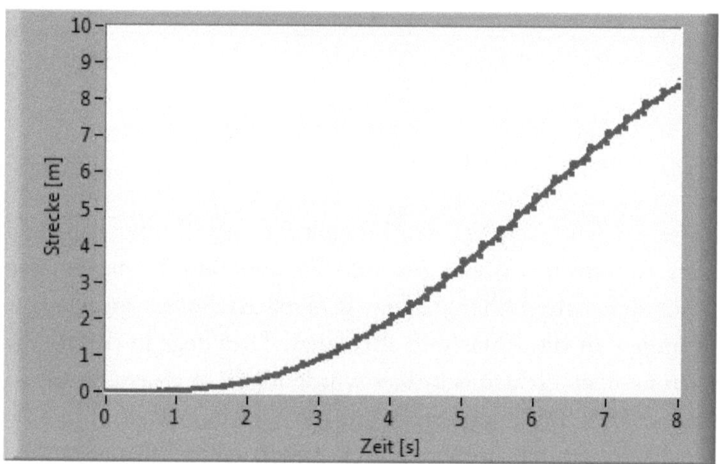

Bild 79: Stetiges und numerisches Integral bei $T_A = 0{,}25$ s

Wie fast zu erwarten, gibt es auch für das Integrieren alternative Rechenregeln, von denen wir zwei wichtige ebenfalls aufführen wollen. Bei der sog. Trapezregel werden jeweils zwei benachbarte Abtastwert y_{k-1} und y_k mit einer Linie verbunden und die Flächen A_k der dadurch entstandenen Trapeze unter der Linie ermittelt zu

$$A_k = \frac{T_A}{2}(y_{k-1} + y_k).\tag{38}$$

Diese müssen nur noch aufsummiert werden, um das endgültige Integral zu erhalten:

$$I_i = \sum_{k=1}^{i} A_k = \frac{T_A}{2}\sum_{k=1}^{i}(y_{k-1} + y_k)\tag{39}$$

Das Ergebnis bei Anwendung auf die identischen Abtastwerte wie zuletzt sehen wir in Bild 80. Der zeitliche Versatz zwischen stetigem und numerischem Integral lässt sich ähnlich der Rückwärts-Ableitung damit erklären, dass man zur Ermittlung des y_{k-1} in die Vergangenheit geht. Auch hier muss dieser Abtaaswert im ersten Schleifendurchlauf für k = 1 zu 0 angenommen werden.

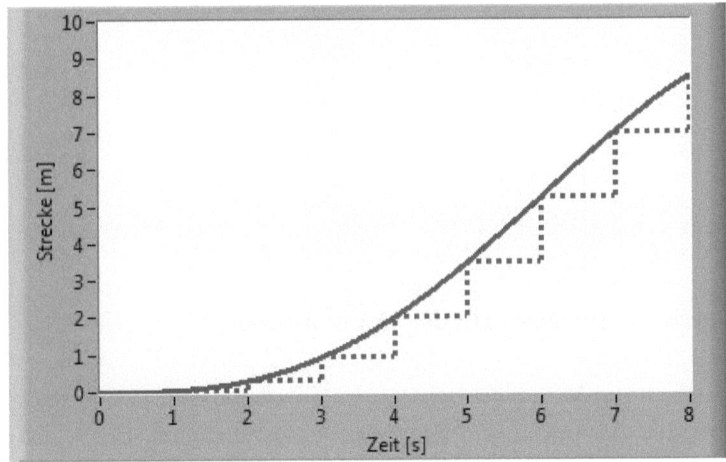

Bild 80: Stetiges und numerisches Integral nach der Trapezregel

Ein gegenüber diesen beiden Integrationsverfahren in der Regel besseres Ergebnis unter der Annahme einer gleichen Anzahl von Abtastwerten liefert die sog. Simpson-Regel. Diese beinhaltet vor der eigentlichen Summation von Teilflächen eine Interpolation. Und zwar wird durch jeweils drei Abtastwerte (im k-ten Schleifendurchlauf sind dies y_{k-1}, y_k und y_{k+1}) ein Polynom zweiten Grades gemäß (26) gelegt. Für die Teilfläche A_k unter diesem Polynom kann man dann eine Formel herleiten und gelangt nach abschließender Summation zu

$$I_i = \frac{T_A}{6} \sum_{k=1}^{i} (y_{k-1} + 4y_k + y_{k+1}) \, . \tag{40}$$

Die Simpson-Regel, deren Anwendung auf unsere Abtastwerte Bild 81 zeigt, lässt sich in dieser Schreibweise auch wieder nur für bereits abgespeicherte Abtastfolgen anwenden.

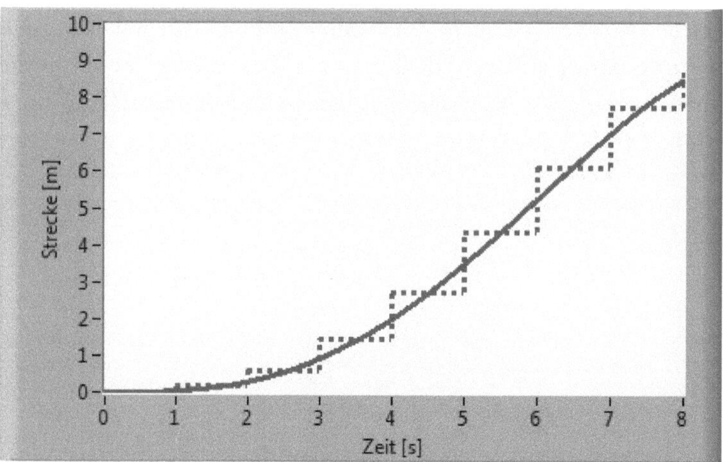

Bild 81: Stetiges und numerisches Integral nach der Simpson-Regel

Man könnte sie alternativ auch in die Vergangenheit anwenden, also die Abtastwerte des aktuellen Schleifendurchlaufs und der beiden vorangegangenen heranziehen. Dann ließe sie sich auch schritthaltend mit einer kontinuierlichen Messdatenerfassung einsetzen. Da sie jedoch damit zwei Schritte in die Vergangenheit sieht, hinkt sie doch deutlicher hinter dem idealen stetigen Integral hinterher, weshalb man sie hier meist doch nicht einsetzt.

In der konkreten programmiertechnischen Umsetzung wird man die bei allen Integrationsverfahren notwendige Summation über k von 1 bis zum i des aktuellen Schleifendurchlaufs nicht bei jedem Durchlauf immer wieder komplett neu durchführen. Sinnvollerweise führt der Programmierer hier eine Summenvariable ein, in welcher der aktuelle Integrationswert bis zum nächsten Schleifendurchlauf gespeichert bleibt, so dass dann nur noch die neue Teilfläche aufaddiert werden muss.

Zum Schluss unserer Betrachtungen wollen wir noch festhalten, dass sämtliche Rechenregeln zum numerischen Differenzieren und Integrieren natürlich auch dann gelten, wenn es sich nicht um Zeitverläufe von Signalen mit entsprechenden Abtastwerten handelt. Auch Wertepaare von Messgrößen können als x-y-Graph in ihrem Zusammenhang betrachtet werden. Die dadurch repräsentierte Kennlinie $y(x)$ können wir ggf. auch nach vorheriger Interpolation ebenso nach x ableiten bzw. über x integrieren.

Digitale Filter

Beim Differenzieren und Integrieren griffen wir - sofern wir uns auf Verfahren beschränkten, die einer laufenden Messdatenerfassung schritthaltend folgten - stets auch auf Abtastwerte der Vergangenheit zu. Es gibt darüber hinaus viele andere sinnvolle Anwendungen in der Messdatenauswertung, bei denen der Blick in die Vergangenheit eines Signalverlaufs vorteilhaft ist. Nachdem die dahinter liegende Struktur der Rechenregeln immer identisch ist, hat man dieser eine einheitliche Darstellung gegeben. Man spricht hierbei auch von einem „Digitalen Filter", wobei es keinesfalls nur um das klassische Filtern von Signalen geht, wenngleich dies ein wichtiges Anwendungsgebiet durchaus ist. Wie wir sehen werden, gibt es genau genommen zwei Varianten digitaler Filter. Die erste ist eine einfachere Form, in der zweiten stecken dann sämtliche Möglichkeiten eines solchen Blicks in die Vergangenheit.

Nichtrekursive Filter

Digitale Filter berechnen aus einer am Eingang anliegenden Abtastfolge von x_i eine Ausgangsfolge von y_i. x_i entsteht direkt aus der Abtastung einer Messgröße oder wurde in vorangegangenen Rechenoperationen aus einer oder mehreren solchen gewonnen. Wichtig ist, dass es sich hierbei immer um Signalverläufe über der Zeit handelt. Digitale Filter arbeiten, wie wir dies beim numerischen Integrieren auch bereits gesehen haben, in der Form einer Schleife, bei der in jedem Schleifendurchlauf i ein neues y_i ermittelt und ausgegeben wird.

Die erste Variante eines digitalen Filters greift bei der Berechnung des y_i auf mehrere zuletzt eingelesene Eingangswerte zurück und zwar in Form einer Summation mit entsprechenden Gewichtungs-Koeffizienten a_k:

$$y_i = \sum_{k=0}^{N} a_k \cdot x_{i-k} \qquad (41)$$

N ist die sog. Ordnung des Filters und gibt an, wie weit man in die Vergangenheit bei der Berechnung des y_i im i-ten Schleifendurchlauf geht. Ein Filter vierter Ordnung beispielsweise wird die Eingangswerte x_{i-4} bis x_i in die Berechnung des aktuellen y_i einbeziehen. Aus der Vergangenheit benötigte Eingangswerte, die in den ersten Schleifendurchläufen noch nicht vorliegen, werden zu 0 angenommen.

Ein Beispiel für eine solche Rechenoperation kennen wir schon: die Rückwärts-Ableitung nach (34). Abgesehen von den anderen Signalbezeichnungen handelt es sich bei (34) um die Rechenvorschrift eines wie oben definierten digitalen Filters erster Ordnung mit:

$$a_0 = 1/T_A$$
$$a_1 = -1/T_A$$

Da immer nur N Taktschritte in die Vergangenheit geblickt wird, lässt sich die Integration nicht so darstellen. Der Leser vergleiche z.B. (41) mit der in (37) definierten Integration gemäß Rechteckregel. (37) sieht in jedem Schleifendurchlauf i eine Summation von Beginn an vor. Die Anzahl der Summanden wächst mit jedem Durchlauf.

So richtig zur Geltung kommt ein solches Filter jedoch erst, wenn wir die Ordnung N etwas erhöhen. Bei der Wahl der Koeffizienten sind der Phantasie nun an sich keine Grenzen gesetzt. Dennoch muss man sich natürlich immer überlegen, was man damit bezwecken möchte. Viele konkrete Ausgestaltungen entstehen aus der Beschäftigung mit ganz konkreten Fragestellungen. So könnte man sich z.B. eine Art gleitende Mittelwertbildung überlegen, um damit verrauschte Signale zu glätten. Dies könnte in einem konkreten Fall so aussehen:

$$y_i = \tfrac{1}{4}x_i + \tfrac{1}{4}x_{i-1} + \tfrac{1}{4}x_{i-2} + \tfrac{1}{4}x_{i-3} \qquad (42)$$

Der Entwickler hat sich hierbei gedacht, dass er einfach einen Mittelwert des aktuellen Werts mit den drei vorangegangenen bildet. Die Anwendung dieses Filters auf das in Bild 82 gezeigte verrauschte Sinussignal mit 1 V Amplitude führt zum Signal gemäß Bild

83. Die Abtastrate betrug 100 Hz. Er hätte natürlich die Filterkoeffizienten auch unterschiedlich ausführen können. Sofern sie in der Summe 1 ergeben, wird das Nutzsignal in seinen ursprünglichen Werten einigermaßen erhalten bleiben. Weicht er davon ab, kann er eine zusätzliche Signaldämpfung oder -verstärkung - aber nur künstlich! - generieren.

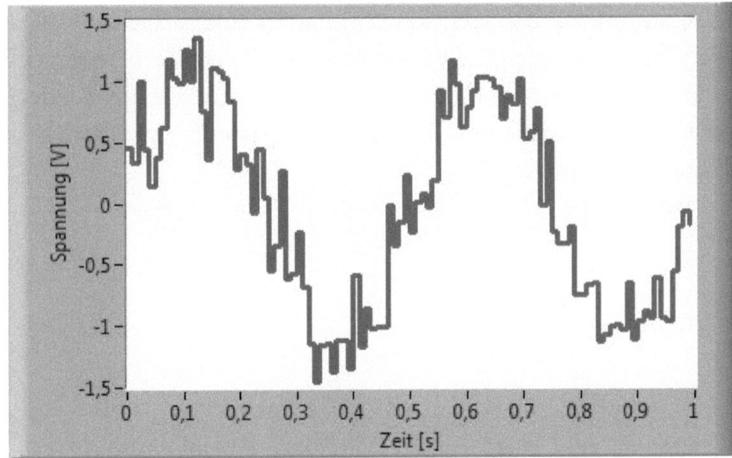

Bild 82: Verrauschtes Sinussignal

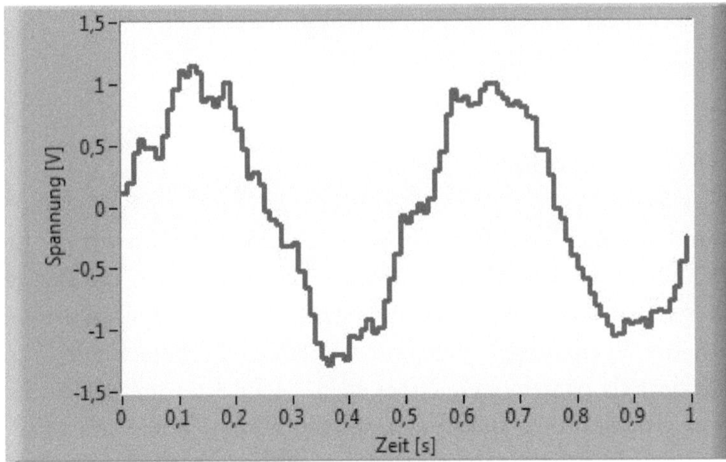

Bild 83: Digital gefiltertes Sinussignal

Speziell für diese bevorzugte Anwendung dieser ersten Variante digitaler Filter als echte Filter im engeren Sinn des Worts sind in der Fachliteratur eine Reihe von Standardfiltern aufgeführt, zu denen es erprobte Verfahren zur Findung geeigneter Koeffizienten gibt. Oftmals sind entsprechende Tabellen vorhanden, in denen man nach Filtereigenschaften sortiert einen passenden Koeffizientensatz ablesen kann. Nur exemplarisch ohne nähere Erläuterung sei in Bild 84 das gepunktete Ausgangssignal eines mit einem Rechtecksignal gespeisten sog. Equi-Ripple-Tiefpasses gezeigt. Die verwendete Abtastrate betrug auch hier 100 Hz. Bei diesem Filtertyp lassen sich Ordnung (hier wurde 32 verwendet), Durchlassfrequenz (11 Hz) und Sperrfrequenz (13 Hz) wählen. Insider sprechen auch von der Zahl der „Abgriffe" statt der Ordnung.

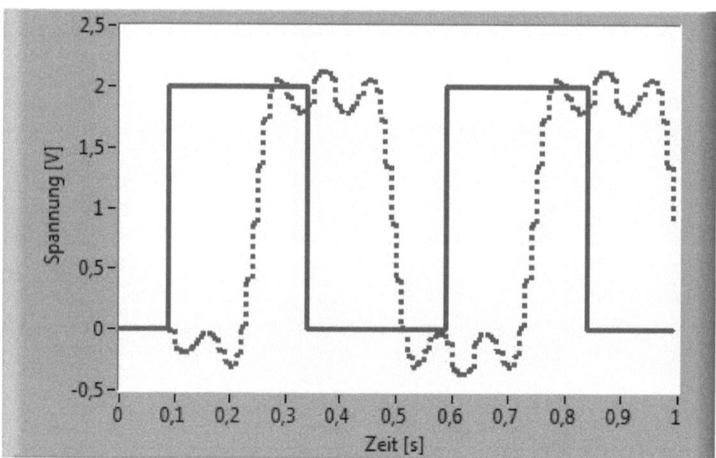

Bild 84: Rechtecksignal an einem Equi-Ripple-Tiefpass

Bevor wir uns der zweiten und allgemeineren Filtervariante zuwenden, wollen wir die für ein Filter gemäß (41) gebräuchlichen Bezeichnungen noch ansprechen. Im Deutschen nennt man es nichtrekursives Filter, was schlichtweg ausdrückt, dass es im Gegensatz zur zweiten Filtervariante bei seiner Rechenregel nicht auf früher bereits berechnete Ausgangswerte zurückgreift, was dort als rekursiv bezeichnet wird. Mehr dazu aber gleich. Im Englischen spricht man von einem Finite Impulse Response Filter - abgekürzt „FIR-Filter". Dies impliziert die Eigenschaft eines solchen Filters, auf ein einmaliges Signal am Eingang mit einem endlichen Ausgangssignal zu reagieren. Im Idealfall ist das ein Impuls, der so definiert ist, dass nur ein einziger Wert der Eingangsfolge von 0 verschieden ist. Egal wie man die Koeffizienten in (41) wählt: Die Rechenvorschrift kann auf Dauer kein Ausgangssignal produzieren, wenn nicht weiterhin am Eingang ein Signal anliegt. Ein FIR-Filter hat kein Gedächtnis.

Rekursive Filter

Genau diese Art von Gedächtnis weist nun das sog. rekursive Filter auf, das im Englischen auch Infinite Impulse Response Filter („IIR-Filter") genannt wird. Seine Rechenvorschrift lautet:

$$y_i = \sum_{k=0}^{N} a_k \cdot x_{i-k} - \sum_{k=1}^{M} b_k \cdot y_{i-k} \qquad (43)$$

Die erste Summe ist identisch zum nichtrekursiven Filter gemäß (41). Hinzu kommt eine zweite Summe, in der die in M vorangegangenen Schleifendurchläufen bereits berechneten Ausgangswerte mit entsprechenden Gewichten b_k einbezogen werden. Der größere Wert von N und M ergibt die Ordnung des Filters. Dass die zweite Summe erst ab $k = 1$ beginnen kann, ist offensichtlich: für $k = 0$ stünde ansonsten auf der rechten Seite ein $y_{i\text{-}0} = y_i$, was jedoch in diesem Schritt erst auf der linken Seite zu berechnen ist.

Auch hierfür kennen wir schon ein Beispiel: die Rechteckregel zur numerischen Integration in (37), die mit einem einfachen nichtrekursiven Filter noch nicht darstellbar war. Wir müssen (37) hierzu nur rekursiv umformulieren, um eine Struktur gemäß (43) zu erhalten. Dies erreicht man, indem man (37) zunächst auch für $I_{i\text{-}1}$ - wo es ja auch gelten muss - zusätzlich anschreibt:

$$I_{i-1} = \sum_{k=1}^{i-1} T_A \cdot y_k \qquad (44)$$

Nun zieht man (44) von (37) jeweils auf beiden Seiten voneinander ab und erhält:

$$I_i - I_{i-1} = T_A \cdot y_i \tag{45}$$

Durch die Subtraktion bleibt von den beiden Summen nur noch ein Term für den Schleifendurchlauf i übrig. Jetzt stellen wir das nur noch um zu

$$I_i = T_A \cdot y_i + I_{i-1} \tag{46}$$

und haben die endgültige rekursive Schreibweise. Diese entspricht, abgesehen von unterschiedlichen Bezeichnungen des Ein- und Ausgangssignals, nun auch der Struktur aus (43) mit folgenden Koeffizienten:

$N = 0$

$M = 1$

$a_0 = T_A$

$b_0 = -1$

Es handelt sich also um ein sehr einfaches rekursives Filter erster Ordnung. Auch alle anderen Integrationsregeln lassen sich als rekursives Filter darstellen. Wir wollen dies noch kurz für die Simpson-Regel aus (40) nachvollziehen. Da diese jedoch einen Eingangswert aus der Zukunft benötigt - wir erinnern uns: sie ist in Originalschreibweise nur auf bereits abgespeicherte Abtastfolgen anwendbar -, setzen wir sie mit einer anderen Indizierung der Eingangswerte um einen Takt zurück:

$$I_i = \frac{T_A}{6} \sum_{k=1}^{i} (y_{k-2} + 4y_{k-1} + y_k) \tag{47}$$

I_{i-1} lautet dann entsprechend:

$$I_{i-1} = \frac{T_A}{6} \sum_{k=1}^{i-1} (y_{k-2} + 4y_{k-1} + y_k) \tag{48}$$

Nach Subtraktion (47) - (48) und nachfolgender Umstellung erhalten wir:

$$I_i = \frac{T_A}{6}(y_{i-2} + 4y_{i-1} + y_i) + I_{i-1} \tag{49}$$

Dies stellt ein rekursives Filter zweiter Ordnung gemäß (43) mit

$N = 2$

$M = 1$

$a_0 = 1/6 \cdot T_A$

$a_1 = 4/6 \cdot T_A = 2/3 \cdot T_A$

$a_2 = 1/6 \cdot T_A$

$b_0 = -1$

dar.

Durch die Äquivalenz dieser einfachen zwei rekursiven Filter mit Integrationsverfahren wird auch das Gedächtnis eines solchen Filters offensichtlich. Genauso wie die Integration ihren zuletzt ermittelten Wert hält, auch wenn das Eingangssignal schon längst auf 0 zurück gefallen ist, so kann auch ein IIR-Filter einen Wert speichern.

Ähnlich zum nichtrekursiven Filter gibt es auch hier zunächst viele Anwendungen im Bereich der klassischen Signalfilterung. Wir verzichten auf eine tiefergehende Darstellung dieser Thematik und wollen lediglich einen Filtertyp, den sog. Butterworth-Tiefpass, in seiner Anwendung auf dasselbe Rechtecksignal wie in Bild 84 noch demonstrieren. Bei ebenfalls identischer Abtastrate von 100 Hz erhalten wir mit den hier wählbaren Parametern Ordnung (Abgriffe, hier zwei gewählt) und Grenzfrequenz (12 Hz) das in Bild 85 gezeigte gepunktete Ausgangssignal. Allgemein kann man sagen, dass man bei einem rekursiven Filter schon mit geringer Ordnung sehr vorteilhafte Signalfilterungen konzipieren kann.

Es lassen sich - dies gilt auch für nichtrekursive Filter - nicht nur Tiefpassfilter realisieren. Auch sämtliche anderen Durchlasscharakteristika wie Hochpass, Bandpass und Bandsperre lassen sich implementieren.

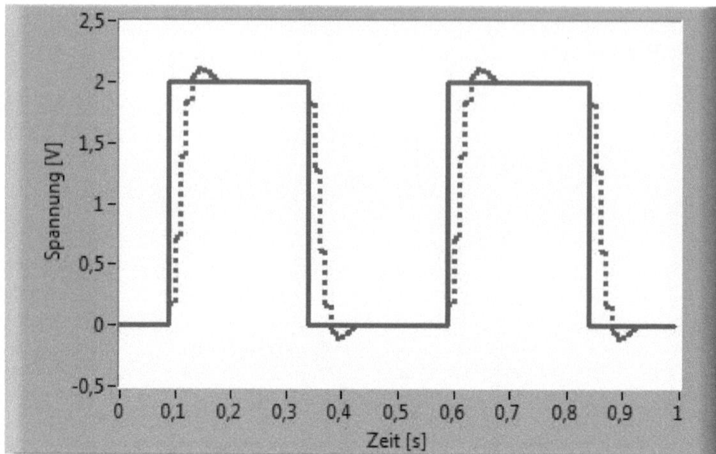

Bild 85: Rechtecksignal an einem Butterworth-Tiefpass

Digitale Filter haben insbesondere bei fortgeschrittenen Verfahren der Sensorsignalauswertung wie z.B. bei Radarsensoren eine große Verbreitung gefunden, von der modernen Kommunikationstechnik, wo sie in den Chips der Sende- und Empfangseinheiten vielfältig wirken, ganz abgesehen. Hier werden deutlich komplexere Filter verwendet als wir bei unseren kleinen Beispielen erläutern konnten. Digitale Filter sind ein eigenes Fachgebiet mit speziellen Entwurfsverfahren, bei denen u.a. die sog. z-Transformation eine wichtige Rolle spielt. All dies würde jedoch den Rahmen dieses Kapitels sprengen. Ziel war es, dem Leser einen ersten Eindruck zu vermitteln, wie digitale Filter arbeiten. Erste kleine Anwendungen lassen sich auf dieser Basis bereits spielerisch ausprobieren.

Korrelationsfunktionen

Spricht man davon, dass zwei Sachverhalte miteinander korrelieren, so ist damit gemeint, dass sie einander bedingen. In der Statistik präzisiert man diesen Begriff und versteht darunter den quantitativen Zusammenhang zweier Datensätze, die durch Zählung, Beobachtung, Messung etc. generiert wurden. So korrelieren beispielsweise beim Menschen die Größen „Alter" und „Schuhgröße" recht gut, wenn man sich auf einen hierfür sinnvollen Definitionsbereich z.B. aller Menschen unter 18 Jahren beschränkt, in dem es für eine der beiden Größen noch keine Obergrenze gibt. Die Statistiker haben hierfür quantitative Kenngrößen und Funktionen definiert, die wir auch in der Messdatenauswertung vorteilhaft einsetzen können, wenn wir den Zusammenhang zweier Signale analysieren müssen. Auch ein uns in seinem Basisverlauf bekanntes Signalmuster können wir z.B. unter Anwendung von Korrelationsfunktionen aus einem stark verrauschten Signal wiedererkennen.

Korrelationskoeffizient

Wir wollen zur weiteren Erläuterung annehmen, dass wir über eine Messdatenerfassung in unserer Messdaten-Applikation zwei Abtastfolgen von Messgrößen x_i und y_i vorliegen haben. Wie wir sehen werden, müssen diese immer schon fertig in abgespeicherter Form vorliegen. Wir können Korrelationsrechnungen grundsätzlich nicht schritthaltend parallel zur Messdatenerfassung vornehmen, sondern benötigen immer gewisse Mindestmengen an Abtastwerten für die zwei zu korrelierenden Messgrößen. In der Praxis wird dies häufig auch dadurch erreicht, dass aus z.B. zwei kontinuierlich abgetasteten Signalen immer wieder je ein Signalausschnitt entnommen und daraufhin der Korrelationsrechnung zugeführt wird.

Für beide, jeweils N lange Abtastfolgen lassen sich gemäß (17) bzw. (18) die Mittelwerte $\bar{x}$ und $\bar{y}$ bzw. die Standardabweichungen σ_x und σ_y ermitteln. Zur Kompatibilität mit den nachfolgenden, in der Korrelationsrechnung üblichen Bezeichnungen haben wir statt des „s" in (18) nunmehr „σ" geschrieben. Die erste für uns wichtige Kenngröße ist nun die sog. Kovarianz σ_{xy}, die wie folgt definiert ist:

$$\sigma_{xy} = \frac{1}{N} \sum_{i=1}^{N} (x_i - \bar{x})(y_i - \bar{y}) \tag{50}$$

Sie ist ein Maß für den Zusammenhang der beiden Signale x_i und y_i. Wir können uns dies so vorstellen: sind beide Signale identisch - weisen also zu allen Abtastzeitpunkten i denselben Wert auf -, erhalten wir als einzelne Summanden ausschließlich positive Produkte bzw. speziell beim Durchgang durch den Mittelwert den Wert 0. Dies bedeutet, dass die Kovarianz im Laufe der Summation kontinuierlich ansteigt und einen wie auch immer gearteten höheren positiven Wert annehmen wird. Verschieben wir jetzt gedanklich eines der beiden Signale etwas auf der Zeitachse, so werden i. Allg. zunehmend kleinere sowie auch negative Produkte hinzukommen und somit einen kleineren Summenwert produzieren. Haben zwei Signale überhaupt nichts mehr miteinander zu tun, wird die Kovarianz zu 0. Sind die beiden Signale dagegen recht ähnlich und nur gegenläufig in Bezug auf ihre jeweiligen Mittelwerte, wird die Kovarianz negativ, ihr Betrag ist jedoch nach wie vor ein Maß für die Ähnlichkeit.

Bei reinen Wechselgrößen mit $\bar{x} = \bar{y} = 0$ vereinfacht sich (50) zu

$$\sigma_{xy} = \frac{1}{N} \sum_{i=1}^{N} x_i y_i \; . \tag{51}$$

Die Kovarianz ist in ihrem Betrag von den beteiligten Signalformen abhängig. Um eine quantitativ sinnvolle Aussage zu erhalten, muss sie erst normiert werden, was durch Division durch das Produkt der beiden Standardabweichungen geschieht und sich nunmehr Korrelationskoeffizient nennt:

$$r = \frac{\sigma_{xy}}{\sigma_x \sigma_y} \tag{52}$$

Der Betrag von *r* liegt stets zwischen 0 und 1. Je näher er bei 1 liegt, umso ähnlicher sind die beiden Signalverläufe. Verlaufen diese gegenläufig - dies auch wieder in Bezug auf ihre jeweiligen Mittelwerte -, so ist *r* negativ, ansonsten positiv. Wir betrachten dazu als Beispiel das in Bild 86 aufgeführte Sinussignal, das wir mit 100 Hz zu einer Abtastfolge x_i abgetastet haben.

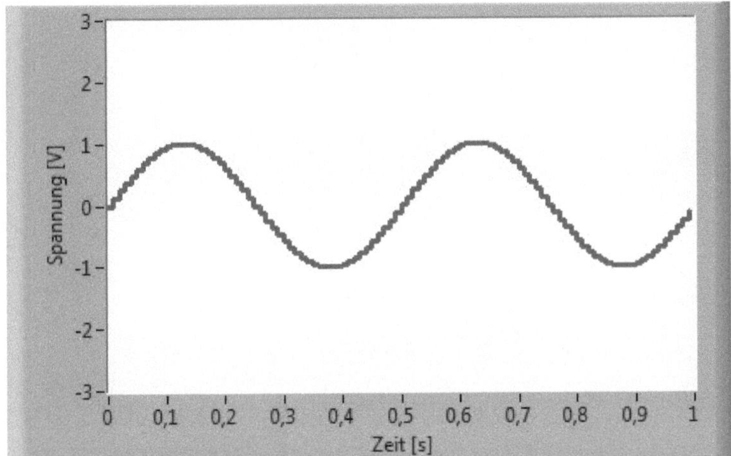

Bild 86: Sinussignal als Abtastfolge x_i

Dieses Sinussignal soll nun mit einem weiteren Signal ursächlich zusammenhängen, das jedoch verrauscht sei und das wir als Abtastfolge y_i jeweils parallel zu x_i abgetastet haben. Ist y_i, wie in Bild 87 gezeigt, nur schwach verrauscht, ergibt die Berechnung von *r* gemäß (52), wobei wir für die Kovarianz (51) und für die beiden Standardabweichungen (18) noch benötigen, den im Bild vermerkten Wert 0,96. Dieser liegt sehr nahe an 1, was wie erwartet eine sehr große Ähnlichkeit der beiden Signale bedeutet.

Mit zunehmendem Rauschen in Bild 88 und Bild 89 wird *r* mit 0,82 bzw. 0,49 kleiner. Obwohl in Bild 89 das Rauschen schon so stark ist, dass wir nur noch grob das Sinussignal erkennen können, lässt der Korrelationskoeffizient doch noch eine vergleichsweise hohe Korrelation der beiden Signale erkennen. Selbstverständlich gelten unsere Betrachtungen nicht nur für von der Zeit abhängige Abtastwert $x_i(t)$ und $y_i(t)$, wie wir dies unserem Beispiel zugrunde gelegt haben. Sämtliche Rechenvorschriften lassen sich auf jeglichen Datensatz von Wertepaaren (x, y) anwenden.

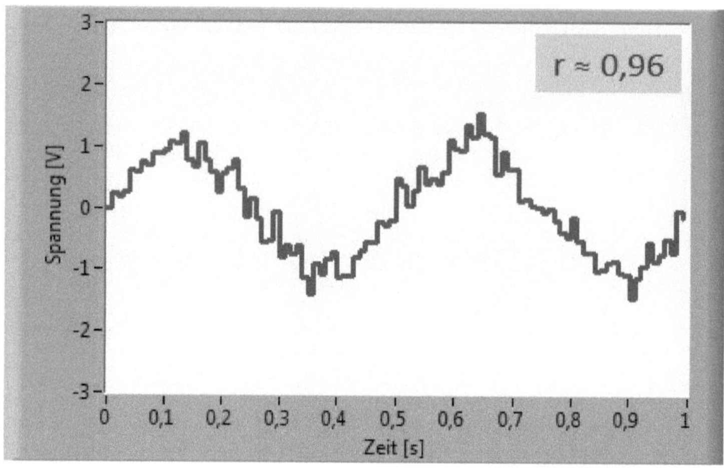

Bild 87: Korrelation mit schwach verrauschtem Sinussignal

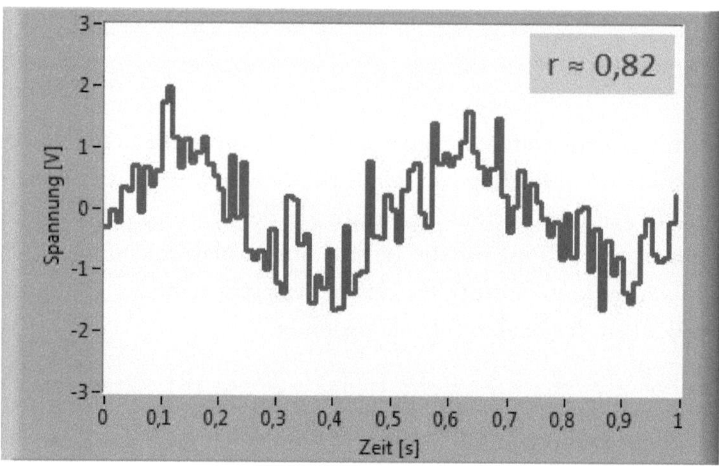

Bild 88: Korrelation mit mittel verrauschtem Sinussignal

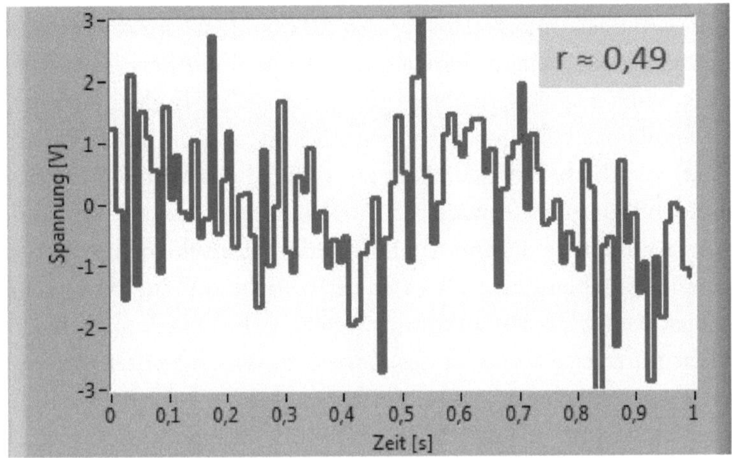

Bild 89: Korrelation mit stark verrauschtem Sinussignal

Kreuzkorrelationsfunktion

In vielen Fällen der Messdatenauswertung, in denen zwei Signalverläufe im Sinne einer Korrelation miteinander zu vergleichen sind, entstammen sie ursprünglich derselben Quelle im technischen Prozess. Sie haben mitunter nur unterschiedliche Wege beschritten, um dann in der Messdaten-Applikation an entsprechender Stelle wieder zusammen zu finden. Nur ein Beispiel für eine mögliche Aufgabenstellung hierbei: In der Messtechnik werden optische Verfahren zur berührungslosen Geschwindigkeitsmessung über Grund eingesetzt, bei denen zeitversetzt zwei bezüglich der Bewegungsrichtung hintereinander in einem gewissen Abstand angebrachte Sensoren das vom Boden bei entsprechender Beleuchtung reflektierte Signalmuster kontinuierlich abtasten. Die beiden Signalfolgen sind grundsätzlich identisch - von gewissen Abweichungen, die durch Rauschvorgänge oder z.B. bei Kurvenfahrten entstehen, abgesehen -, jedoch bei über Grund bewegtem System zeitlich versetzt. Man möchte nun mittels Korrelation der beiden Signalfolgen heraus finden, um welche Zeitdauer sie versetzt sind, um mit dieser und dem bekanntem Abstand der beiden Sensoren die Geschwindigkeit über Grund zu bestimmen. Auch die Geschwindigkeit bewegter Medien, ob fest, flüssig oder gasförmig, kann auf diese Weise bestimmt werden.

Wie würde ein Algorithmus auf Basis unserer bisherigen Erkenntnisse aussehen? Wir würden sinnvollerweise regelmäßig von beiden Signalen parallel je eine Abtastfolge einer gewissen Länge erfassen und zwischenspeichern. Nun gilt es heraus zu finden, um wie viele Abtastschritte man das Signal des vorderen Sensors nach hinten (also nach rechts in einem Graphen über der Zeit) verschieben muss, bis es zum Signal des hinteren Sensors identisch oder unter Berücksichtigung der erwarteten Abweichungen diesem am ähnlichsten ist. Als Maß für die Ähnlichkeit könnten wir in jedem Verschiebeschritt den Korrelationskoeffizienten gemäß (52) benutzen. Da es uns aber nicht auf eine Bewertung der Ähnlichkeit mit einer objektiven Maßzahl ankommt, reicht es hier vollkommen, die Kovarianz (also die noch nicht normierte Vorstufe des Korrelationskoeffizienten) zu verwenden. Um die Rechnung etwas einfacher zu gestalten, haben wir bei beiden Signalfolgen zuvor den Mittelwert berechnet und aus den Abtastwerten heraus gerechnet, so dass wir mit der Formel für reine Wechselgrößen (51) rechnen können.

Genau dieses Vorgehen ist in nachfolgender Definition der sog. „Kreuzkorrelationsfunktion" (KKF) enthalten:

$$KKF_i = \frac{1}{N} \sum_{k=1}^{N} x_k y_{k+i} \tag{53}$$

Sie entspricht (51) mit zwei Unterschieden: 1. aus dem Summationsindex i in (51) wurde nun k, was damit zusammenhängt, dass wir das Ergebnis der Funktion auf den gewohnten Index i beziehen wollen. 2. Die Abtastfolge y_k wird um i Abtastschritte verschoben. i ist das Argument der Funktion. Zu jedem i existiert ein Funktionswert KKF_i. Das Maximum von KKF_i liegt an dem Wert von i, um den y_k verschoben werden muss, um eine größtmögliche Ähnlichkeit mit x_k aufzuweisen. Durch Multiplikation dieses resultierenden Verschiebewerts i mit der Abtastzeit T_A erhalten wir die zugehörige Zeitverschiebung, die wir z.B. für die Geschwindigkeitsmessung unseres Eingangsbeispiels benötigen.

Zur Demonstration nehmen wir die Abtastfolge unseres Sinussignals aus Bild 86 als x_k und eine gegenüber dieser um 0,125 s zeitlich vorlaufende, also im Graphen entsprechend nach links verschobene Abtastfolge y_k in ansonsten identischer Form (Bild 90).

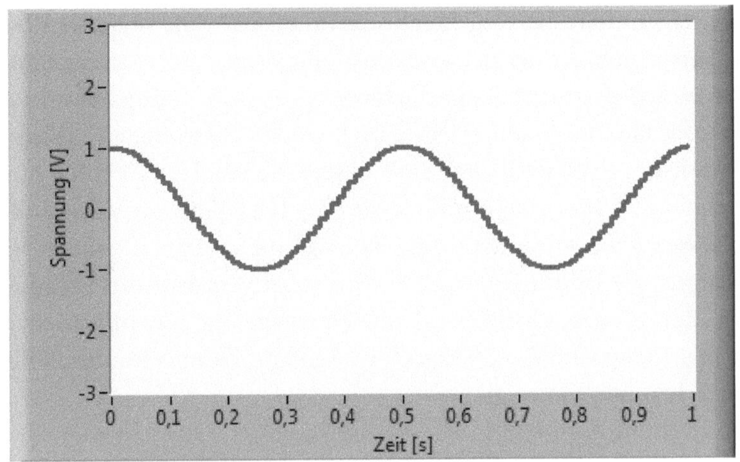

Bild 90: Zeitversetztes Sinussignal als Abtastfolge y_k

Die aus beiden gemäß (53) berechnete KKF_i ist in Bild 91 zu sehen. Ihr Maximum liegt bei -0,125 s und zeigt damit genau die Zeitverschiebung an. Das Minuszeichen bedeutet, dass y_k nach rechts verschoben werden muss, um eine maximale Ähnlichkeit zu erreichen. KKF_i ist sowohl für positive als auch negative i definiert.

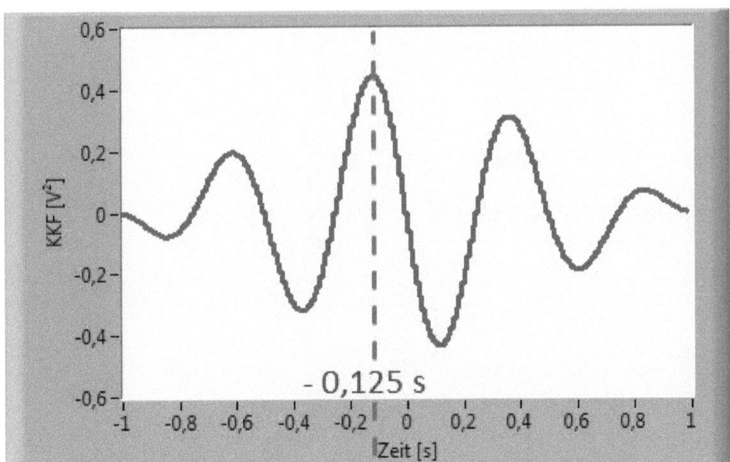

Bild 91: KKF zweier zeitversetzter Sinussignale

Im Bild sind Nebenmaxima erkennbar, die vom Hauptmaximum bzw. im weiteren Verlauf untereinander um die Periodendauer der beiden Sinussignale von 0,5 s entfernt sind. Dies rührt daher, dass eine zusätzlich zur Basisverschiebung von 0,125 s vorgenommene Verschiebung von y_k um jeweils eine Periode natürlich auch wieder zum selben Sinussignal führt - präziser: führen müsste. In Wirklichkeit sind unsere Signalfolgen nämlich nur für die 100 Abtastwerte definiert. Wir erinnern uns an die 100 Hz Abtastrate. Innerhalb der Summenbildung in (53) existieren somit für jedes $i \neq 0$ Multiplikatoren y_{k+i}, die nicht definiert sind. Ein Algorithmus zur Bildung von KKF_i wird in diesem Fall diese Multiplikatoren zu 0 annehmen. Aus diesem Grund wird mit betragsmäßig zunehmendem i die Signalfolge y_{k+i} immer mehr abgeschnitten, was sich in KKF_i durch eine kontinuierliche Dämpfung der Werte nach außen hin zeigt.

Korrelation verrauschter Signalfolgen

Um die Leistungsfähigkeit der KKF zu demonstrieren, wollen wir nun die beiden Sinussignale zusätzlich und unabhängig voneinander verrauschen. Wir erhalten die beiden neuen Signalfolgen x_k und y_k gemäß Bild 92 und Bild 93.

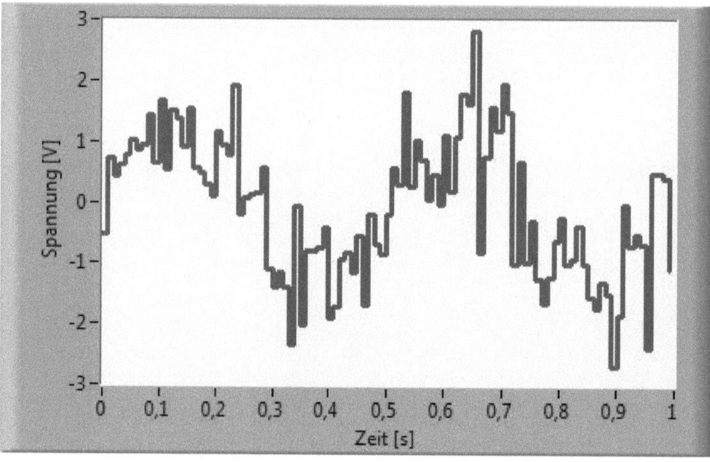

Bild 92: Verrauschtes Sinussignal als Abtastfolge x_k

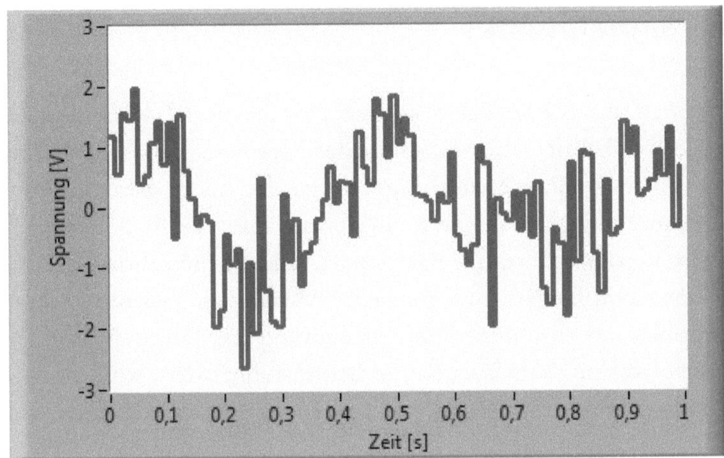

Bild 93: Zeitversetztes, verrauschtes Sinussignal als Abtastfolge y_k

Die resultierende KKF_i ist in Bild 94 aufgeführt. Sie zeigt ein deutlich geringeres Rauschen als die beiden Sinussignalfolgen. Das Maximum ist nach wie vor relativ gut zu bestimmen, wenngleich mit zunehmendem Rauschen auch hier eine ansteigende Messunsicherheit zu verzeichnen ist.

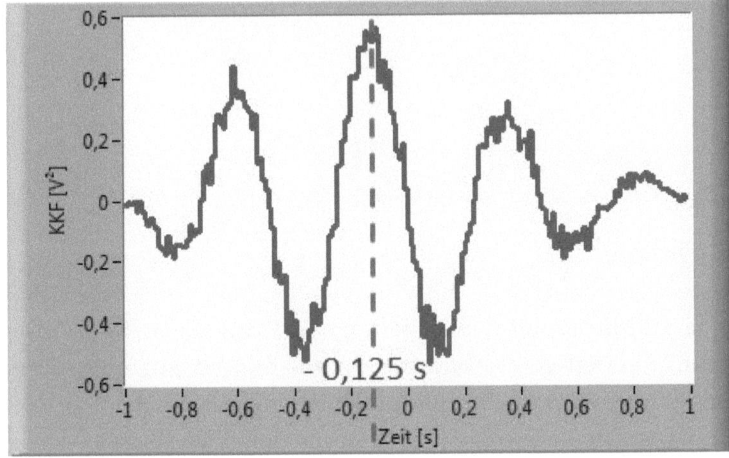

Bild 94: KKF zweier zeitversetzter, verrauschter Sinussignale

Detektion gestörter Signalmuster

Neben Anwendungen, bei denen wie zuletzt der Zeitversatz zweier ursächlich miteinander verwandter Signalfolgen zu bestimmen ist, müssen in der Messdatenauswertung häufig bestimmte Signalmuster in einer eingelesenen Signalfolge detektiert werden. Auch dies wollen wir an einem Beispiel zeigen. Wir nehmen dazu an, dass der Signalerzeuger, zum Beispiel ein Ultraschallsender, eine Impulsfolge gemäß Bild 95 aussendet, die wir mit einem Ultraschallempfänger empfangen und über eine Messdatenerfassungskomponente unserer Messdaten-Applikation zuführen. Die Ansteuerung des Ultraschallsenders erfolge nicht durch unsere Applikation. Wir kennen die Impulsfolge nicht, sondern wissen nur, dass ab und zu entsprechende Impulse gesendet werden, die wir erkennen wollen.

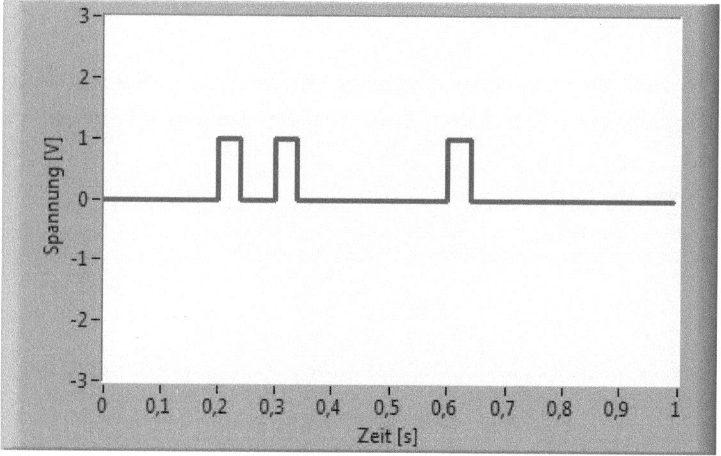

Bild 95: Ausgesendete Impulsfolge

Bedingt durch entsprechende Störungen auf dem Übertragungsweg lesen wir am Empfänger die deutlich mit Störungen überlagerte Abtastfolge y_k aus Bild 96 ein. Zum sicheren Herauslesen der Lage der Sendeimpulse hilft uns auch hier wieder die KKF. An Vorwissen ist seitens unserer empfangenden Messdaten-Applikation lediglich die grundsätzliche Form des Sendesignals notwendig. In unserem Beispiel handelt es sich um einen einfachen Rechteckimpuls, den wir als Abtastfolge x_k gemäß Bild 97 intern vorhalten.

Wir bilden nun die KKF, indem wir x_k und y_k gemäß (53) verrechnen, und erhalten das Ergebnis aus Bild 98. Es zeigen sich drei deutliche Maxima und zwar an genau den Stellen, an denen gemäß Bild 95 auch die drei Sendeimpulse lagen.

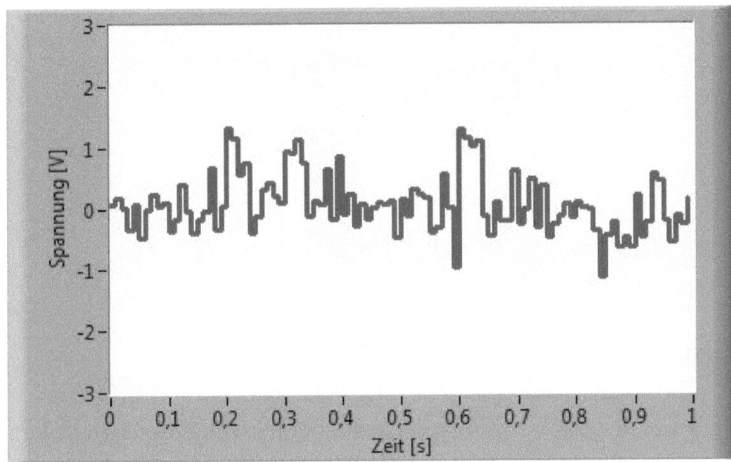

Bild 96: Gestörte Empfangsfolge y_k

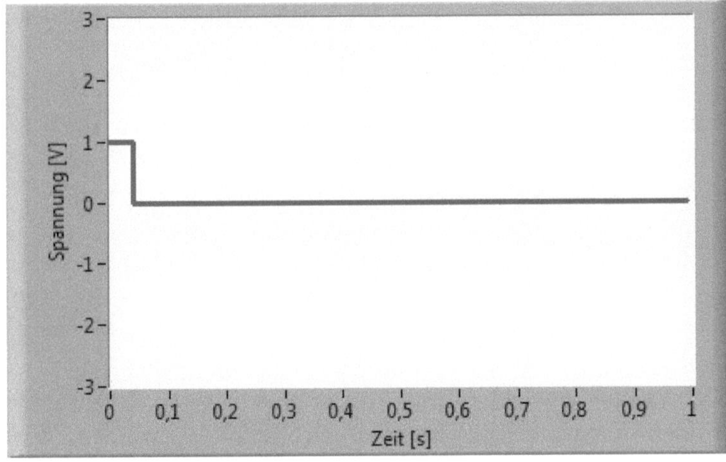

Bild 97: Soll-Impuls x_k

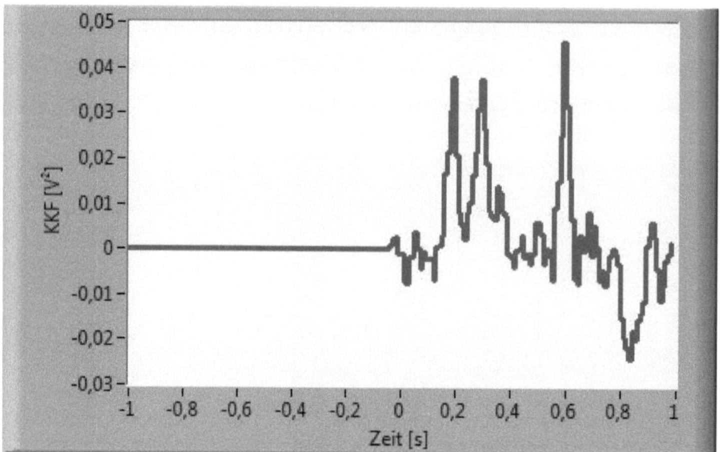

Bild 98: KKF von Soll-Impuls und gestörter Empfangsfolge

Streng genommen sollten wir bei der KKF immer zuerst die beiden Eingangssignalfolgen von ihren Mittelwerten befreien, sie damit gleichanteilsfrei machen. Nur dann gilt zunächst die Definition gemäß (53), die ja wiederum auf der Kovarianz für reine Wechselsignale gemäß (51) aufbaute. In der Praxis arbeitet man jedoch meist auch bei Signalen mit nicht zu großen Gleichanteilen (so wie dies auch im letzten Beispiel der Fall war) nach dieser Definition.

Zum Abschluss unserer Betrachtungen zu Korrelationsfunktionen wollen wir noch ergänzen, dass es neben der AKF auch noch die Autokorrelationsfunktion (AKF) gibt, die gewissermaßen Ähnlichkeiten in sich selbst bewertet:

$$AKF_i = \frac{1}{N} \sum_{k=1}^{N} x_k x_{k+i} \tag{54}$$

Im Vergleich zur KKF gibt es deutlich weniger Anwendungen in der Praxis. Beispielsweise können damit Signalperioden in stark verrauschten Signalen gefunden werden. Weiterhin entspricht die AKF für i = 0 dem quadratischen Mittelwert eines Signals, der unter dem Begriff „Effektivwert" bekannt ist.

Spektralanalyse

Computerbasierte Messdatenerfassungssysteme dienen häufig auch der Überwachung von Maschinen bzw. einzelnen Aggregaten während des Betriebs. Die zugehörige Messdatenauswertung soll hierbei mitunter auch eine frühzeitige Erkennung von sich anbahnendem Verschleiß ermöglichen. Insbesondere bei Prozessen mit rotierenden Massen wie Werkzeugmaschinen, Fahrzeugantrieben, Windrädern etc. lassen sich erste Anzeichen einer Abnutzung in einem unrunden Lauf feststellen, der zu einem veränderten Schwingungsverhalten von Gehäusekomponenten führt. Man nimmt diese Schwingungen mit einem Sensor auf und führt sie der Messdaten-Applikation in abgetasteter Form zu.

Die Erfahrung zeigt, dass derartige Schwingungssignale in der Betrachtung über der Zeit einem Rauschsignal ähneln, in dem sich durch eine beginnende Abnutzung verursachte Änderungen weder mit dem menschlichen Auge noch durch die bisher behandelten Auswerteverfahren zufriedenstellend detektieren lassen. Anders sieht es aus, wenn wir die im Signal enthaltenen Frequenzanteile, sein Spektrum, analysieren. Hier zeigen sich recht schnell markante Änderungen. Dies ist nur ein Beispiel für die große Bedeutung der Spektralanalyse in der Messdatenauswertung. Bevor wir die entsprechenden numerischen Verfahren betrachten, müssen wir kurz die zugrundeliegende Theorie betrachten.

Spektren periodischer Signale

Jedes periodische Signal $x(t)$ der Frequenz f_0 kann man sich zusammengesetzt denken als unendliche Summe einzelner Sinus- und Cosinusschwingungen, die als ganzzahlige Vielfache von f_0 vorliegen. Die Mathematik kennt dies in Form der sog. Fourier-Reihe:

$$x(t) = a_0 + \sum_{n=1}^{\infty} a_n \cdot \cos n2\pi f_0 t + \sum_{n=1}^{\infty} b_n \cdot \sin n2\pi f_0 t \qquad (55)$$

a_0 gibt einen etwaigen Gleichanteil („Offset") an. Für gerade Funktionen sind die $b_n = 0$, für ungerade Funktionen gilt $a_n = 0$.

Die Mathematik liefert auch entsprechende Berechnungsvorschriften für die Koeffizienten. Bei ihnen ist stets ein Integral von $x(t)$ über eine Periode T zu bilden, wobei wir bei $-T/2$ anfangen, was aber auch beliebig anders gewählt werden kann:

$$a_o = \frac{1}{T} \int_{-\frac{T}{2}}^{+\frac{T}{2}} x(t) dt \tag{56}$$

$$a_n = \frac{2}{T} \int_{-\frac{T}{2}}^{+\frac{T}{2}} x(t) \cos n2\pi f_0 t \, dt \tag{57}$$

$$b_n = \frac{2}{T} \int_{-\frac{T}{2}}^{+\frac{T}{2}} x(t) \sin n2\pi f_0 t \, dt \tag{58}$$

So lässt sich ein Rechtecksignal der Frequenz f_0, das jeweils zur Periodenmitte zwischen 0 und $\hat{x}$ wechselt, folgendermaßen schreiben:

$$x(t) = \frac{\hat{x}}{2} + \frac{2\hat{x}}{\pi} \cdot \left(\sin 2\pi f_0 t + \frac{1}{3} \sin 6\pi f_0 t + \frac{1}{5} \sin 10\pi f_0 t + ... \right) \tag{59}$$

Es besteht also neben seinem Gleichanteil $\hat{x}/2$ aus ausschließlich Sinusanteilen der Grundfrequenz f_0 sowie ungeradzahliger Vielfacher davon. Dass dies nicht nur Theorie ist, sondern ganz konkret in der Praxis auch zutrifft, sieht man, wenn man es im Labor mit z.B. drei Sinusgeneratoren näherungsweise nachbildet. Der erste Generator wird auf die Frequenz f_0 und eine Amplitude von beispielsweise 1 V eingestellt, beim zweiten wählt man $3f_0$ und 1/3 V und beim dritten schließlich $5f_0$ und 1/5 V. Wir schalten die drei Spannungssignale in Reihe und sehen z.B. an einem Oszilloskop eine bereits recht gute Näherung eines Rechtecksignals mit den beiden Zuständen 0 V und ca. 0,64 V. Der Wegfall von Sinusanteilen höherer Frequenz wirkt sich in Überschwingern und nicht ganz so steilen Flanken aus. Wichtig für eventuelle Nachbauer: die Sinusgeneratoren müssen synchronisiert sein, also zum selben Zeitpunkt mit exakt derselben Frequenz jeweils starten; auch müssen ihre Masseanschlüsse galvanisch vom Versorgungsnetz getrennt sein, damit die Reihenschaltung funktioniert. Wer es einfacher haben will, kann dieses Experiment natürlich auch mit einem entsprechenden Mathematik- oder Simulations-Tool virtuell nachvollziehen.

Statt der Schreibweise in (55) mit getrennten Sinus- und Cosinusanteilen bevorzugt man in der Spektralanalyse eine kürzere, komplexe Schreibweise. Mit der sog. Eulerschen Formel

$$e^{j\varphi} = \cos\varphi + j \cdot \sin\varphi \,, \tag{60}$$

bei der j die imaginäre Einheit darstellt (Techniker schreiben hier meist „j" statt des in der Mathematik üblichen „i"), können wir (55) nämlich auch so schreiben:

$$x(t) = \sum_{n=-\infty}^{+\infty} A_n e^{jn2\pi f_0 t} \tag{61}$$

Das komplexe A_n hängt mit den a_n und b_n aus (55) dabei wie folgt zusammen:

$$n = 0: \quad A_n = a_0 \tag{62}$$

$$n > 0: \quad A_n = \frac{1}{2}\left(a_n - jb_n\right) \tag{63}$$

$$n < 0: \quad A_n = \frac{1}{2}\left(a_n + jb_n\right) \tag{64}$$

Für $n = 0$ sieht man dies direkt, da die Exponentialfunktion in (61) hierbei zu 1 wird. Für alle anderen n muss man immer ein Paar betragsmäßig gleicher n, jedoch unterschiedlichen Vorzeichens betrachten. Beispielsweise erhalten wir in (61) als Teilsumme der Summanden zu $n = -1$ und $n = 1$:

$$x(t) = \frac{1}{2}\left(a_1 + jb_1\right)\cdot e^{j2\pi f_0 t} + \frac{1}{2}\left(a_1 - jb_1\right)\cdot e^{-j2\pi f_0 t} \tag{65}$$

Nach Verrechnung der einzelnen Terme ergibt dies

$$x(t) = a_1 \cdot \cos 2\pi f_0 t + b_1 \cdot \sin 2\pi f_0 t\,, \tag{66}$$

was in der ursprünglichen Schreibweise gemäß (55) den beiden Summanden für $n = 1$ entspricht. Während in (55) jeweils zwei Summen von 1 bis $+\infty$ gebildet werden, bildet man in (61) eine Summe von $-\infty$ bis $+\infty$. Für $n = 0$ ergibt sich in beiden Darstellungen der Gleichanteil.

Alternativ zu (62) bis (64) kann man A_n auch direkt im Komplexen berechnen:

$$A_n = \frac{1}{T}\int_{-\frac{T}{2}}^{+\frac{T}{2}} x(t)\,e^{-jn2\pi f_0 t}\,dt \tag{67}$$

Der Leser möge sich dies durch Einsetzen von a_n und b_n gemäß (57) und (58) mit einem beliebig gewähltem n - z.B. wieder $n = 1$ - in (63) bzw. (64) vergegenwärtigen. Noch ein Wort zur physikalischen Einheit: die Koeffizienten a_n und b_n bzw. A_n haben dieselbe Einheit wie $x(t)$, im Falle einer elektrischen Spannung als Messgröße also V.

Spektren nichtperiodischer Signale

Die meisten Signale, mit denen wir es in der Messdatenerfassung zu tun haben, sind nicht periodisch. Tritt ein Signal überhaupt nur zu bestimmten Zeitpunkten auf und verschwindet etwas später wieder, spricht man auch von einem transienten Signal. Auch für nichtperiodische Signale lassen sich Spektren angeben. Man kann jedoch in der Praxis immer nur einen zeitlichen Ausschnitt betrachten, ein sog. Fenster, und zu diesem ein Spektrum ermitteln. Man tut also stets so, als hätte man ein transientes Signal, das außerhalb des betrachteten Fensters 0 ist.

Im Unterschied zu periodischen Signalen weisen transiente Signale ein sog. kontinuierliches Spektrum über den gesamten Frequenzbereich auf. Es gibt nicht mehr nur Spektralanteile an ganzzahligen Vielfachen einer Grundfrequenz, sondern an jeder der unendlich vielen Frequenzen zwischen 0 und ∞. Um das Spektrum mathematisch anzugeben, greift man zu einem Trick: Man denkt sich das durch das Fenster der Länge T ausgeschnittene transiente Signal als auf der Zeitachse links und rechts davon periodisch fortgesetzt. Zu diesem nunmehr periodischen Signal lässt sich gemäß (67) ein komplexes Spektrum angeben. Um die nur gedachte Periodizität wieder zu entfernen, muss man in den beiden Integrationsgrenzen T gegen ∞ gehen lassen. Statt A_n betrachtet man nunmehr die sog. spektrale Dichte X, die man erhält, wenn man A_n durch die gedachte Grundfrequenz f_0 dividiert. Da diese der Kehrwert von T ist, fällt beim Übergang zur spektralen Dichte also einfach der Vorfaktor $1/T$ in (67) heraus. Weil f_0 dabei jedoch auch unendlich klein wird, wird aus dem Term nf_0 im Argument der Exponentialfunktion ein kontinuierliches f. Damit haben wir nun (67) umgewandelt zu

$$X(f) = \int\limits_{-\infty}^{+\infty} x(t)\, e^{-j2\pi ft}\, dt \,. \tag{68}$$

Die Einheit der spektralen Dichte X erhält man durch Multiplikation der Einheit von x mit der Zeiteinheit [s]. Ist $x(t)$ ein Spannungssignal, so weist $X(f)$ die Einheit [Vs] oder sinnvoller in unserem Zusammenhang [V/Hz] auf.

(68) ist die Rechenvorschrift der sog. Fourier-Transformation. $X(f)$ ist wie A_n auch bereits eine komplexe Zahl. Man darf sich jedoch X nicht mehr als Amplitude einer Sinus- bzw. Cosinusschwingung mit einer bestimmten Frequenz f vorstellen, sondern allgemeiner als Beitrag eines infinitesimal kleinen Frequenzbandes df zum Gesamtsignal. $X(f)$ ist auch die Funktion, die man im Rahmen typischer Messdatenauswertungen im Spektralbereich betrachtet. Dabei interessiert man sich in aller Regel jedoch nur für die Betragsfunktion $|X(f)|$, die auch Amplitudengang oder Amplitudenspektrum genannt wird.

Zusätzlich lässt sich der selten benutzte Phasengang bzw. das Phasenspektrum $\arg(X(f))$ als Argument - das ist der Winkel in der Polarform der komplexen Zahl X - angeben.

Zur Vollständigkeit soll auch die Berechnungsvorschrift der Fourier-Rücktransformation angegeben werden, mit der man aus einem Spektrum $X(f)$ wieder die Zeitfunktion $x(t)$ ermitteln kann:

$$x(t) = \int\limits_{-\infty}^{+\infty} U(f)\, e^{j2\pi ft}\, df \tag{69}$$

Ist $x(t)$ nicht wirklich ein transientes Signal, sondern wurde durch ein Zeitfenster aus einem kontinuierlichen Signal gewonnen, so erhält man hiermit auch nur das Signal innerhalb des Zeitfensters zurück. In der Messdatenauswertung wird die Rücktransformation nur sehr selten benutzt, da ja die Ursprungssignale im Zeitbereich bereits vorliegen.

Diskrete Fourier-Transformation

Nach der theoretischen Betrachtung von Spektren für periodische und nichtperiodische Signale wollen wir uns jetzt wieder der Praxis zuwenden und uns überlegen, wie man die Spektralanalyse gemäß (68) numerisch so formuliert, dass wir sie einfach als Algorithmus in unsere Messdaten-Applikation einbinden können. Wir gehen dabei davon aus, dass wir innerhalb des oben angesprochenen Zeitfensters eine Abtastfolge x_i mit insgesamt N Abtastwerten eingelesen haben. Zunächst müssen wir das stetige Integral durch eine numerische Formulierung ersetzen, wobei wir die Rechteckregel gemäß (37) als einfachstes Integrationsverfahren wählen - also eine Summation über den Ausdruck im Integral bei gleichzeitiger Multiplikation mit der Abtastzeit T_A.

$$X(f_k) = T_A \cdot \sum_{i=0}^{N-1} x_i\, e^{-j2\pi f_k i T_A} \tag{70}$$

Wir berücksichtigen nun, dass wir aus N Abtastwerten nur N Spektralwerte f_k berechnen können. f_k ist dabei ein Vielfaches der gedachten Grundfrequenz. Diese ist, wie bereits bei der Herleitung von (68) benutzt, der Kehrwert der Zeitdauer des Fensters, in unserem Fall also der Kehrwert von NT_A. Für f_k gilt folglich:

$$f_k = \frac{1}{NT_A} \cdot k \qquad k = 0, 1, ..., N-1 \tag{71}$$

Setzen wir (71) in (70) ein, so erhalten wir:

$$X(f_k) = T_A \cdot \sum_{i=0}^{N-1} x_i e^{-j\frac{2\pi k}{N}i} \tag{72}$$

In der Praxis hat es sich eingebürgert, diese sog. Diskrete Fourier-Transformation (DFT) ohne den Faktor T_A zu schreiben, was zur endgültigen Formulierung

$$X(f_k) = \sum_{i=0}^{N-1} x_i e^{-j\frac{2\pi k}{N}i} \tag{73}$$

führt. Bei genauerer Betrachtung fällt auf, dass diese Funktion periodisch mit der Periode N ist, sofern man die Beschränkung in (71) aufhebt, dass sie nur für ein k zwischen 0 und N - 1 berechnet wird. Weiterhin zeigt sich, dass sich die Spektralwerte des Bereichs zwischen 0 und $N/2$ im nachfolgenden Bereich zwischen $N/2$ und N-1 wiederholen, allerdings gespiegelt. Es lassen sich also „nur" $N/2$ unabhängige Spektralwerte ermitteln. In der Praxis verwendet man auch hier meist ausschließlich die Betragsfunktion $|X(f_k)|$. Diese wird dann oftmals für ein k im Bereich $-N/2$ bis $+N/2$ gezeichnet, wobei der Graph in seiner linken Hälfte dann ein Spiegelbild der rechten ist.

Die Fourier-Transformation und damit auch die DFT beinhalten die Fourier-Reihe für periodische Signale als Spezialfall. Insofern möchte man bei periodischen Signalanteilen durchaus eine ganz konkrete Frequenz mit entsprechender Amplitude aus dem Spektrum herauslesen. Dies ist möglich, in dem wir die beiden Umskalierungen auf unserem Weg von der Fourier-Reihe zur DFT wieder rückgängig machen: 1. Den Übergang zur spektralen Dichte bei der Einführung der Fourier-Transformation in (68). 2. Die beim Übergang von (72) auf (73) unterschlagene Multiplikation mit T_A. Ersteres korrigieren wir mit einer Multiplikation mit einem Δf, welches dem Abstand zweier Spektrallinien in (71) entspricht. Letzteres, indem wir schlichtweg mit T_A multiplizieren. Zur Ermittlung des A_n eines periodischen Signalanteils gemäß (61) rechnen wir also:

$$A_k = X(f_k) \cdot \frac{1}{NT_A} \cdot T_A = \frac{X(f_k)}{N} \tag{74}$$

Als Betragsfunktion gezeichnet wird deshalb meist diese auf N bezogene Form, so dass sich hinter einzelnen Spektrallinien Amplituden periodischer Signalanteile in ihrer ursprünglichen physikalischen Einheit wiederfinden.

Tools für die Messdatenauswertung beinhalten oftmals fertige DFT-Algorithmen, die dort meist als sog. FFT (Fast Fourier Transformation) bezeichnet werden. Hierbei handelt es sich lediglich um eine Rechenzeit sparende Variante der Implementierung nach (73), die genau dieselben Ergebnisse liefert. Der Original-FFT-Algorithmus funktioniert ausschließlich, wenn die Länge N der übergebenen Abtastfolge eine Potenz von 2 ist. Viele FFT-Algorithmen füllen Abtastfolgen, die nicht diesen Kriterien entsprechen, mit Nullen auf oder schneiden diese entsprechend ab. Übliche FFT-Algorithmen geben Spektrallinien für ein k im Bereich $-N/2$ bis $+N/2$ aus, wie wir es zur Definition der DFT in (73) auch bereits vermerkt haben.

Beispiele für Amplitudenspektren

Wir wollen ein paar Beispiele für mit der DFT berechnete Amplitudenspektren betrachten. Bei allen Beispielen beträgt $N = 100$. Sämtliche dargestellten Spektralwerte sind entsprechend (74) auf N bezogen. Zunächst wollen wir das Sinussignal in Bild 99 einer DFT unterziehen. Das Ergebnis ist in Bild 100 aufgeführt. Man erkennt sowohl bei der positiven Signalfrequenz von 10 Hz wie auch bei deren Pendant im negativen Frequenzbereich einen sog. Peak von 0,5 V Höhe. Dies entspricht in der Tat einer realen Amplitude von 1 V, wie auch die stetige Schreibweise der Fourier-Transformierten eines Sinussignals der Amplitude $\hat{x}$ und der Frequenz f_0 zeigt:

$$X(f) = j\frac{1}{2}\hat{x}\left[\delta(f+f_0) - \delta(f-f_0)\right] \tag{75}$$

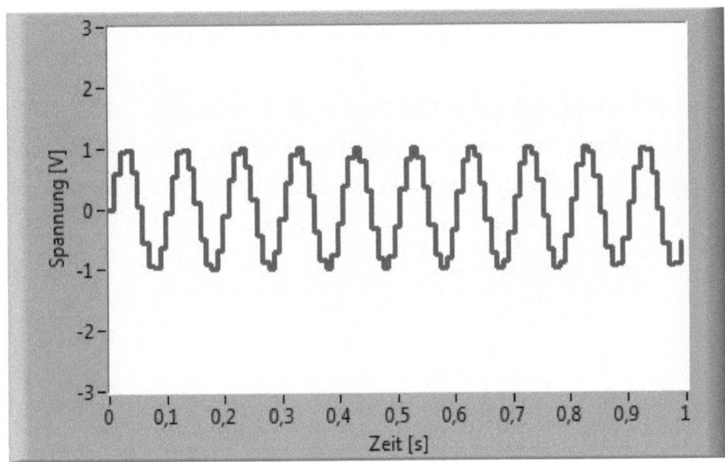

Bild 99: Abgetastetes Sinussignal

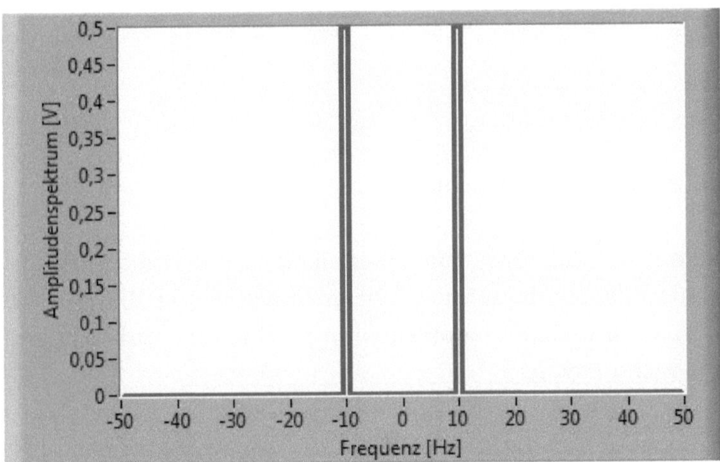

Bild 100: Diskretes Spektrum des Sinussignals

In diesem stetigen Spektrum steht der mathematische Dirac-Impuls $\delta(f)$ für eine unendlich kurze, dabei jedoch auch unendlich hohe Spektrallinie mit Flächeninhalt 1 und Einheit [1/Hz]. Der Vorfaktor 1/2 in (75) bedeutet, dass bei beiden Frequenzen $+f_0$ und $-f_0$ je ein Dirac-Impuls mit einer Fläche von der Hälfte von $\hat{x}$ vorhanden ist.

Nun wollen wir dem Sinussignal einen Gleichanteil von 1 V hinzufügen (Bild 101). Nach Durchführung der DFT erhalten wir ein Amplitudenspektrum gemäß Bild 102. Der Gleichanteil ist in der zusätzlich entstandenen Spektrallinie bei $f = 0$ abzulesen.

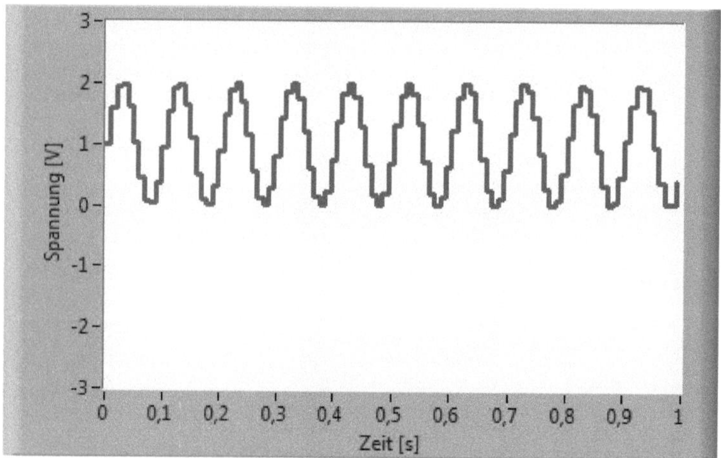

Bild 101: Abgetastetes Sinussignal mit Gleichanteil

Weiterhin wollen wir noch das Amplitudenspektrum eines nichtperiodischen Signals und zwar des Rechteckimpulses aus Bild 103 betrachten. Dieses finden wir in Bild 104. Es zeigt den hierzu typischen Verlauf mit einer Hauptkeule um $f = 0$ herum und dazu kleineren Nebenkeulen links und rechts davon.

Für alle drei Beispiele - es galt jeweils $T_A = 0,01$ s und $N = 100$ - konnten wir gemäß (71) mit Berücksichtigung der verschobenen Darstellung für ein k von $-N/2$ bis $+N/2$ Spektrallinien mit einem Abstand von 1 Hz im Bereich -50 Hz bis +50 Hz erwarten. Dieser Frequenzbereich findet sich auch in den dargestellten Graphen wieder. Das Spektrum des Rechteckimpulses in Bild 104 scheint links und rechts dieses Bereichs noch weiterzugehen, ohne dass die DFT diese Werte jedoch liefern kann. Dies liegt daran, dass wir nicht so schnell abtasten, wie wir eigentlich gemäß Abtasttheorem (siehe Seite 32) müssten. In unserem Fall eines in der Realität nicht möglichen Impulses mit unendlich steilen Flanken ginge dies eh nicht, da dieser unendlich hohe Frequenzanteile besitzt.

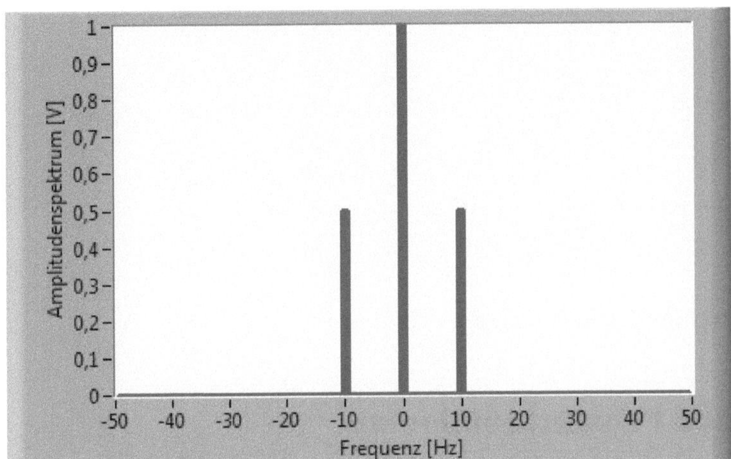

Bild 102: Diskretes Spektrum des Sinussignals mit Gleichanteil

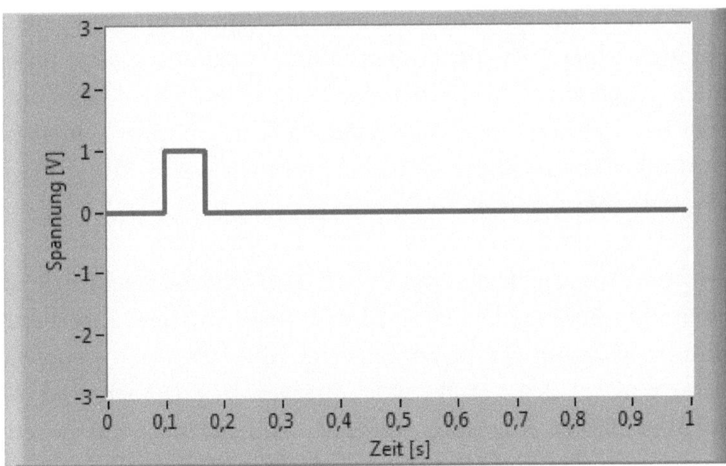

Bild 103: Abgetasteter Rechteckimpuls

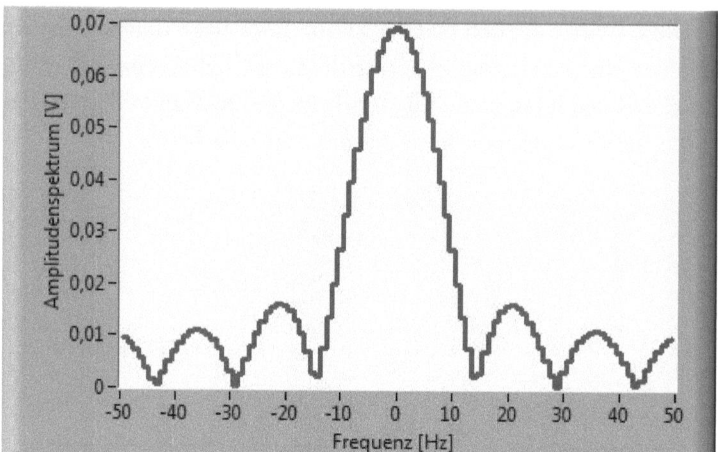

Bild 104: Diskretes Spektrum des Rechteckimpulses

Spektrumsfehler und Fensterfunktionen

Angesichts des in Bild 104 nicht vollständig ermittelten Spektrums mag der aufmerksame Leser sich jetzt fragen, wieso die Spektren des Sinussignals in Bild 100 bzw. Bild 102 vollständig sind, obwohl wir doch aus dem kontinuierlichen Sinussignal nur einen gewissen Fensterbereich ausgeschnitten haben: Wir hatten hier Glück in dem Sinn, dass unser Fenster in seiner Länge einem ganzzahligen Vielfachen der Periode des Sinussignals entsprach, in unserem Fall exakt dem Zehnfachen. Genau dann, so lässt sich zeigen, erhalten wir ein korrektes Spektrum. Immer voraus gesetzt natürlich, dass wir gemäß Abtasttheorem mehr als zweimal pro Periode abtasten.

Anders sieht es aus, wenn wir die Frequenz leicht von bisher 10 Hz auf nunmehr 9,5 Hz ändern, ansonsten jedoch weiterhin über die Dauer von 1 s 100-mal abtasten. Das durch die DFT berechnete Amplitudenspektrum für diesen Fall zeigt Bild 105. Auch wenn die zwei Peaks weiterhin markant und bei den korrekten Frequenzen zu erkennen sind, so brechen sie doch in ihrer Höhe stärker ein. Auch werden Frequenzanteile auf beiden Seiten der Peaks angezeigt, die im realen Sinussignal gar nicht vorkommen. Der Grund für diese Fehler liegt darin, dass unser Zeitfenster jetzt nicht mehr zur Signalperiode passt.

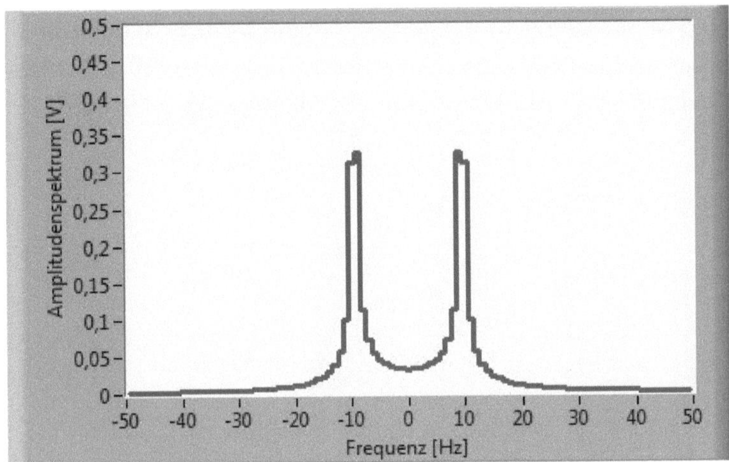

Bild 105: Diskretes Spektrum des Sinussignals mit 9,5 Hz

Die Lösung dieses Problems kann jedoch nicht darin bestehen, die Länge des Zeitfensters auf das Signal hin auszurichten. Im typischen Einsatzfall haben wir es mit einem komplexen Signal unterschiedlichster Spektralanteile zu tun, so dass wir immer nur auf eine einzige Spektrallinie optimieren könnten. Es bietet sich vielmehr an, an den Rändern des Zeitfensters nicht so scharf abzuschneiden, wie wir das bislang tun. Wir haben bislang implizit mit einem sog. Rechteckfenster aus unserem kontinuierlichen Signal eine Abtastfolge entnommen. Alle Abtastwerte innerhalb dieses Rechteckfensters wurden gewissermaßen mit dem Gewicht 1 bewertet, alle außerhalb mit dem Gewicht 0.

In der Fachliteratur sowie auch in entsprechenden Tools, die DFT-Algorithmen (meist wie besprochen in Form der FFT) anbieten, stehen alternative Fensterfunktionen zur Verfügung. Diese sind Funktionen über der Zeit, mit denen die einzelnen Werte der Abtastfolge gewichtet werden, bevor sie der DFT zugeführt werden. Exemplarisch seien die Auswirkungen auf das Amplitudenspektrum bei Anwendung eines Dreieckfensters in Bild 106 wiedergegeben. Das Dreieckfenster bewertet den Abtastwert in der Mitte der Abtastfolge mit dem Gewicht 1, zu den beiden Rändern zu nimmt das Gewicht dann linear ab, um an den Rändern selbst 0 zu erreichen. Man erkennt im Bild eine deutliche Verbesserung in der Darstellung des Spektrums. Die Nebenspektren sind deutlich minimiert worden, auch der Wert der beiden Peaks ist größer geworden, wenngleich er die korrekte Höhe von jeweils 0,5 V nicht erreicht. Es gibt eine Reihe weiterer Standardfenster. Jeder Fenstertyp ist auf bestimmte Eigenschaften optimiert. Hierunter fallen bezogen auf einen periodischen Signalanteil z.B. die Dämpfung des Hauptpeaks oder die Höhe der Nebenpeaks.

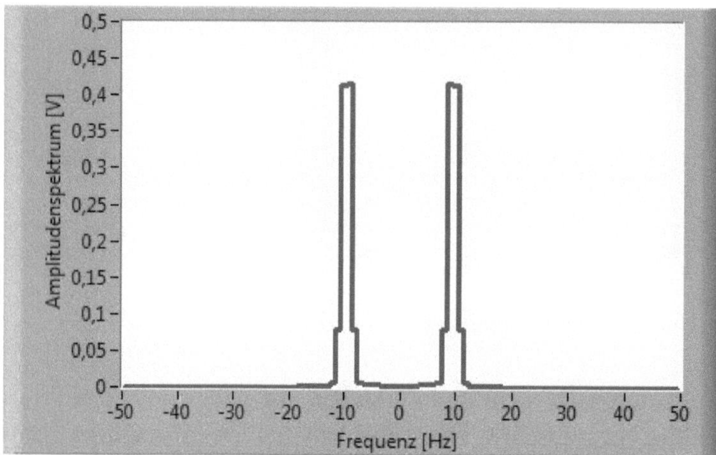

Bild 106: Diskretes Spektrum mit Dreieckfenster

Spezielle Fensterfunktionen dürfen jedoch ausschließlich bei der Spektralanalyse kontinuierlicher Signale verwendet werden, wenn wir also eine Abtastfolge explizit herausschneiden. Die Spektralanalyse liefert uns eine Aussage, welche periodischen Signalanteile in welchem Verhältnis untereinander im betreffenden Zeitfenster im Signal enthalten sind. Transiente Signale wie der Rechteckimpuls aus Bild 103 dürfen dagegen nur mit dem Rechteckfenster bewertet werden, was jedoch automatisch der Fall ist, wenn wir die Abtastfolge per se der DFT zuführen.

Leistungsdichtespektrum

Für die meisten Anwendungen der spektralen Messdatenauswertung arbeitet man mit dem Amplitudenspektrum $|X(f_k)|$. Sollen üblichen Spektralanalysatoren im Labor vergleichbare Ergebnisse ermittelt werden, so macht es mitunter Sinn, auf die dort verbreitete Angabe eines Leistungsdichtespektrums $S_{xx}(f)$ überzugehen. Dieses (engl. auch „Power

Spectral Density" (PSD) genannt) ist nichts anderes als das auf die i. Allg. unendlich lange Beobachtungszeit bezogene Quadrat des Amplitudenspektrums. Die Beobachtungszeit wird aus Gründen der Kompatibilität mit der Schreibweise der Fourier-Transformation in (68) von $-T$ bis $+T$ festgelegt, dauert also $2T$. In stetiger Darstellung ist das Leistungsdichtespektrum somit definiert als

$$S_{xx}(f) = \lim_{T \to \infty} \frac{1}{2T} |X(f)|^2 . \tag{76}$$

Hatte das zugehörige Zeitsignal $x(t)$ z.B. die Einheit [V], ergab sich ein stetiges $X(f)$ mit der Einheit [V/Hz] - $S_{xx}(f)$ hätte damit die Einheit [V²/Hz]. Der reine Elektrotechniker müsste an dieser Stelle eigentlich protestieren, da die Einheit einer physikalischen Leistung für ihn das Watt [W] und nicht [V²] ist. Eine Leistung entsteht für ihn nur, wenn eine Spannung U zu einem Stromfluss I durch z.B. einen externen sog. Abschlusswiderstand R führt. Die Leistung ergibt sich in diesem Fall als

$$P = U \cdot I = \frac{U^2}{R} . \tag{77}$$

Oftmals dann, wenn das Zeitsignal eine elektrische Spannung darstellt, wird $S_{xx}(f)$ deshalb noch durch den im Laborbereich verbreiteten Abschlusswiderstand 50 Ω dividiert. Die Einheit von $S_{xx}(f)$ beträgt dann [W/Hz]. Häufig wird $S_{xx}(f)$ in Dezibel [dB] gemäß der Definition (6) angegeben, wie wir sie beim Signal/Rausch-Verhältnis bereits kennengelernt hatten.

Eine Berechnung gemäß (76) ist in der Praxis aufgrund der unendlich langen Einlesezeit natürlich nicht möglich. Wir müssen uns deshalb auf die Berechnung auf Basis eines endlichen Zeitausschnitts $2T$ beschränken, sofern nicht ein transientes Signal vorliegt, das wir in seinem kompletten Verlauf einlesen können. Aus (76) wird deshalb in der Praxis

$$S_{xx}(f) \approx \frac{1}{2T} |X(f)|^2 . \tag{78}$$

Mitunter wird für diese genäherte Version des Leistungsdichtespektrums auch der Begriff Periodogramm verwendet. $|X(f)|^2$ selbst nennt sich Leistungsspektrum. Wenn wir nun für eine Implementierung in unserer Messdaten-Applikation (78) numerisch formulieren, erhalten wir:

$$S_{xx}(f_k) \approx \frac{1}{NT_A} \cdot \frac{|X(f_k)|^2}{N^2} \tag{79}$$

Hierbei haben wir die bei der Rückrechnung des Ergebnisses der DFT in reale Amplitudenwerte gemäß (74) anfallende Division von $X(f_k)$ durch N berücksichtigt. Statt dieses Leistungsdichtespektrums kann man auch nur die Leistungsdichte angeben, wobei dann die vorangehende Division durch die Einlesezeit NT_A entfällt.

Wurde übrigens in einer Messdaten-Applikation zufällig bereits eine Autokorrelationsfunktion des Signals gemäß (54) berechnet, so kann man das Leistungsdichtespektrum direkt durch Fourier-Transformation dieser erhalten. In stetiger Schreibweise gilt nämlich die sog. Parsevalsche Gleichung

$$\Phi_{xx}(t) \xleftarrow{\quad Fourier\text{-}Transformation \quad} S_{xx}(f) \tag{80}$$

mit $\Phi_{xx}(t)$ als stetiger Autokorrelationsfunktion. Analog gilt dieser Zusammenhang dann auch zwischen den numerischen Pendants AKF_i und $S_{xx}(f_k)$.

Literaturverzeichnis

Nachfolgend sind einige Empfehlungen des Autors zu weiterführender Literatur aufgeführt, der er teilweise auch selbst wertvolle Hinweise und Anregungen entnommen hat:

Gary D. Anderson: *Industrial Network Basics*. CreateSpace Independent Publishing Platform, North Charleston 2014. ISBN 978-1-5009-3093-6.

Thomas Beier, Thomas Mederer: *Messdatenverarbeitung mit LabVIEW*. Carl Hanser Verlag, München 2015. ISBN 978-3-4464-4265-8.

Ottmar Beucher: *Signale und Systeme: Theorie, Simulation, Anwendung*. Springer-Verlag, Berlin 2015. ISBN 978-3-6624-5964-5.

Wilhelm Caspary: *Fehlertolerante Auswertung von Messdaten*. Oldenbourg Wissenschaftsverlag, München 2013. ISBN 978-3-4867-2771-5.

Maurizio Di Paolo Emilio: *Data Acquisition Systems*. Springer, New York 2013. ISBN 978-1-4614-4213-4.

Max Felser: *PROFIBUS Handbuch*. epubli GmbH, Berlin 2015. ISBN 978-3-7375-5470-1.

Daniel von Grüningen: *Digitale Signalverarbeitung*. Carl Hanser Verlag, München 2014. ISBN 978-3-4464-4079-1.

Heiko Häckelmann, Joachim Petzold, Susanne Strahringer: *Kommunikationssysteme: Technik und Anwendungen*. Springer-Verlag, Berlin 2013. ISBN 978-3-5406-7496-2.

Jörg Hoffmann: *Handbuch der Messtechnik*. Carl Hanser Verlag, München 2012. ISBN 978-3-4464-2736-5.

Rüdiger Hoffmann, Matthias Wolff: *Intelligente Signalverarbeitung 1: Signalanalyse*. Springer-Verlag, Berlin 2014. ISBN 978-3-6624-5322-3.

Rüdiger Hoffmann, Matthias Wolff: *Intelligente Signalverarbeitung 2: Signalerkennung*. Springer-Verlag, Berlin 2015. ISBN 978-3-6624-6725-1.

Rajiv J. Kapadia: *Digital Filters*. Wiley-VCH Verlag, Weinheim 2012. ISBN 978-3-5274-1148-1.

Frithjof Klasen, Volker Oestrich, Michael Volz: *Industrielle Kommunikation mit Feldbus und Ethernet*. VDE Verlag, Berlin 2010. ISBN 978-3-8007-3297-5.

Bruno Klingen: *Fouriertransformation für Ingenieur- und Naturwissenschaften*. Springer-Verlag, Berlin 2013. ISBN 978-3-5404-1095-9.

Wolfhard Lawrenz, Nils Obermöller: *CAN Controller Area Network: Grundlagen, Design, Anwendungen, Testtechnik*. VDE Verlag, Berlin 2011. ISBN 978-3-8007-3332-3.

Fernando Puente León, Sebastian Bauer: *Praxis der Digitalen Signalverarbeitung*. KIT Scientific Publishing, Karlsruhe 2015. ISBN 978-3-7315-0365-1.

Reinhard Lerch: *Elektrische Messtechnik*. Springer-Verlag, Berlin 2012. ISBN 978-3-6422-2608-3.

Hans Liebig, Thomas Flik, u.a.: *Das Ingenieurwissen: Technische Informatik*. Springer-Verlag, Berlin 2014. ISBN 978-3-6624-4390-3.

Gerhard Lienemann, Dirk Larisch: *TCP/IP - Grundlagen und Praxis*. Heise Zeitschriften Verlag, Hamburg 2013. ISBN 978-3-9440-9902-6.

Richard G. Lyons: *Understanding Digital Signal Processing.* Prentice Hall, Boston 2010. ISBN 978-0-1370-2741-5.

Stuart McCrady: *Designing SCADA Application Software.* Elsevier Ltd, Oxford 2013. ISBN 978-0-1241-7000-1.

Martin Meyer: *Signalverarbeitung.* Springer-Verlag, Berlin 2014. ISBN 978-3-6580-2611-0.

Walter Müller: *Messdaten-Analyse mit LabVIEW.* Books on Demand, Norderstedt 2013. ISBN 978-3-7322-9451-0.

Dieter Müller-Wichards: *Transformationen und Signale.* Springer-Verlag, Berlin 2013. ISBN 978-3-6580-1102-4.

Friedrich Plötzeneder, Birgit Plötzeneder: *Praxiseinstieg LabVIEW.* Franzis Verlag, Haar 2010. ISBN 978-3-7723-4039-0.

Manfred Popp: *Das PROFINET IO-Buch.* VDE Verlag, Berlin 2010. ISBN 978-3-8007-3274-6.

John G. Proakis, Dimitris K. Manolakis: *Digital Signal Processing.* Pearson Education Limited, Harlow 2013. ISBN 978-1-2920-2573-5.

Jörg Rech: *Ethernet: Technologien und Protokolle für die Computervernetzung.* dpunkt.verlag, Heidelberg 2014. ISBN 978-3-9440-9904-0.

Lukas Salzburger: *Signalverarbeitung und Messdatenerfassung in der Elektronik.* Franzis Verlag, Haar 2011. ISBN 978-3-6456-5079-3.

Gerhard Schnell, Bernhard Wiedemann: *Bussysteme in der Automatisierungs- und Prozesstechnik.* Vieweg+Teubner Verlag, Wiesbaden 2012. ISBN 978-3-8348-0901-8.

Sunit K. Sen: *Fieldbus and Networking in Process Automation.* Taylor & Francis Inc, Boca Raton 2014. ISBN 978-1-4665-8676-5.

Li Tan, Jean Jiang: *Digital Signal Processing: Fundamentals and Applications.* Academic Press, London 2013. ISBN 978-0-1241-5893-1.

H. Rosemary Taylor: *Data Acquisition for Sensor Systems.* Chapman & Hall, London 2010. ISBN 978-1-4419-4729-1.

Hubert Weber, Helmut Ulrich: Laplace-, Fourier- und z-Transformation. Vieweg+Teubner Verlag, Wiesbaden 2012. ISBN 978-3-8348-0560-7.

Norbert Weichert, Michael Wülker: *Messtechnik und Messdatenerfassung.* Oldenbourg Wissenschaftsverlag, München 2010. ISBN 978-3-4865-9773-8.

Bogdan W. Wilamowski, J. David Irvin: *Industrial Communications Systems.* Taylor & Francis Inc, Boca Raton 2011. ISBN 978-1-4398-0281-6.

Werner Zimmermann, Ralf Schmidgall: *Bussysteme in der Fahrzeugtechnik.* Springer-Verlag, Berlin 2014. ISBN 978-3-6580-2418-5.

Auch seien noch Webseiten zu den Organisationen aufgeführt, welche die in diesem Kompendium näher behandelten Bussysteme herstellerübergreifend betreuen und entsprechende Dokumente veröffentlichen:

CAN in Automation e.V. (CiA):	www.can-cia.org
Institute of Electrical and Electronics Engineers (IEEE):	www.ieee.org
International Organization for Standardization (ISO):	www.iso.org
PROFIBUS Nutzerorganisation e.V. (PNO)	www.profibus.com
USB Implementers Forum, Inc. (USB-IF):	www.usb.org

Bildverzeichnis

Bild 1: Aufgaben bei der Messdatenerfassung 13

Bild 2: Aufgaben auf Computerseite 14

Bild 3: Systemlösung mit Einsteckkarte 16

Bild 4: Systemlösung mit externem Modul 16

Bild 5: Systemlösung mit externen Bussen 17

Bild 6: Analog-Digital-Umsetzung bei der Messkomponente 19

Bild 7: Grundprinzip eines ADUs 20

Bild 8: ADU-Kennlinie 21

Bild 9: ADU-Verfahren 22

Bild 10: Nullpunktabweichung bei ADUs 27

Bild 11: Verstärkungsabweichung bei ADUs 28

Bild 12: Linearitätsabweichung bei ADUs 29

Bild 13: Dynamische Abweichung bei ADUs 31

Bild 14: Abtastung mit unterschiedlichen Abtastraten 33

Bild 15: Typischer Aufbau einer PC-Einsteckkarte zur Messdatenerfassung 36

Bild 16: Typischer Aufbau eines externen Messmoduls 41

Bild 17: Sensor mir Busanschluss 43

Bild 18: Messgerät mit Busanschluss 45

Bild 19: Vernetzung von Messgeräten mit einem Computer über einen Laborbus 47

Bild 20: Das SCPI-Gerätemodell 53

Bild 21: Topologie von USB 56

Bild 22: Geschwindigkeitsklassen bei USB 58

Bild 23: USB-Enumeration 60

Bild 24: USB-Transfer 62

Bild 25: Struktur eines Feldbussystems 66

Bild 26: Feldbussysteme in wichtigen Anwendungsklassen 68

Bild 27: Grundstruktur der PROFIBUS-Welt 70

Bild 28: Busphysik nach RS485 71

Bild 29: Master-Slave-Zugriffsverfahren bei PROFIBUS 74

Bild 30: Telegrammtyp „Daten fester Länge" bei PROFIBUS 75

Bild 31: Multimasterbetrieb bei PROFIBUS 77

Bild 32: Grundstruktur der CAN-Welt 81

Bild 33: Telegrammaufbau bei CAN mit Base Identifier 84

Bild 34: Broadcasting bei CAN 86

Bild 35: Remote Transmission Request bei CAN 87

Bild 36: Empfangsbestätigung im Acknowledge Slot 88

Bild 37: CAN-Arbitrierung 89

Bild 38: Grundstruktur der Ethernet-Welt 94

Bild 39: Topologie von Ethernet 95

Bild 40: Busphysik am Beispiel 100BASE-TX 98

Bild 41: MLT-3-Codierung 100

Bild 42: Das Ethernet-Telegramm 104

Bild 43: Arbitrierung bei Ethernet 108

Bild 44: Netzwerk-Protokoll IP 110

Bild 45: Routing bei IP 114

Bild 46: Kommunikationskanal bei TCP 117

Bild 47: Transport-Protokoll TCP 119

Bild 48: Anwendungs-Protokoll HTTP 121

Bild 49: Industrial Ethernet-Systeme 124

Bild 50: Technologische Struktur der PROFINET-Varianten 126

Bild 51: Die Messdaten-Applikation im Computer 130

Bild 52: Die Programmieroberfläche von LabVIEW 133

Bild 53: Numerische Anzeige- und Bedienelemente 134

Bild 54: Graphen 134

Bild 55: Strukturen 135

Bild 56: Kommunikationsfunktionen 135

Bild 57: Bild- und Signalverarbeitungsfunktionen 136

Bild 58: Histogramm 138

Bild 59: Dichtefunktion 138

Bild 60: Summenfunktion 139

Bild 61: Dichtefunktion einer stetigen Messgröße 140

Bild 62: Summenfunktion einer stetigen Messgröße 140

Bild 63: Dichtefunktion der Normalverteilung 143

Bild 64: Summenfunktion der Normalverteilung 145

Bild 65: Stützstellen einer Kennlinie 147

Bild 66: Lineare Interpolation 148

Bild 67: Interpolation mit Polynom neunter Ordnung 151

Bild 68: Lineare Regression 153

Bild 69: Kubische Regression 155

Bild 70: Regression mit Exponentialfunktion 155

Bild 71: Geschwindigkeitsverlauf mit Abtastwerten 158

Bild 72: Stetige und numerische Ableitung bei T_A = 1 s 159

Bild 73: Stetige und numerische Ableitung bei T_A = 0,5 s 160

Bild 74: Stetige und numerische Ableitung bei T_A = 0,25 s 160

Bild 75: Stetige und numerische Vorwärts-Ableitung 161

Bild 76: Stetige und numerische Zentral-Ableitung 162

Bild 77: Stetiges und numerisches Integral bei T_A = 1 s 163

Bild 78: Stetiges und numerisches Integral bei T_A = 0,5 s 164

Bild 79: Stetiges und numerisches Integral bei T_A = 0,25 s 164

Bild 80: Stetiges und numerisches Integral nach der Trapezregel 165

Bild 81: Stetiges und numerisches Integral nach der Simpson-Regel 166

Bild 82: Verrauschtes Sinussignal 171

Bild 83: Digital gefiltertes Sinussignal 171

Bild 84: Rechtecksignal an einem Equi-Ripple-Tiefpass 172

Bild 85: Rechtecksignal an einem Butterworth-Tiefpass 176

Bild 86: Sinussignal als Abtastfolge x_i 179

Bild 87: Korrelation mit schwach verrauschtem Sinussignal 180

Bild 88: Korrelation mit mittel verrauschtem Sinussignal 180

Bild 89: Korrelation mit stark verrauschtem Sinussignal 181

Bild 90: Zeitversetztes Sinussignal als Abtastfolge y_k 183

Bild 91: KKF zweier zeitversetzter Sinussignale 183

Bild 92: Verrauschtes Sinussignal als Abtastfolge x_k 184

Bild 93: Zeitversetztes, verrauschtes Sinussignal als Abtastfolge y_k 185

Bild 94: KKF zweier zeitversetzter, verrauschter Sinussignale 185

Bild 95: Ausgesendete Impulsfolge 186

Bild 96: Gestörte Empfangsfolge y_k 187

Bild 97: Soll-Impuls x_k 187
Bild 98: KKF von Soll-Impuls und gestörter Empfangsfolge 188
Bild 99: Abgetastetes Sinussignal... 197
Bild 100: Diskretes Spektrum des Sinussignals... 197
Bild 101: Abgetastetes Sinussignal mit Gleichanteil...................................... 198
Bild 102: Diskretes Spektrum des Sinussignals mit Gleichanteil..................... 199
Bild 103: Abgetasteter Rechteckimpuls 199
Bild 104: Diskretes Spektrum des Rechteckimpulses..................................... 200
Bild 105: Diskretes Spektrum des Sinussignals mit 9,5 Hz............................. 201
Bild 106: Diskretes Spektrum mit Dreieckfenster 202

Abkürzungen

AC	Alternate Current
ADC	Analog Digital Converter
ADU	Analog-Digital-Umsetzer
AKF	Autokorrelationsfunktion
ARP	Address Resolution Protocol
ASCII	American Standard Code for Information Interchange
CAN	Controller Area Network
CBA	Component Based Automation (bei PROFINET)
CDF	Cumulative Density Function
CiA	CAN in Automation e.V.
CPU	Central Processing Unit
CRC	Cyclic Redundancy Check
CSMA/CD	Carrier Sense Multiple Access / Collision Detection
CSMA/CR	Carrier Sense Multiple Access / Collision Resolution
CW	Continous Wave
DC	Direct Current
DFT	Diskrete Fourier-Transformation
DHCP	Dynamic Host Configuration Protocol
DIP	Dual In-line Package
DIX	DEC, Intel, Xerox (bei Ethernet)
DNL	Differentielle Nichtlinearität
DNS	Domain Name Service
DP	Dezentrale Peripherie (bei PROFIBUS)
ECU	Electronic Control Unit
ECM	Electronic Control Module
EDS	Electronic Data Sheet (bei CANopen)
EIA	Electronic Industries Alliance
FD	Flexible Data Rate (bei CAN)

FFT	Fast Fourier Transformation
FIR	Finite Impulse Response
FTP	File Transfer Protocol
GPIB	General Purpose Instruction Bus
GSD	Gerätestammdaten-Datei (bei PROFIBUS und PROFINET)
GUI	Graphical User Interface
HD	High Definition
HID	Human Interface Device
HTTP	Hypertext Transfer Protocol
ID	Identifier
IEEE	Institute of Electrical and Electronics Engineers
IEPE	Integrated Electronics Piezo-Electric
IIR	Infinite Impulse Response
IMAP	Internet Message Access Protocol
INL	Integrale Nichtlinearität
IO	Input/Output (bei PROFINET)
I/O	Input/Output
IP	Internet Protocol
IRT	Isochronous Realtime
IS	Intrinsic Safety
ISO	International Organization for Standardization
IT	Informationstechnik
KKF	Kreuzkorrelationsfunktion
LAN	Local Area Network
LLC	Logical Link Control
LLDP	Link Layer Discovery Protocol
LSB	Least Significant Bit
MAC	Medium Access Control
MBP	Manchester Coded Bus Powered (bei PROFIBUS)
MIDI	Musical Instrument Digital Interface
MLT	Multilevel Transmission
MMI	Man Machine-Interface
MSB	Most Significant Bit
MSS	Maximum Segment Size

NRZ	Non-Return-to-Zero
PAM	Pulsamplitudenmodulation
PC	Personal Computer
PCI	Peripheral Component Interconnect
PDF	Probability Density Function
PDO	Prozessdatenobjekt (bei CANopen)
PLC	Programmable Logic Controller
PNO	PROFIBUS Nutzerorganisation e.V.
PoE	Power over Ethernet
POP	Post Office Protocol
PSD	Power Spectral Density
PXI	PCI eXtensions for Instrumentation
RS	Radio Sector (orig.) bzw. Recommended Standard
RT	Realtime (bei PROFINET)
SCADA	Supervisory Control and Data Acquisition
SCPI	Standard Commands for Programmable Instrumentation
SDO	Servicedatenobjekt (bei CANopen)
SMTP	Simple Mail Transfer Protocol
SNMP	Simple Network Management Protocol
SNR	Signal To Noise Ratio
SPS	Speicherprogrammierbare Steuerung
SSH	Secure Shell
TCP	Transmission Control Protocol
TELNET	Teletype Network
TP	Twisted Pair
TTCAN	Time-triggered CAN
TTL	Transistor-Transistor-Logik bzw. Time-to-Live (bei Ethernet)
UART	Universal Asynchronous Receiver and Transmitter
UDP	User Datagram Protocol
USB	Universal Serial Bus
VBA	Visual Basic for Applications
VI	Virtuelles Instrument (bei LabVIEW)
VLAN	Virtual LAN

WKS	Whittaker, Kotelnikow und Shannon (bei Abtasttheorem)
WLAN	Wireless Local Area Network

Sachwortverzeichnis

ableiten 77, 149, 167

Ableitung 157, 158, 159, 160, 161, 211

Abnutzung 189

Abschlusswiderstand 71, 203

Abtastfolge 158, 160, 162, 166, 169, 174, 177, 179, 182, 183, 184, 185, 186, 194, 196, 201, 202, 211

Abtastfrequenz 33, 34, 159

Abtastrate 45, 128, 148, 159, 163, 171, 172, 175, 184, 209

Abtastschritt 161, 182

Abtasttheorem 5, 32, 33, 34, 159, 199, 200, 216

Abtastung 32, 33, 34, 37, 78, 157, 159, 163, 169, 209

Abtastwert 34, 157, 158, 159, 161, 162, 165, 166, 167, 169, 177, 179, 182, 184, 194, 201, 211

Abtastzeit 30, 157, 159, 162, 163, 182, 194

Abtastzeitpunkt 30, 31, 178

abwärtskompatibel 55

Abweichung 12, 23, 24, 27, 29, 30, 31, 32, 37, 145, 152, 153, 154, 159, 163, 181, 182, 209

AC 54, 213

ADC 19, 213

Address Resolution Protocol 112, 213

Ader 57, 71, 72, 82, 97

Adernpaar 38, 57, 58, 59, 72, 73, 97, 98, 99, 101, 102, 103

Adresse 51, 57, 59, 60, 63, 75, 85, 95, 104, 105, 107, 111, 112, 114, 115, 116, 117, 122

Adressierung 60, 93, 111, 112, 115

ADU 19, 20, 23, 24, 25, 26, 27, 29, 30, 31, 35, 37, 40, 44, 209, 213

AKF 188, 213

Aktor 65, 68, 69, 73

Algorithmus 149, 150, 152, 182, 184, 194, 196

Alternate Current 213

American Standard Code for Information Interchange 52, 213

Amplitude 25, 31, 99, 100, 170, 190, 193, 195, 196, 198, 200, 201, 202

Amplitudengang 193

Amplitudenspektrum 7, 193, 196, 198, 200, 201, 202

analog 13, 14, 19, 23, 37, 43, 141, 162

Analog Digital Converter 19, 213

Analog-Digital-Umsetzer 19, 35, 213

Analog-Digital-Umsetzung 5, 20, 21, 22, 23, 24, 30, 209

Analog-Multiplexer 35, 36

Ankoppelmodul 75

Anschaltungselektronik 97

Anschluss 13, 16, 17, 30, 37, 38, 39, 40, 45, 48, 49, 55, 57, 59, 61, 64, 73, 74, 78, 85, 96, 107, 128

Antrieb 67, 79

Antriebssteuerung 128

Antriebstechnik 78, 79

Antwortstruktur 52

Anwender 55, 86, 97, 104

Anwendungsklasse 6, 67, 68, 209

Anzeige- und Bedienelemente 131, 133, 210

Applikation 15, 21, 39, 116, 117, 118, 119, 120, 122, 128, 131, 133, 137, 147, 149, 186

Applikationsklasse 79

Applikationsprofil 79, 90

Arbitrierung 88, 89, 109, 210

ARP 112, 115, 213

ASCII 52, 121, 122, 213

Audio 61, 64, 68, 120

Auflösung 5, 20, 21, 22, 23, 25, 26, 34, 37, 89

Aufwand 5, 22, 49, 131

Auswerteverfahren 136, 189

Authentifizierung 79

Autokorrelationsfunktion 188, 204, 213

Automatisierung 55, 67, 69, 132

Automobil 11, 68, 80

Automotive 68, 69, 80, 82

Autonegotiation 97, 102

azyklisch 78, 79, 127

Backplane 39

Bandbegrenzung 33, 35

Bandbreite 99, 100, 101

Bandpass 175

Bandsperre 175

Basisband 97

Baum-Topologie 56

Bedienfunktion 45, 53

Bedienmenü 49

Bedienoberfläche 121, 131, 132

Bedien-Panel 45, 46

Bedienphilosophie 53

Begrenzerfeld 62

Beschleunigung 42, 157

Betragsfunktion 193, 195, 196

Betriebssystem 40, 61, 93, 110, 117, 124, 130, 132

Bibliothek 133

Bibliotheksmodul 131

Bild- und Signalverarbeitungsfunktion 136, 210

Bildschirm 11, 34, 46, 132, 147

binär 12, 37, 51, 62, 122

binärcodiert 52

Binärzahl 20

Bit 20, 22, 23, 25, 26, 30, 31, 38, 51, 60, 61, 71, 73, 76, 83, 84, 85, 86, 87, 88, 89, 90, 99, 100, 101, 102, 105, 109, 111, 114, 129

Bit Stuffing 84, 100

Bitbus 69

Bitfehler 62

Bitfolge 62, 84, 99, 101, 102, 106

Bitgruppe 101

Bitkombination 51, 101

Bitrate 48, 67, 71, 73, 76, 82, 97

Bitzustand 73, 85, 87, 108
Bitzustände 73, 99
Blockdiagramm 132, 134, 135
Bluetooth 55
Broadcast 105, 109, 112
Browser 111
Brückenschaltung 13, 42, 43
Brutto-Datenrate 58, 103
Buchse 66
Bulk-Transfer 64
Bus 5, 9, 15, 17, 36, 38, 40, 41, 42,
    50, 51, 53, 54, 55, 57, 58, 63, 65,
    73, 75, 77, 78, 79, 83, 85, 86, 87,
    88, 89, 90, 91, 129, 209
Bus Node 65
Busabschluss 72
Busadresse 57, 75
Busanbindung 40, 42, 44
Busanschluss 5, 9, 42, 44, 76, 135, 209
Buskabel 81, 82, 83, 85, 89, 91, 106
Busknoten 65, 66, 67, 71, 72, 73, 74,
    77, 78, 82, 83, 85, 86, 87, 88, 89,
    90, 91, 95, 96, 97, 99, 103, 104,
    105, 106, 107, 109, 111, 112, 113,
    114, 116, 117, 126, 127, 128, 131
Busphysik 6, 48, 66, 70, 72, 73, 80,
    81, 82, 83, 84, 87, 88, 96, 97, 98,
    101, 102, 103, 106, 108, 109, 126,
    209, 210
Bussignal 6, 39, 57, 72
Bussystem 17, 55, 69, 82, 93, 100,
    109, 126, 129, 130, 207, 208
Bustakt 38
Buszugriff 131

Buszugriffsverfahren 6, 105, 107
Buszyklus 127
Butterworth-Tiefpass 175, 176, 211
Byte 49, 76, 86, 91, 104, 106, 107,
    112, 118, 120, 129
CAN 6, 69, 80, 81, 82, 83, 84, 85, 86,
    87, 88, 90, 91, 95, 100, 108, 206,
    208, 210, 213
CAN in Automation e.V. 80, 208, 213
Carrier Sense Multiple Access /
    Collision Detection 213
Carrier Sense Multiple Access /
    Collision Resolution 89, 213
CBA 126, 127, 213
CDF 139, 213
Central Processing Unit 39, 213
Chassis 39
Chip 19, 22, 25, 27, 82, 84, 88, 97,
    102, 104, 108, 124, 125, 128, 137,
    138, 176
Chip-Fehler 137, 138
Chipkarte 61
Chipproduktion 137
CiA 80, 91, 208, 213
Client 56, 60, 63, 64, 117, 121, 122,
    123
Clientgerät 59, 60, 62, 63
Code 73, 75, 101, 132
Codierung 67, 73, 79, 91, 101, 102,
    106, 210
Codierungsverfahren 101, 102
Codiervorschrift 99
Component Based Automation 126,
    213

Computer 9, 11, 13, 14, 15, 16, 17, 19, 21, 32, 34, 35, 36, 37, 45, 47, 48, 49, 50, 51, 52, 56, 59, 63, 74, 76, 78, 79, 93, 95, 99, 106, 109, 111, 114, 115, 116, 120, 123, 124, 128, 129, 130, 132, 133, 135, 137, 209, 210

Computermaus 63

Conformance Class 127

Conformance Classes 127

Continous Wave 213

Controller 51, 56, 57, 59, 62, 63, 79, 80, 206, 213

Controller Area Network 80, 206, 213

Control-Transfer 64

CPU 39, 124, 213

CRC 61, 76, 79, 86, 87, 106, 110, 115, 118, 120, 213

CSMA/CD 213

CSMA/CR 89, 108, 213

Cumulative Density Function 139, 213

CW 54, 213

Cyclic Redundancy Check 61, 213

Dämpfung 184, 202

Daten 4, 15, 38, 48, 51, 52, 55, 60, 61, 63, 64, 66, 73, 76, 78, 79, 85, 86, 87, 104, 109, 112, 116, 118, 119, 120, 121, 122, 125, 126, 133, 137, 210

Datenbereich 106, 110, 112, 118, 119

Datenbit 51, 57

Datenblatt 29

Datenblock 52, 119

Datenbreite 38

Datenbyte 50, 51, 52, 91, 104, 106, 109

Datenfeld 82, 85, 87, 105, 106, 112, 120, 127

Datenfluss 116

Datenflusskontrolle 120

Datenleitung 49, 50, 51, 52, 58, 59, 113

Datenmenge 63, 106, 116

Datenpaket 60, 120

Datenprotokoll 38

Datenrate 6, 38, 49, 50, 55, 57, 58, 64, 103

Datensatz 177, 180

Datensicherheit 91

Datenstrom 102, 120

Datenstruktur 15, 19, 46, 48, 64, 74, 90

Datentelegramm 75, 118

Datentransfer 50, 51, 78

Datenübertragung 57, 61, 73, 91, 117, 122

Datenübertragungsfehler 79

Datenverkehr 127

Datenvolumen 55

Datenwort 19, 62

DC 37, 213

DC/DC-Wandler 37

DEC 93, 213

Decodierung 100

Dehnung 44

Deskriptor 60, 61, 63, 64

detektieren 189

Detektion 7, 186

Device-Deskriptor 60, 61
Dezentrale Peripherie 74, 213
Dezibel 26, 203
DFT 195, 196, 198, 199, 200, 201, 202, 204, 213
DHCP 111, 213
Diagnose 126
Dichte 7, 137, 140, 141, 142, 193
Dichtefunktion 137, 138, 139, 140, 141, 142, 143, 144, 210, 211
Differentielle Nichtlinearität 29, 213
Differenzenquotient 157, 160, 161
Differenzieren 7, 9, 157, 162, 163, 167, 169
Differenzspannung 58, 71, 72, 82, 97
digital 9, 12, 19, 21, 30, 31, 37, 42, 44, 67, 102, 169, 170, 172, 176
digitales Filter 9, 176
Digitalisierung 5, 9, 13, 19, 24, 30, 35, 129
Digitalkamera 61
Digitaltechnik 83
DIP 49, 213
Dirac-Impuls 198
Direct Current 37, 213
diskret 138, 141, 142
Diskrete Fourier-Transformation 7, 194, 195, 213
DIX 93, 106, 213
DNL 29, 213
DNS 122, 123, 213
Domain Name Service 122, 213
dominant 83, 85, 87, 88, 108
dominant-rezessiv 83, 87, 88, 108

Downstream Port 57
DP 74, 76, 77, 78, 79, 213
Drehgeber 42
Drehmoment 42
Dreieckfenster 201, 202, 212
Drift 27, 28
Druck 12, 42
Drucker 61
Drucksensor 85
Dual In-line Package 49, 213
Durchlassfrequenz 172
Durchlaufzeit 149
Dynamic Host Configuration Protocol 111, 213
Echtzeit 126, 149
Echtzeitfähigkeit 40, 63, 65, 127
ECM 68, 213
ECU 68, 213
EDS 131, 213
Effektivwert 25, 26, 188
EIA 70, 213
eigensicher 73, 82
Eigensicherheit 72
Eindrahtnachricht 50
Einlesezeit 203, 204
Einsteckkarte 5, 15, 16, 36, 37, 38, 75, 130, 209
Electronic Control Module 68, 213
Electronic Control Unit 68, 213
Electronic Data Sheet 131, 213
Electronic Industries Alliance 70, 213
Elektronik 11, 19, 22, 37, 43, 72, 80, 83, 207
elektronisches Datenblatt 131

Embedded 11, 14, 45, 80, 95, 121,
   132, 149
Embedded PC 14, 45
Embedded System 11, 14, 80, 132,
   149
Empfangen 58, 93
Empfänger 50, 62, 63, 71, 73, 75, 76,
   84, 85, 87, 96, 99, 100, 106, 112,
   114, 115, 118, 120, 186
Empfängerknoten 105
Empfangsadresse 95, 115
Empfangsbestätigung 63, 86, 87, 118,
   120, 210
Empfangsknoten 104, 105, 112
Endpoint 60, 63
Endpoint-Deskriptor 63
Endpunkt 60, 61, 63, 64
Energiemanagement 57
Enumeration 6, 59, 61, 63, 64, 209
Equi-Ripple-Tiefpass 172, 211
erste Ableitung 152
Ethernet 6, 9, 16, 40, 41, 42, 45, 73,
   93, 94, 95, 96, 97, 100, 102, 103,
   104, 105, 106, 107, 108, 109, 112,
   113, 115, 120, 124, 125, 126, 127,
   130, 131, 135, 206, 207, 210, 213,
   215
Excel 132
Exponentialdarstellung 54
Exponentialfunktion 154, 155, 192,
   193, 211
Fahrerassistenzsystem 68
Fahrzeug 68
Fahrzeugantrieb 189

Fast Fourier Transformation 38, 196,
   214
FD 82, 213
Fehlerfall 64
Fehlermeldung 118, 123
Feldbus 6, 9, 17, 41, 42, 48, 65, 66,
   67, 68, 69, 70, 71, 76, 78, 80, 81,
   93, 94, 124, 130, 206
Feldbussystem 6, 66, 67, 209
Fenster 132, 193, 195, 200
Fensterfunktion 7, 200, 201, 202
Fernbedienung 121
Festplatte 55, 61
FFT 37, 196, 201, 214
Fieldbus 65, 208
File Transfer Protocol 123, 214
Filter 7, 13, 34, 35, 44, 169, 170, 172,
   173, 174, 175, 176
Finite Impulse Response 172, 214
FIR 172, 214
Firmware 95
Fläche 162, 165, 198
Flanke 73
Flanken 191, 199
Flexible Data Rate 82, 213
Formatierung 54
For-Schleife 134
Fourier-Reihe 189, 195
Fourier-Rücktransformation 194
Fourier-Transformation 193, 195, 203,
   204
Fragment 112, 113
Fragmentierung 112, 120

Frame 62, 75, 84, 85, 86, 87, 89, 104, 107

Frequenz 31, 33, 42, 99, 159, 163, 189, 190, 193, 195, 196, 198, 200

Frequenzanteil 33, 189, 199, 200

Frequenzband 103

Frequenzbereich 99, 193, 196, 198

FTP 123, 214

Full Speed 57, 58

Funk 66, 73, 96

Funkstrecke 103

Funktechnologie 55

Funktionsbibliothek 135

Funktionsblock 13, 35, 37, 40, 43, 54, 132

Funktions-Programmierung 132

galvanische Trennung 36, 41

Gauß 143, 155

Gauß- oder Normalverteilung 143

Gebäudeautomatisierung 127

gebrochen rationale Funktion 155

Gehäusekomponente 189

General Purpose Instruction Bus 49, 214

Generatorpolynom 62

Gerade 22, 28, 149, 150, 153

Geradenabschnitt 148

Geradengleichung 149, 154

Gerät 6, 11, 13, 46, 47, 48, 49, 50, 51, 52, 53, 54, 56, 57, 59, 60, 61, 63, 64, 67, 79, 82, 85, 90, 91, 95, 98, 105, 107, 110, 111, 116, 128, 130

Geräteklasse 6, 47, 59, 61, 64, 130

Gerätemodell 53, 209

Geräte-Nachricht 6, 52

Geräteprofil 15, 91, 130

Gerätestammdaten-Datei 131, 214

Gerätetreiber 60, 130

Geschwindigkeit 95, 157, 181

Geschwindigkeitsklasse 57, 97

Geschwindigkeitsmessung 181, 182

Geschwindigkeitssensor 157

Gewicht 173, 201

Glasfaser 102, 126

Gleichanteil 188, 190, 192, 198, 199, 212

gleichanteilsfrei 188

Gleichsignal 103

GPIB 5, 48, 49, 135, 214

Graph 133, 137, 141, 142, 143, 147, 148, 167, 182, 195, 198, 210

Graphical User Interface 131, 214

Grenzfrequenz 33, 175

Grundfrequenz 190, 193, 194

GSD 131, 214

GUI 131, 214

Halb-Duplex 57, 66, 81

Handbuch 48, 205, 206

Handshakepaket 61, 63

Handshaking 5, 50, 51

Hardware 32, 43, 135

Häufigkeitsverteilung 138

Hauptkeule 198

Hauptmaximum 184

Hauptpeak 202

HD 34, 214

Header 110, 111, 112, 116, 118, 119, 120

Hersteller 25, 27, 29, 38, 39, 40, 48,
    49, 52, 54, 64, 67, 69, 80, 90, 104,
    121, 124, 127, 130, 132, 135
Herstellkosten 22
hexadezimal 51, 105
Hexadezimaldarstellung 111
Hexadezimalschreibweise 61
Hexadezimalwert 101
HID 64, 214
High Definition 34, 214
High Powered Port 59
Hi-Speed 57, 58
Histogramm 7, 137, 138, 210
Hochpass 175
Home Automation 69
Host 56, 57, 59, 60, 61, 62, 63, 122
Host-Controller 56, 57, 59, 60, 61, 62,
    63
Hot Plug & Play 59
HTTP 6, 111, 117, 120, 121, 122,
    123, 210, 214
Hub 56, 57, 59, 60, 95, 96, 99, 105,
    107, 108
Human Interface Device 61, 64, 214
Hypertext Transfer Protocol 121, 214
I/O 67, 214
I/O-Modul 67
ID 61, 105, 107, 109, 112, 114, 115,
    214
Identifier 85, 86, 87, 88, 91, 105, 107,
    210, 214
Identität 52
Idle 82, 101

IEEE 5, 6, 48, 49, 50, 51, 52, 53, 54,
    55, 93, 97, 103, 106, 107, 208, 214
IEPE 42, 214
IIR 173, 175, 214
imaginäre Einheit 191
IMAP 123, 214
Impuls 186, 187, 188, 198, 212
Impulsfolge 186, 211
Index 90, 91, 162, 182
Industrial Ethernet 6, 9, 17, 41, 42, 93,
    94, 109, 124, 130, 210
Infinite Impulse Response 173, 214
infinitesimal 141, 193
Informationstechnik 214
Initialisierung 57, 59
INL 29, 214
Input/Output 126, 214
Installation 14, 15, 16, 70, 71, 81, 82,
    85, 94, 96, 98, 102, 107, 109, 127,
    131
Institute of Electrical and Electronics
    Engineers 48, 208, 214
Integral 30, 162, 163, 164, 165, 166,
    190, 194, 211, 214
Integrale Nichtlinearität 30, 214
Integrated Electronics Piezo-Electric
    42, 214
Integration 67, 127, 132, 157, 163,
    170, 173, 175
Integrieren 7, 9, 157, 162, 165, 167,
    169
Intel 80, 93, 213
Interface-Deskriptor 61

International Organization for
    Standardization 81, 208, 214
Internet 4, 109, 110, 111, 113, 115,
    122, 123, 124, 125, 214
Internet Message Access Protocol 123,
    214
Internet Protocol 109, 125, 214
Interpolation 7, 9, 147, 148, 150, 151,
    152, 154, 164, 166, 167, 211
Interpolationsverfahren 32, 34
Interrupt-Transfer 64
Intranet 115
Intrinsic Safety 72, 214
IO 126, 127, 207, 214
IP 6, 105, 109, 110, 111, 112, 113,
    114, 115, 116, 117, 119, 121, 122,
    125, 126, 206, 210, 214
IRT 127, 214
IS 72, 73, 214
ISO 81, 82, 84, 208, 214
Isochroner Transfer 64
Isochronous Realtime 127, 214
Ist-Kennlinie 28, 29
IT 93, 109, 123, 129, 214
Jitter 30
Joystick 61
Kabel 16, 36, 48, 49, 55, 56, 57, 59,
    65, 66, 71, 72, 73, 82, 83, 84, 94,
    95, 97, 98, 99, 100, 101, 102, 103,
    108
Kabeldämpfung 99, 100
Kabelkategorie 94
Kabellänge 16, 71, 76, 82, 102
Kabelverbindung 99, 115

Kabelwiderstand 99
Kalibriermessung 27, 28, 44
Kalibrierung 27
Kamera 55
Kanal 35, 36, 37, 64
Kategorie 98, 103
Kategorien 98
Kenngröße 7, 142, 144, 177, 178
Kennlinie 21, 27, 28, 147, 148, 149,
    150, 153, 167, 209, 211
Kennwert 99
KKF 182, 183, 184, 185, 186, 188,
    211, 212, 214
Klartextnachricht 53
Klasse 61, 67, 127, 128, 141, 143
Klassenbezeichner 61
Knotennummer 91
Koeffizienten 150, 151, 169, 170, 172,
    173, 174, 190, 192
Kollision 89, 108, 109
Kommando 48, 52, 54
Kommandosprache 6, 48, 49, 53, 64
Kommunikation 38, 40, 96, 97, 117,
    118, 127, 206
Kommunikationsbeziehung 79
Kommunikationsfunktion 135, 210
Kommunikationskanal 63, 116, 117,
    118, 210
Kommunikationsmechanismus 51
Kommunikationsprotokoll 117
Kommunikationsschema 48
Kommunikationsschnittstelle 9, 13, 14,
    15, 19, 20, 35, 47, 51, 54, 55, 65,
    130

Kommunikationssystem 62, 71, 73, 96, 103, 205
Kommunikationstechnologie 6, 74, 79, 80, 81, 83, 84, 90, 91, 95, 96, 103, 107, 113, 124, 125
Kommunikationstreiber 130
komplexe Schreibweise 191
Komponente 23, 36, 40, 55, 65, 78, 79, 126, 132
Konfiguration 86, 118, 120
Konfigurations-Tool 77
Korrelation 7, 179, 180, 181, 184, 211
Korrelationsfunktion 7, 9, 177, 188
Korrelationskoeffizient 7, 177, 178, 179, 182
Korrelationsrechnung 177, 178
Kotelnikow 32, 216
Kovarianz 178, 179, 182, 188
Kraft 42, 44
Kreisfrequenz 31
Kreuzkorrelationsfunktion 7, 181, 182, 214
Krümmung 151, 152
kubisches Polynom 150, 151
Kupferkabel 66, 71, 94, 97, 99, 102, 126
Kurvenverlauf 148, 150, 152, 154
Labor 9, 11, 44, 47, 190, 202
Laborbereich 203
Laborbus 5, 9, 17, 41, 45, 47, 48, 51, 54, 55, 74, 93, 130, 209
Laborbussystem 49
Labormessgerät 11, 13, 17, 47, 48, 55

LabVIEW 6, 132, 135, 137, 205, 207, 210, 215
Lagrange-Interpolation 150
LAN 9, 14, 16, 17, 40, 93, 96, 106, 111, 214
Lane 38
Laptop 11, 15, 16, 103, 110
Lautsprecher 61
Layer 96
Least Significant Bit 30, 214
Leistung 25, 26, 103, 203
Leistungsdichte 204
Leistungsdichtespektrum 7, 202, 203, 204
Leistungsentnahme 59
Leistungsstufe 77, 78
Lichtwellenleiter 66, 73
lineare Interpolation 148, 149, 150, 151, 153
linearisiert 44
Linearitätsabweichung 5, 27, 28, 29, 209
Linien-Topologie 56, 66, 82
Link Layer Discovery Protocol 127, 214
Listener 51
LLC 106, 214
LLDP 127, 214
Local Area Network 93, 214
Logarithmus 155, 157
Logical Link Control 106, 214
Logik 49, 71
Los 137
Losgröße 137

Low Powered Port 59
Low Speed 57, 58, 64
LSB 29, 214
MAC 105, 107, 109, 112, 114, 115,
214
Mail 93, 123
Mail-Server 123
Makro 131
Man Machine-Interface 131, 214
Manchester Code 73, 214
Manchester Coded Bus Powered 73,
214
Manchester-Codierung 73, 84
Mapping 79
Maschine 67, 69, 74, 78, 79, 80, 123,
124, 189
Maschinen-Steuerung 67, 69, 74, 78,
80, 124
Masse 49, 59, 82, 189
Massenspeicher 61
Master 9, 56, 74, 75, 76, 77, 78, 85,
86, 210
Masteranschaltung 78
Master-Slave 74, 76, 77, 86, 210
Maus 61, 70
Maximum 119, 142, 182, 183, 185,
187, 214
Maximum Segment Size 119, 214
MBP 73, 84, 214
Median 142
Medium Access Control 105, 214
Mehrdrahtnachricht 50, 51, 52
Messbereich 46, 54

Messdaten 5, 6, 9, 11, 12, 13, 14, 15,
17, 20, 24, 31, 32, 34, 35, 37, 38,
40, 45, 51, 63, 64, 76, 78, 90, 120,
124, 129, 130, 131, 133, 136, 137,
147, 157, 177, 181, 186, 189, 194,
204, 205, 207, 210
Messdatenabfrage 52
Messdaten-Applikation 5, 6, 9, 11, 15,
21, 24, 31, 32, 34, 37, 40, 51, 129,
131, 133, 136, 147, 157, 177, 181,
186, 189, 194, 204, 210
Messdatenauswertung 9, 147, 149,
157, 169, 177, 181, 186, 189, 193,
194, 196, 202
Messdatenerfassung 1, 3, 5, 9, 10, 12,
15, 19, 23, 24, 32, 35, 39, 40, 55,
74, 93, 106, 129, 132, 139, 145,
152, 159, 166, 169, 177, 192, 207,
208, 209
Messdatenerfassungskarte 37, 38, 39,
40
Messdatenerfassungskomponente 186
Messdatenstruktur 52
Messdatenübertragung 9, 38, 58
Messdatenverarbeitung 37, 129, 131,
205
Messdatenverarbeitungsfunktion 131
Messgerät 5, 9, 44, 45, 48, 49, 52, 54,
99, 111, 116, 145, 209
Messgröße 5, 9, 11, 12, 24, 35, 37, 42,
43, 67, 139, 141, 145, 147, 148,
157, 167, 169, 177, 192

Messkomponente 5, 9, 11, 12, 13, 14,
    19, 20, 21, 24, 27, 34, 35, 42, 44,
    67, 130, 158, 164, 209
Messmodul 5, 9, 37, 40, 41, 42, 44,
    55, 63, 64, 67, 74, 76
Messstation 124
Messtechnik 10, 12, 25, 132, 181, 206,
    208
Messung 11, 19, 24, 52, 141, 177
Messunsicherheit 185
Messwert 5, 11, 12, 19, 44, 78, 91,
    142, 143, 144, 145, 148
Messwertfolge 159
Messzeitraum 140
Micro 59
MIDI 61, 214
Mikrocontroller 44, 76, 80
Mikrofon 24, 30, 61
Mini 59
Minimierungsmethode 154
Mittelwert 142, 144, 145, 170, 177,
    178, 179, 182, 188
Mittelwertbildung 170
MLT 99, 101, 106, 210, 214
MMI 131, 214
Modalwert 142
Modul 5, 16, 41, 67, 73, 209
Modulation 67, 97
Most Significant Bit 214
Motor 137
MSB 214
MSS 119, 120, 214
Multifunktionskarte 37
Multilevel Transmission 99, 214

Multimeter 11, 44, 46, 47
Musical Instrument Digital Interface
    214
Nachricht 50, 51, 52, 79, 87, 91
National Instruments 132
natürlicher Spline 152
Nebenkeule 198
Nebenmaximum 184
Nebenpeak 202
Nebenspektrum 201
Netzteil 47, 54
Netzwerkgrenze 113
Netzwerkkarte 38
Netzwerkmodul 96
Netzwerk-Protokoll 6, 109, 125, 210
Netzwerktechnik 96
nichtperiodisches Signal 193, 194
nichtrekursives Filter 172, 173, 175
Non-Return-to-Zero 73, 215
Norm 98
Normalverteilung 7, 143, 144, 145,
    211
not-a-knot-Spline 152
Not-Aus 79
NRZ 73, 215
Nullpunktabweichung 27, 29, 209
Nullpunkt-Kompensation 28
numerisch 9, 133, 157, 158, 159, 160,
    161, 162, 163, 164, 165, 166, 194,
    204, 211
Nutzdaten 75, 76, 84, 86, 90, 112, 125
Nutzdatenbyte 63, 76, 90, 106, 120
Nutzdatenrate 103
Nutzdatenvolumen 63

Nutzerorganisation 65, 80, 124
Nutzsignal 24, 25, 26, 171
Nutzsignalleistung 26
Objekt 90, 91
Objektmodell 79
Objektverzeichnis 90, 91
Offset 27, 190
Ordnung 150, 151, 154, 170, 172, 173, 174, 175, 211
Oszilloskop 11, 44, 47, 52, 84, 99, 120, 122, 191
Packet Identifier 61
Paket 61, 62
Pakettyp 61, 62
PAM 102, 215
Parallelschaltung 72
Parameter 37, 43, 79, 131, 175
Parametrierung 126
Parsevalsche Gleichung 204
Payload 106, 110, 112, 118, 119, 120
PC 5, 9, 11, 14, 15, 16, 35, 37, 38, 39, 40, 42, 45, 55, 67, 70, 78, 93, 97, 110, 149, 209, 215
PC-Bus 5, 35, 37, 38, 40
PCI 15, 38, 39, 215
PCI eXtensions for Instrumentation 39, 215
PDF 138, 215
PDO 90, 215
PDO-Mapping 90
Peak 196, 200, 201
Pegelwechsel 73, 99, 100
Periode 32, 34, 100, 159, 163, 184, 190, 195, 200

Periodendauer 31, 32, 184
periodisches Signal 34, 189, 193, 195, 202
Periodizität 193
Periodogramm 204
Peripheral Component Interconnect 38, 215
Peripherie 74
Peripheriekomponente 55, 124, 126, 127
Peripheriemodul 78, 128
Personal Computer 215
Personal Healthcare 61
Pfad 122
Phasengang 194
Phasenspektrum 194
Physical Interface Device 61
Piezo-Sensor 42
Pixel 34
PLC 67, 215
PNO 69, 208, 215
PoE 103, 215
Polarform 194
Polung 58
Polynom 62, 150, 151, 152, 154, 166, 211
Polynom-Interpolation 150, 151
POP 215
Port 57, 59, 95, 96, 105, 107, 117, 118, 120
Portnummer 117, 120
Post Office Protocol 123, 215
Potenz 155, 157, 196
Power over Ethernet 103, 215

Power Spectral Density 203, 215
Präambel 104
Preamble 104
Priorität 88
Probability Density Function 138, 215
Produktion 10, 65, 137
Produktionsbereich 17, 67, 69
Produktionsmaschine 11, 67
PROFIBUS 6, 69, 70, 72, 73, 74, 75,
    76, 77, 78, 79, 80, 81, 82, 84, 85,
    91, 102, 104, 109, 125, 128, 131,
    205, 208, 209, 210, 213, 214, 215
PROFIBUS Nutzerorganisation e.V.
    69, 208, 215
Profil 6, 69, 70, 78, 79, 80, 90, 109,
    125, 128
PROFINET 125, 126, 127, 128, 131,
    207, 210, 213, 214, 215
Programm 121, 132
Programmablauf 131
Programmable Logic Controller 67,
    215
Programmcode 132
Programmierer 78, 167
Programmieroberfläche 132, 210
Programmiersprache 15, 131, 132,
    134, 157
Programmiertool 15, 129, 131, 132,
    157
Programmierung 44, 131, 158
Programmschleife 134
Programmvariable 147, 158
Projekt-Explorer 133

Protokoll 6, 46, 60, 64, 69, 80, 85, 91,
    93, 105, 106, 111, 112, 115, 116,
    120, 122, 123, 124, 125, 135, 210
Protokollebene 55, 79, 96, 118
Protokolloverhead 58
Protokollschicht 118
Prozess 142, 143, 148, 153, 181, 189
Prozessabbild 78
Prozessdatenobjekt 215
Prozesssignal 65
Prüfablauf 47, 132
Prüffeld 47, 61
Prüfstand 9, 17, 124
PSD 203, 215
Pulsamplitudenmodulation 102, 215
Pulsuhr 61
Punkt-zu-Punkt-Schnittstelle 70
Punkt-zu-Punkt-Verbindung 38, 95,
    96, 99, 107
PXI 39, 40, 215
quadratische Funktion 150
Quadratur-Encoder 42
Quantisierung 26
Quantisierungsabweichung 5, 21, 23,
    24, 25, 27
Quantisierungsrauschen 5, 24, 25, 34
quasi-stetige Verteilung 7, 139
Querkommunikation 78, 107, 126
Radarsensor 176
Radio Sector 70, 215
Randbedingung 151
Rauschen 26, 179, 185
Rauschsignal 24, 189
Rauschsignalleistung 26

Rauschvorgang 181
Realtime 127, 215
Receive 58
Rechenzeit 149, 196
Rechteck 134, 162
Rechteckfenster 201, 202
Rechteckimpuls 186, 199, 202, 212
Rechteckregel 163, 170, 173, 194
Rechtecksignal 172, 175, 176, 190, 211
Recommended Standard 70, 215
Referenzinstallation 127
Reflexion 72
Regelkreis 128
Regelungstechnik 10, 149
Regler 65
Regression 7, 9, 147, 152, 153, 154, 155, 211
Reihenschaltung 191
Rekonstruktion 32, 34
rekursives Filter 173, 174, 175
Remote 45, 50, 85, 86, 90, 210
Repeater 71
Reset 52, 59
resistiver Sensor 43
rezessiv 83
Roboter 78
Robustheit 39
Rockwell Automation 80
Root Hub 56, 59, 63
Route 115
Router 96, 105, 109, 113, 114, 115, 116
Routing 6, 54, 113, 115, 210

Routing-Tabelle 115
RS 70, 215
RT 127, 215
RT-Telegramm 127
Rücktransformation 194
Rückwärts-Ableitung 161, 165, 170
Ruhezustand 72, 82, 101
Sample-and-Hold-Glied 30, 32, 35, 41
SCADA 131, 207, 215
Schalter 12, 37, 49
Schaltschrank 71
Schirmung 49
Schleifendurchlauf 134, 158, 162, 165, 166, 167, 169, 170, 174
Schlüsselwort 52, 54, 121, 122
Schnittstelle 5, 14, 48, 50, 52, 76
Schnittstellen-Nachricht 5, 50, 52
Schwankungsprozesse 143
Schwingung 150, 154, 189
Schwingungssignal 189
Schwingungsverhalten 189
SCPI 6, 48, 53, 54, 64, 209, 215
Scrambling 102
Screenshot 52
SDO 215
secure 122
Secure Shell 123, 215
Seekabel 113
Segment 119
Segmentierung 119
Senden 58, 66, 83, 85, 93, 107
Sender 50, 75, 83, 87, 89, 105, 107, 108, 113, 115, 116, 118
Sendetakt 73, 84, 100

Sensor 5, 9, 12, 16, 17, 23, 24, 42, 44, 65, 67, 68, 73, 74, 78, 181, 189, 208, 209

Server 39, 93, 102, 110, 111, 117, 121, 122, 123

Servicedatenobjekt 215

Shannon 32, 216

Shunt-Widerstand 44

Siemens 69

Signal 5, 7, 13, 16, 19, 25, 26, 30, 31, 32, 33, 34, 35, 36, 37, 39, 44, 48, 54, 57, 71, 79, 95, 99, 100, 103, 159, 163, 167, 169, 170, 172, 177, 178, 179, 182, 188, 189, 192, 193, 194, 201, 202, 203, 205, 207, 208, 215

Signal To Noise Ratio 215

Signalanteil 159, 195, 196

Signalausschnitt 177

Signalauswertung 43

Signaldämpfung oder -verstärkung 171

Signalfilterung 175

Signalfrequenz 32, 33, 159, 196

Signalgenerator 47, 54

Signalglättung 35

Signallaufzeit 56, 95, 108

Signalmuster 7, 177, 181, 186

Signalpegel 48, 51, 67, 72, 73, 83, 99, 100, 102

Signalperiode 33, 188, 200

Signalpfad 35, 40, 44, 54

Signalrekonstruktion 35

Signalverarbeitung 44, 102, 205, 206, 207

Signalverlauf 30, 100, 169, 179, 181

Signalvorverarbeitung 13, 19, 43

Simple Mail Transfer Protocol 123, 215

Simple Network Management Protocol 127, 215

Simpson-Regel 166, 174, 211

Simulations-Tool 191

Sinus 32, 157, 189, 191, 193

Sinusanteil 190

Sinusgenerator 190

Sinussignal 25, 31, 32, 99, 100, 170, 171, 179, 180, 181, 183, 184, 185, 196, 197, 198, 200, 211, 212

Slave 56, 74, 75, 76, 77, 78, 85

Slot 15, 38, 87, 210

Smart Home 69

Smartphone 11, 15, 55

SMTP 123, 215

SNMP 127, 215

SNR 25, 26, 215

Software 31, 35, 37, 131, 207

Softwareschicht 112, 113

Softwaretool 129, 152

Softwaretreiber 34, 38

Soundkarte 61

Spannung 11, 19, 20, 23, 24, 25, 37, 42, 43, 44, 49, 54, 59, 192, 203

Spannungsabfall 72

Spannungspegel 58, 73, 84

Spannungsversorgung 37, 57, 59, 72, 103

Speicherprogrammierbare Steuerung 67, 215

Spektralanalysator 11, 44, 47, 202

Spektralanalyse 7, 9, 33, 38, 44, 189, 191, 194, 202

Spektralanteil 193, 201

Spektralbereich 193

spektrale Dichte 193, 195

Spektrallinie 196, 198, 201

Spektralwert 194, 195, 196

Spektrum 7, 189, 192, 193, 194, 195, 197, 198, 199, 200, 201, 202, 212

Spektrumsfehler 7, 200

Sperrfrequenz 172

Spline 151, 152, 155

Spline-Interpolation 151

Spline-Knoten 152

Spline-Polynom 151, 152, 155

SPS 67, 69, 71, 74, 78, 79, 80, 125, 127, 128, 215

SSH 123, 215

Standard 14, 15, 16, 38, 39, 40, 42, 48, 51, 53, 59, 64, 70, 80, 81, 82, 90, 91, 97, 101, 103, 107, 124, 125, 126, 127, 130, 215

Standard Commands for Programmable Instrumentation 48, 215

Standardabweichung 142, 143, 145, 177, 178, 179

Standardgateway 114, 115

Standardisierung 70, 93, 98, 106

statistische Kenngröße 142

statistische Messdatenauswertung 7, 137

Status 48

Stecker 49, 66, 70

Steckplatz 15, 16, 35, 38

Steckverbindung 59

Steigung 28, 31, 149, 151, 152, 163

Steigungsabweichung 28

stetig 12, 22, 139, 140, 141, 142, 143, 158, 159, 161, 162, 163, 166, 194, 196, 198, 203, 204, 210

stetige Messgröße 140, 210

stetige Verteilung 140, 143, 144

Steuerelektronik 69

Steuerleitung 49, 50, 51

Steuersequenz 53

Steuerung 126, 127, 131

Steuerungen 69, 126

Stichleitung 66

Störeinstrahlung 103

Störer 97

Störquelle 97

Störsignal 35

Störung 36, 97, 186

Streaming 64, 120

Strecke 157

Strom 11, 19, 42, 44, 59

Strom/Spannungs-Wandler 44

Stromentnahme 59

Stromverbrauch 57, 60

Struktur 6, 17, 48, 49, 52, 61, 65, 90, 91, 122, 125, 169, 173, 174, 209, 210

Stückzahl 67, 80, 124

Stufenanzahl 25

Stufenhöhe 20, 21, 23, 25

Stützstelle 147, 148, 149, 150, 151, 152, 153, 154, 211

Subnetzmaske 114, 115

Summation 166, 167, 169, 170, 178, 194

Summationsindex 182

Summenfunktion 7, 137, 139, 140, 141, 142, 144, 145, 210, 211

Summenfunktionen 140

SuperSpeed 57, 58, 59

SuperSpeed + 58

Supervisory Control and Data Acquisition 131, 215

Switch 38, 49, 95, 96, 99, 105, 107, 109, 127

Synchronisationsfeld 61

synchronisiert 191

Tabellenkalkulation 132

Tablet 11, 15

Tag 107, 127

Takt 24, 174

Taktschritt 102, 161, 170

Talker 51

Tastatur 11, 55, 61

TCP 6, 116, 117, 118, 119, 120, 121, 122, 125, 126, 206, 210, 215

Teilfläche 166, 167

Teiltelegramm 112

Telefonleitung 113

Telegramm 6, 75, 76, 77, 79, 84, 85, 87, 88, 89, 90, 91, 95, 100, 101, 103, 104, 105, 106, 107, 110, 112, 113, 114, 115, 116, 117, 118, 119, 120, 127, 210

Teletype Network 123, 215

TELNET 123, 215

Temperatur 12, 42, 140, 141

Temperaturbereich 141, 143

Temperatursensor 147

Textzeichen 52, 53, 121

Tiefpassverhalten 163

Timeout 79, 118

Timer 37

Time-to-Live 116, 215

Time-triggered CAN 91, 215

Token 62, 77

Token-Paket 62

Tool 129, 131, 132

Tools 131, 132, 150, 196, 201

Topologie 6, 55, 66, 94, 96, 103, 107, 209, 210

TP 215

Transaktion 62, 63

Transceiver 82

Transfer 6, 61, 63, 64, 209

Transfertyp 6, 63

Transformation 38, 195, 207

transientes Signal 192, 193, 194, 203

Transistor-Transistor-Logik 215

Transmission Control Protocol 116, 215

Transmit 58

Transport-Protokoll 6, 116, 120, 125, 210

Trapezregel 165, 211

Treiber 15, 20, 61, 78, 130, 131, 135

Treibersoftware 14, 75

Trellis-Codierung 102

Trigger 39, 52

Triggerungenauigkeit 30

TTCAN 91, 215
TTL 49, 116, 215
Twisted Pair 97, 215
Typ C 59
UART 76, 104, 215
Überschwinger 191
Übertragungsfehler 51, 62, 83, 102, 120
Übertragungsgeschwindigkeit 50, 57
Übertragungsmedium 67, 102, 125
Übertragungsrate 38, 102
Übertragungssystem 99
Übertragungsweg 109, 115, 186
UDP 6, 120, 125, 126, 215
Ultraschallempfänger 186
Ultraschallsender 186
Umsetzverfahren 29, 31
Umsetzzeit 5, 22, 30, 31, 32
unidirektional 63
Universal Asynchronous Receiver and Transmitter 76, 215
Universal Serial Bus 215
unstetige Messgröße 12
Upstream Port 57
USB 6, 9, 14, 16, 17, 30, 40, 42, 45, 48, 54, 55, 56, 57, 58, 59, 60, 61, 62, 63, 64, 69, 70, 74, 76, 95, 99, 130, 208, 209, 215
USB-Stick 61
User Datagram Protocol 120, 215
VBA 132, 215
Verbindung 38, 58, 110, 113, 117
Verknüpfung 83

Vernetzung 17, 47, 48, 65, 68, 80, 93, 209
verrauscht 7, 170, 177, 179, 184, 185, 188, 211
verrauschtes Signal 170, 177, 188
verschlüsselt 122, 123
Version 15, 38, 39, 42, 48, 53, 55, 57, 77, 106, 110, 122, 123, 204
Versorgungsnetz 191
Verstärker 24, 35, 44, 99
Verstärkung 25
Verstärkungsabweichung 28, 209
Verstärkungsfaktor 24, 35, 37, 43
Verteilung 141, 142, 143
VI 133, 215
Video 61, 68
Virtual LAN 107, 215
Virtuelles Instrument 215
Visual Basic for Applications 132, 215
VLAN 107, 127, 215
Voll-Duplex 38, 57, 58, 118
Vorwärts-Ableitung 161, 211
Wahrscheinlichkeit 79, 137, 141, 143
Web-Applikation 122
Webcam 61
Web-Server 121, 122
Wechselgröße 178, 182
Wechselspannung 54
Wellenwiderstand 72, 82
Wendepunkt 144
Werkzeugmaschine 189
Wertepaar 46, 167, 180
Whittaker 32, 216
Widerstand 19, 25, 26, 42, 43, 44, 72

Winkel 42, 194
Wireless Local Area Network 216
WKS 32, 216
WLAN 9, 14, 16, 40, 96, 103, 109,
    216
Wurzel 157
Xerox 93, 213
Zähler 37
Zählerstand 42
Zeit 15, 16, 38, 41, 42, 45, 48, 63, 64,
    65, 82, 93, 97, 103, 105, 107, 108,
    109, 125, 148, 157, 162, 169, 179,
    182, 189, 201

Zeitfenster 194, 200, 202
Zeitfunktion 194
Zeitsynchronisation 127
Zentral-Ableitung 162, 211
z-Transformation 176, 208
Zugriffsverfahren 67, 74, 80, 89, 96,
    109, 210
Zustand 12, 58, 99, 191
zweite Ableitung 151, 152
zyklisch 63, 78, 79, 85, 90, 91, 120,
    127
Zykluszeit 90, 127